国家林业和草原局普通高等教育"十三五"规划实践教材

植物生产类专业精密仪器操作技能实验指导书

张 静 马锋旺 主编

中国林业出版社

内 容 简 介

本教材主要从仪器操作及其所能开展的研究应用进行了论述，重点对植物生产类实验涉及的大型精密仪器设备的基本原理、结构组成、操作方法、注意事项进行了全面系统的介绍，并列举了大量应用实例。本教材共分5章，包括：植物细胞生物学相关仪器与实验、植物生理生态检测仪器与实验、植物组织（营养）品质及理化性质分析仪器与实验、色谱质谱类分析仪器与实验、植物分子生物学相关仪器与实验。

本教材既适合作为高等院校植物生产类相关专业师生和科研院所研究人员的学习参考用书，也可供实验技术人员培训使用。

图书在版编目（CIP）数据

植物生产类专业精密仪器操作技能实验指导书 / 张静，马锋旺主编. —北京：中国林业出版社，2021.9
国家林业和草原局普通高等教育"十三五"规划实践教材
ISBN 978-7-5219-1316-3

Ⅰ.①植… Ⅱ.①张… ②马… Ⅲ.①园艺-实验室仪器-操作-教材 Ⅳ.①S6

中国版本图书馆 CIP 数据核字（2021）第 169667 号

中国林业出版社·教育分社

策划编辑：康红梅	责任编辑：康红梅 田 娟　　责任校对：苏 梅
电　　话：83143634　83143551	传　　真：83143516

出版发行　中国林业出版社（100009　北京市西城区刘海胡同7号）
　　　　　　E-mail：jiaocaipublic@163.com
　　　　　　http://www.forestry.gov.cn/lycb.html
印　　刷　北京中科印刷有限公司
版　　次　2021年9月第1版
印　　次　2021年9月第1次印刷
开　　本　787mm×1092mm　1/16
印　　张　15.5
字　　数　368千字
定　　价　49.00元

未经许可，不得以任何方式复制或抄袭本书之部分或全部内容。

版权所有　侵权必究

《植物生产类专业精密仪器操作技能实验指导书》编写人员

主　　编　张　静　马锋旺
副 主 编　徐凌飞　管清美　李　超
编写人员　（按照姓氏拼音排序）

　　　　　崔永健（西北农林科技大学）　　丁　勤（西北农林科技大学）

　　　　　管清美（西北农林科技大学）　　何贝贝（西北农林科技大学）

　　　　　李　超（西北农林科技大学）　　卢丽娟（西北农林科技大学）

　　　　　罗敏蓉（西北农林科技大学）　　马锋旺（西北农林科技大学）

　　　　　徐凌飞（西北农林科技大学）　　王　波（西北农林科技大学）

　　　　　王荣花（西北农林科技大学）　　王西芳（西北农林科技大学）

　　　　　袁伟斌（西北农林科技大学）　　袁阳阳（西北农林科技大学）

　　　　　张　飞（西北农林科技大学）　　张　静（西北农林科技大学）

　　　　　张　琳（宝鸡植物园）　　　　　张　蓉（西北农林科技大学）

　　　　　赵　静（西北农林科技大学）

前　言

大型精密仪器设备是高等院校进行教学、科研和开展社会服务的重要条件和技术基础，对提高教学质量和科研水平发挥着重要作用。

随着现代分析仪器的广泛使用，每年都有大量有关植物生产类领域的最新发展及研究成果的文献报道。但国内较系统地介绍植物生产中涉及的大型精密仪器设备操作使用及实验分析的书籍较少。本教材主要对仪器操作及其所能开展的研究应用进行了论述，重点对大型精密仪器设备的基本原理、结构组成、操作方法、注意事项进行了全面系统的介绍，并列举了大量应用实例，既适合作为高等院校植物类相关专业师生和科研院所研究人员的学习参考用书，也可供实验技术人员培训使用。

本教材编写人员均长期奋战在科研一线，具有丰富的实验操作经验，所有列举的实验都经过反复优化，保证了每个实验的可重复性和可操作性；编写时严把教材写作质量关，尽可能将参编教师丰富的教学实践有效地融入到本教材理论体系中，从而推出实用性更强、适用面更广的教材。

本教材由张静、马锋旺担任主编，徐凌飞、管清美和李超担任副主编，全书由马锋旺、张静负责统稿。全书共5章，具体编写分工如下：第1章由罗敏蓉、丁勤、袁阳阳、张琳、何贝贝编写；第2章由王荣花、卢丽娟、袁阳阳、王波、崔永健编写；第3章由卢丽娟、罗敏蓉、袁阳阳、袁伟斌、王西芳编写；第4章由马锋旺、张静、赵静、李超、张蓉编写；第5章由徐凌飞、张飞、罗敏蓉、管清美编写。

本教材参考了国内外近年来发表的300余篇文献资料及部分国家标准，共收录了72个实验，引用了国内外多位专家学者的研究成果，在此对他们表示衷心的感谢。也感谢中国林业出版社的同志为本书的顺利出版付出的辛勤劳动。

由于时间仓促和编者水平有限，书中难免有错误及不妥之处，恳请各位专家和读者批评指正。

张　静
2021年3月

目 录

前 言

1 植物细胞生物学相关仪器与实验 ………………………………………………… 1
  1.1 植物切片制作仪器 …………………………………………………………… 1
    1.1.1 石蜡切片机 ………………………………………………………………… 1
    1.1.2 半薄切片机 ………………………………………………………………… 3
  1.2 植物显微观测及细胞鉴定仪器 ……………………………………………… 5
    1.2.1 荧光显微镜 ………………………………………………………………… 5
    1.2.2 激光扫描共聚焦显微镜 …………………………………………………… 13
    1.2.3 流式细胞仪 ………………………………………………………………… 19
  1.3 应用实例 ……………………………………………………………………… 22
    实验一 番红固绿染色植物组织石蜡切片制作 ………………………………… 22
    实验二 不同发育时期苹果果实组织石蜡切片制作 …………………………… 24
    实验三 苹果果实半薄切片及染色观察 ………………………………………… 26
    实验四 植物细胞中 GFP 瞬时表达及亚细胞定位 ……………………………… 27
    实验五 苹果开花、授粉习性及花粉管萌发的荧光显微观察 ………………… 32
    实验六 叶片气孔保卫细胞鉴定西葫芦胚囊植株倍性 ………………………… 32
    实验七 梨花柱头可受性和花粉活力鉴定 ……………………………………… 33
    实验八 基因枪法介导的洋葱表皮 GFP 标记基因瞬时表达及亚细胞定位观察 …… 35
    实验九 双分子荧光互补技术(BiFC)分析两种蛋白质之间的相互作用
           (烟草瞬时转化系统) ……………………………………………………… 39
    实验十 两种蛋白在拟南芥原生质体中的共定位分析 ………………………… 42
    实验十一 荧光共振能量转移技术(FRET-AB 法)研究两种蛋白间相互作用 …… 47
    实验十二 用流式细胞术检测植株倍性 ………………………………………… 50
  参考文献 ………………………………………………………………………… 52

2 植物生理生态检测仪器与实验 …………………………………………………… 56
  2.1 光合-荧光测定系统 ………………………………………………………… 56
    2.1.1 光合仪 ……………………………………………………………………… 56
    2.1.2 叶绿素荧光仪 ……………………………………………………………… 59

2.1.3 多光谱荧光成像系统 ……………………………………………………………… 61
2.2 作物生理生态指标监测仪器 …………………………………………………………… 64
　2.2.1 植物生理生态监测系统 …………………………………………………………… 64
　2.2.2 红外光声谱气体监测仪 …………………………………………………………… 65
　2.2.3 高光谱成像系统 …………………………………………………………………… 69
2.3 应用实例 ………………………………………………………………………………… 72
　实验十三　植物叶片光响应曲线的测量 ……………………………………………… 72
　实验十四　CO_2 响应曲线的测定 …………………………………………………… 73
　实验十五　不同空气温度下番茄叶片光合作用参数研究 …………………………… 74
　实验十六　光合日变化测定 …………………………………………………………… 75
　实验十七　光强-光合响应曲线的测定 ………………………………………………… 76
　实验十八　诱导曲线的测量 …………………………………………………………… 77
　实验十九　快速叶绿素荧光诱导动力学(Fast Acquisition)曲线的测量 …………… 78
　实验二十　荧光和气体交换实验 ……………………………………………………… 78
　实验二十一　植物生理生态监测系统监测植物生长环境因子 ……………………… 79
　实验二十二　光声谱气体监测仪检测大棚中的氨气含量 …………………………… 80
　实验二十三　使用高光谱成像系统野外监测作物 …………………………………… 82
　实验二十四　利用高光谱成像系统对叶片进行室内线性扫描 ……………………… 85
　实验二十五　多光谱荧光成像系统分析番茄叶片在灰霉病侵染下荧光
　　　　　　　参数的变化 ……………………………………………………………… 86
参考文献 ……………………………………………………………………………………… 87

3 植物组织(营养)品质及理化性质分析仪器与实验 ……………………………………… 91
3.1 植物组织理化性质分析仪器 …………………………………………………………… 91
　3.1.1 连续流动分析仪 …………………………………………………………………… 91
　3.1.2 原子吸收光谱仪 …………………………………………………………………… 93
　3.1.3 总有机碳分析仪 …………………………………………………………………… 95
　3.1.4 液相色谱-原子荧光光度计 ……………………………………………………… 100
　3.1.5 多功能酶标仪 …………………………………………………………………… 103
　3.1.6 差示扫描量热仪 ………………………………………………………………… 106
3.2 植物组织品质分析仪器 ………………………………………………………………… 110
　3.2.1 质构仪 …………………………………………………………………………… 110
　3.2.2 近红外分析仪 …………………………………………………………………… 113
3.3 应用实例 ………………………………………………………………………………… 118
　实验二十六　植物中总氮的测定 ……………………………………………………… 118
　实验二十七　植物中总磷的测定 ……………………………………………………… 120
　实验二十八　植物中总钾的测定 ……………………………………………………… 122
　实验二十九　土壤中铵态氮的测定 …………………………………………………… 124
　实验三十　土壤中硝态氮的测定 ……………………………………………………… 125

实验三十一　土壤中速效钾的测定 127
实验三十二　土壤中铜含量的测定(火焰法) 129
实验三十三　土壤中铜含量的测定(石墨炉法) 130
实验三十四　DSC 三步法对液压油比热容的测定 131
实验三十五　六水氯化钙/EG 复合相变材料的相变温度、相变潜热和比热容测定 135
实验三十六　质构仪对桃果实质地的全质构测试 137
实验三十七　质构仪整果穿刺法评价苹果果实质地参数 140
实验三十八　TOC-L 总有机碳分析仪测定土壤中总有机碳含量 142
实验三十九　TOC-L 总有机碳分析仪测定土壤微生物生物量碳含量 144
实验四十　　NPOC 法测定天然水样中总有机碳含量 146
实验四十一　TOC-L 总有机碳分析仪测定植物根、茎、叶等不同组织的 TOC 含量 147
实验四十二　TOC 分析仪总氮测定单元(TNM-L)测定环境水样中总氮 149
实验四十三　利用近红外仪快速检测苹果品质 150
实验四十四　茶叶中总硒的测定 152
实验四十五　茶叶中硒形态的测定 153
实验四十六　用酶标仪光吸收检测技术测定黄瓜果实中超氧化物歧化酶活性 156
实验四十七　用酶标仪光吸收检测技术测定不同果蔬中维生素 C 含量 157
实验四十八　用酶标仪荧光检测技术测定两种土壤酶活性 158
参考文献 159

4　色谱质谱类分析仪器与实验 163
4.1　色谱类仪器 163
4.1.1　气相色谱仪 163
4.1.2　高效液相色谱仪 166
4.2　质谱类仪器 170
4.2.1　气相色谱-质谱联用仪 170
4.2.2　液相色谱-质谱联用仪 176
4.3　应用实例 180
实验四十九　气相色谱仪对果蔬果实乙烯浓度的测定 180
实验五十　　温室气体测定 182
实验五十一　高效液相色谱法测定番茄中类胡萝卜素含量 183
实验五十二　高效液相色谱法测定牡丹花青素含量 185
实验五十三　梨砧木新梢韧皮部酚类物质含量测定 186
实验五十四　高效液相色谱测定番茄果肉中的糖含量 188
实验五十五　超高效液相色谱法测定苹果果肉中有机酸含量 189
实验五十六　多胺含量测定与分析 190
实验五十七　气相色谱-质谱联用法测定黄瓜果实中的芳香物质成分的定性

　　　　　　及定量分析 ··· 191
　　实验五十八　气相色谱-质谱联用法测定牡丹种子中的脂肪酸成分的定性
　　　　　　及定量分析 ··· 193
　　实验五十九　气相色谱-质谱联用法测定苹果果皮蜡质成分的定性
　　　　　　及定量分析 ··· 194
　　实验六十　气相色谱-质谱联用法测定苹果中糖和有机酸的定性及定量分析 ···· 196
　　实验六十一　液相色谱-质谱联用法测定苹果叶片中的激素定性及定量分析 ···· 198
　　实验六十二　液相色谱-质谱联用法测定植物中的氨基酸定性及定量分析 ········ 200
　　实验六十三　液相色谱-质谱联用法测定生菜中褪黑素的定性及定量分析 ········ 202
　参考文献 ·· 203

5　植物分子生物学相关仪器与实验 ··· 208
5.1　PCR 仪及蛋白层析系统 ··· 208
5.1.1　实时荧光定量 PCR 仪 ·· 208
5.1.2　蛋白层析系统 ··· 209
5.2　电泳系统 ··· 213
5.2.1　凝胶电泳 ·· 213
5.2.2　双向电泳 ·· 214
5.3　凝胶成像及活体分子检测仪器 ·· 216
5.3.1　凝胶成像仪 ··· 216
5.3.2　化学发光凝胶成像系统 ··· 217
5.3.3　植物活体分子标记成像系统 ·· 219
5.4　应用实例 ··· 222
　　实验六十四　实时荧光定量 PCR 仪测定白菜叶片中 A 基因的表达变化 ········· 222
　　实验六十五　凝胶成像分析系统检测辣椒基因组 DNA ······························· 223
　　实验六十六　用化学发光凝胶成像系统对核酸样品 DNA 进行定量分析 ········ 224
　　实验六十七　用化学发光凝胶成像系统对蛋白质样品进行定量分析 ············· 225
　　实验六十八　用植物活体分子标记成像系统筛选阳性克隆 ························· 227
　　实验六十九　用植物活体分子标记成像系统研究蛋白互作 ························· 228
　　实验七十　层析系统在分离纯化番茄耐盐性相关蛋白 A 中的应用 ················ 229
　　实验七十一　琼脂糖凝胶电泳的制备及核酸检测 ····································· 231
　　实验七十二　双向电泳系统检测苹果叶片蛋白质 ····································· 232
　参考文献 ·· 234

1 植物细胞生物学相关仪器与实验

细胞生物学是生命科学的基础前沿学科,是从显微、亚显微和分子水平上研究细胞基本生命活动规律的科学,它的形成发展与其研究方法技术密切相关。

从 1665 年英国物理学家 Robert Hooke 用自制的显微镜发现细胞开始,产生了显微技术。光学显微镜作为研究细胞显微结构的重要工具和手段,是应用最早也是最广的一种技术。20 世纪 80 年代后期发展了激光扫描共聚焦显微镜,它是在荧光显微镜成像基础上加装了激光扫描装置,结合图像处理,把光学成像的分辨率提高了 30%～40%,从而得到细胞或组织内部细微结构的荧光图像,是光学显微镜的一大进步。随着电子学的深入研究和广泛应用,电子显微镜得以发明。电子显微镜是根据电子光学原理,用电子束和电子透镜代替光束和光学透镜,使物质的细微结构在非常高的放大倍数下成像,其分辨率(约几纳米)远远高于光学显微镜的分辨率(约 200nm),大大扩展了人们的观察视野。借助显微成像技术,人们可以了解植物个体发育过程中组织、器官的形态结构,细胞内物质的吸收、运输、化学物质的分布及定位等,诠释植物生命现象复杂的内容和本质。显微成像技术在植物细胞生物学的发展过程中起着举足轻重的作用。与此同时,流式细胞术和荧光探针标记技术不断发展,并在检测细胞内 DNA 含量以及植物倍性水平等方面发挥重要作用。

本章主要介绍各类样品制备技术、显微操作技术及流式细胞技术,重点讲述仪器的基本原理、结构组成及应用。

1.1 植物切片制作仪器

1.1.1 石蜡切片机

石蜡切片(paraffin section)技术应用已逾 300 年的历史,随着科技发展,石蜡切片技术也在不断发展。石蜡切片是组织学、发育生物学研究的主要实验方法,同时也是病理学中观察病理变化的重要手段,为科研和临床诊断作出了卓越贡献。随着各种新仪器的问世和新技术新方法的不断建立与使用,石蜡切片技术也逐渐扩展、渗入许多新领域中,作为基础技术提供有效的实验或使用样品。石蜡包埋组织切片还可用于细胞原位核酸分子杂交技术,可对材料中被杂交的 DNA 分子进行定位、含量分析或观察基因表达(mRNA)水平;聚合酶链式反应(PCR)技术可用于固定、石蜡包埋组织的 DNA 分析,使研究进入分子水平。

轮转式切片机是一种手动操作的切片机,该仪器被设计用于切割软石蜡标本以及硬度更高的薄标本切片,这种切片可用于生物、医药和工业领域中的常规或科研工作。

1.1.1.1 基本原理

石蜡切片技术应用石蜡与动植物的组织能够很好地结合这一基本原理,经过标本采集、固定、脱水、透明、浸蜡、包埋、切片、摊片、贴片、烘片、脱蜡、复水、染色、透明等一系列特殊的方法制成透明的薄片,在显微镜或电子显微镜下观察,可如实地反映机体的结构和形态变化,定量地测定样品中组织结构的大小、数量及所含物质的量的多少。同时,还可观察机体镜下结构或所含物质在不同实验条件下的变化,由此了解组织细胞的活动、分化以及细胞间的相互关系等。

1.1.1.2 结构组成

轮转式切片机主要包括刀架、厚度调节旋钮、样品固定夹头、切片手轮、倒退手轮等几个重要部分。它可用于精确切片,切片厚度 $1\sim60\mu m$,手动切片时能额外进行操纵调节。仪器垂直行程最长达 70mm。

1.1.1.3 仪器操作方法

下文以 Leica RM2235 轮转式石蜡切片机(图 1-1)为例,介绍仪器操作方法。

(1)石蜡切片方法

①锁定"切片手轮",先夹紧修整好的石蜡块再装切片刀。
②转动"粗转轮",将标本退到后面的极限位置,将"护手架"移向刀架中间。
③将切片刀插入"刀架",夹紧,调节"切削角度"。
④将基体上的"刀架"尽可能靠近标本。
⑤调整标本的表面位置,使之与刀刃尽可能平行。
⑥松开"切片手轮"。在切片时,匀速转动切片手轮。当切较硬标本时,放慢手轮转动速度。
⑦转动"切片手轮",可以再次修片,当修片达到所希望的表面时,停止修片。
⑧选择想要的切片厚度。

图 1-1 Leica RM2235 轮转式石蜡切片机

⑨顺时针匀速转动"切片手轮",切片。

(2)调换标本

①锁定"手轮"。
②用"护手架"遮盖住刀刃。
③从标本夹上取下标本,换新的标本块。

(3)切片结束

①锁定"手轮"。
②将切片刀从"刀架"上取出,把它放入刀盒中。
③将标本从"样品夹"上取下。
④把切片机上的所有废片清理干净并锁定手轮。

1.1.1.4 注意事项

①在使用前,所有操作该切片机的实验室人员必须仔细阅读该操作说明,并且充分了解该仪器的技术特性。

②必须在夹紧刀之前夹紧标本块。

③在使用切片刀时,一定要十分小心,其刀刃锋利无比,误操作后会导致严重伤害。

④每次操作切片刀和标本,以及休息或停止切片前一定要锁定手轮,并用护刀罩将刀刃遮住。

⑤不要将刀刃朝上放置,在不使用时必须将刀放回刀盒。

⑥有的标本可能会崩裂,在切易碎的标本时必须戴上护目镜。

⑦实验后清洁仪器前必须锁定手轮。

⑧切勿使用含丙酮和二甲苯的溶剂清洁仪器。

1.1.2 半薄切片机

半薄切片(semi-thin section),介于超薄切片和石蜡切片之间,其厚度薄至 $0.5\sim3\mu m$,因而称为半薄切片,通常用于光学显微镜进行较细微组织的观察,或是电镜超薄切片技术中一种有效的定位方法。半薄切片的制备,在如今是一种常用制样手段。由于半薄切片图像的清晰度、分辨率远优于石蜡切片,视野也大于超薄切片,所以有利于获得高质量的光镜图像(表1-1)。

表1-1 半薄切片与超薄切片的区别

	肉 眼	光学显微镜	透射电镜
分辨率	0.2mm	$0.2\mu m$	0.2nm
应用范围	可观察头发丝、双面刀刀刃的厚度	可观察细胞的结构(最大有效倍数1000)	可观察细胞内的结构,分辨DNA、蛋白质等生物大分子、单个金属原子(放大倍数可达百万倍)
		观察半薄切片	观察超薄切片

半薄切片的清晰度、分辨率远优于石蜡切片,视野也大于超薄切片,有利于获得高质量的光镜图像;它克服了超薄切片的盲目性和电镜视野的局限性,是电镜超薄切片技术中一种有效的定位方法。

1.1.2.1 基本原理

半薄切片技术应用树脂与动植物的组织能够很好地结合这一基本原理,经过标本采集、固定、包埋、切片、摊片、烘片、染色等一系列特殊的方法制成透明的薄片,在透射电镜下观察,可如实地反映机体的超微结构和形态变化。

半薄切片是胚胎学、病理学、动植物细胞学研究中一种普遍的切片方式。因其着色性能和切片大小的影响,它所摄取的染料量很少,有时肉眼看不见,所以不能用石蜡切片的染色方法染树脂包埋的组织切片。半薄切片常用染色方法如下:

(1)甲苯胺蓝染色(染结构)

①1g 甲苯胺蓝+1g 硼砂+100mL 蒸馏水,加热溶解离心、过滤备用。

②切片后在滴有蒸馏水的载玻片上展开。
③移至烤片机,将水分烤干。
④切片滴加 2~3 滴染色剂,染色 10~15s 即可。
⑤蒸馏水冲洗,空气晾干、封片。

(2)考马斯亮兰 R 染色(染蛋白,深蓝色,其他结构不着色)

①1g 考马斯亮兰 R+7%醋酸 100mL,置于小口棕色玻璃瓶中,60℃烘箱溶解后备用。
②切片经 7%醋酸 1~2min,考马斯兰染色 20min,60℃。
③0.1%醋酸,分色 1min。
④水洗 5min,双蒸水冲洗,晾干。
⑤封片。

(3)氨基黑 10B(酰胺黑 10B)(染蛋白,与考马斯蓝染色一样)

染色剂配方以及操作与考马斯兰 R 染色一样,染色后需醋酸充分洗涤后才能去掉多余染料。

(4)苏丹黑 B(染脂类,黑色)

①取 0.3g 苏丹黑,加 70%乙醇 100mL,溶解装入小口棕色玻璃瓶,37℃烘箱放置 12h 后过滤备用。
②染色前将苏丹黑 B 染液置于 60℃烘箱加热。
③切片经过 70%乙醇,1~2min。
④切片转入苏丹黑 B 染液(新鲜配制),40℃,30min。
⑤70%乙醇分色 1min,自来水冲洗后双蒸水冲洗,干燥,封片。

(5)AMB 染色(染结构,蛋白蓝色,其他结构不同程度着色)

染色液 A:1g 硼砂+100mL 双蒸水,然后加入 1g 亚甲基蓝;染色液 B:1g 天青Ⅱ+100mL 双蒸水溶解。上述二者贮存于棕色瓶中,使用前混合。

①染色,A:B=1:1 滴加。
②60℃染色 2~5min,自来水冲洗。
③双蒸水冲洗,晾干。

(6)PAS 染色,高碘酸/锡夫氏试剂法(染多糖,淀粉,呈红色或樱红色)

①0.5%高碘酸(0.3%硝酸配制),10min,60℃(或 28℃,25~30min)。
②自来水冲洗 1~2min,双蒸水冲洗。
③锡夫试剂 30min,65℃(28℃约 1h)。
④偏亚硫酸氢钠,洗涤 3 次,每次 2min。
⑤自来水冲洗 5min,蒸馏水冲洗 5min。

高碘酸溶液:高碘酸 0.6g+双蒸水 100mL+浓硝酸 0.3mL,Schiff 液:酸性品红 1g,1mol/L 盐酸 20mL,重亚硫酸钠 2g,双蒸水 200mL。先将 200mL 双蒸水煮沸,稍有火焰,加入 1g 酸性品红,再煮沸 1min。冷却到 50℃加入 1.0mol/L 盐酸 20mL,待至 35℃加入 2g 重亚硫酸钠。室温中 2h 后稍带红色,5h 后变为无色。盛在棕色瓶内,冰箱保存。

1.1.2.2 结构组成

半薄切片机主要包括样品固定夹头、刀架、厚度调节旋钮、切片手轮、倒退手轮等几个重要部分。可用于精确切片，切片厚度 $0.25\sim100\mu m$，仪器垂直行程最长达 $70mm$。

1.1.2.3 仪器操作方法

下文以 Leica RM2265 全自动半薄切片机（图1-2）为例，介绍仪器操作方法。

①接通电源，打开机身后侧主开关。
②选择"切片"模式（修片和切片），并确定修片和切片厚度。
③安放树脂包埋胶囊于切片样品夹中央位置，旋转固定螺丝，将样品按要求固定夹紧。
④安装玻璃刀，拧动旋钮，将玻璃刀固定在刀架上。
⑤调节刀架底座的紧固锁杆，调整刀座的前后位置。
⑥调节刀架最外侧的左右控制旋钮，将玻璃刀右侧对准修好的样品。

图1-2 Leica RM2265 半自动半薄切片机

⑦调节刀座左侧控制间隙角的控制旋钮，按照刻度调整间隙角度并重新拧紧旋钮。
⑧解除手轮锁，转动手轮切片。此时，切片计数开始。
⑨用滴管吸取蒸馏水，在干净载玻片上近距离滴一个小水滴。
⑩将切下的材料用注射器针头轻轻挑下，转移至水滴上。
⑪将载玻片放置在设定75℃的烤片机上，将水分烤干。
⑫再对材料进行染色、着色、烘干、观察。

1.1.2.4 注意事项

①为确保仪器长期无故障操作，建议每日全面清洁仪器。
②每次清洁前，务必取下玻璃刀。玻璃刀不用时必须放回刀盒。
③更换保险丝时应关闭设备并拔下插头。只能使用提供的备用保险丝。两条保险丝的额定数值必须相同。

1.2 植物显微观测及细胞鉴定仪器

1.2.1 荧光显微镜

1.2.1.1 荧光显微镜基本原理

（1）成像原理

荧光显微镜（fluorescence microscope）是以紫外线为光源，用以照射被检物体，使之发出荧光，用以观察和分辨样品中某些化学成分和细胞组分的一种实验技术。被照射物质产生荧光必须具备两个条件：

①物质分子(或所特异性结合的荧光染料)必须具有可吸收能量的生色团。

②该物质还必须具有一定的量子产率和适宜的环境,如溶剂、pH、温度等。

某些物质经一定波长的光(如紫外光)照射后,物质中的分子被激活,吸收能量后跃迁至激发态;当其从激发态返回到基态时,所吸收的能量除部分转化为热量或用于光化学反应外,其余较大部分则以光能形式辐射出来,由于能量没能全以光的形式辐射出来,因此,所辐射出的光的波长要比激发光的长,这种波长长于激发光的可见光就是荧光(fluorescence)。

荧光分为自发荧光和次生荧光。有些生物体内的组织、细胞不经荧光色素染色,在紫外光照射下,某些成分所呈现的荧光,称为自发荧光(或直接荧光),如叶绿素的火红色荧光和木质素的黄色荧光等。有的生物材料组织、细胞本身不能产生荧光,经荧光色素染色,由于荧光色素和组织细胞内的某种成分结合后而呈现的荧光为次生荧光(或间接荧光),如叶绿体吸附吖啶橙后便可发出橘红色荧光。通过借助荧光来对组织进行细胞化学的观察和研究。

(2)工作原理

荧光显微镜主要分为两大类:透射式和落射式。

透射式荧光显微镜的激发光源会通过聚光镜穿过标本材料来激发荧光。常用的有暗视野集光器,在一些比较昏暗的环境下适合使用这款显微镜。当然也可以使用普通集光器,同时可调节反光镜使激发光转射和旁射到标本上达到收集荧光的效果。透射式显微镜的优点是可以产生比较强的荧光,并且可以最大程度上捕捉到物体的荧光,而缺点就是随放大倍数增加荧光减弱,对于观察较大的标本材料来说较好,但它的荧光量也是有限的,如果观察的物体过大,也依然无法得到足够的荧光量。

落射式荧光显微镜是近代才发展起来的新式荧光显微镜。不同之处是激发光从物镜向下落射到标本表面,即用同一物镜作为照明聚光器和收集荧光的物镜。在整个光路中还需要再加入一个分离器,它与光轴呈45°,激发光被反射到物镜中,并聚集在样品上,且样品所产生的荧光及由物镜透镜表面、盖玻片表面反射的激发光会同时进入物镜,反射回到双色束分离器,并使激发光和荧光分开,且残余的激发光会再被阻断滤片吸收。可换用不同的激发滤片、双色束分离器及阻断滤片的组合插块,这款新式的显微镜可满足不同荧光反应产物的需要。这款荧光显微镜的优点是视野照明均匀、成像清晰。它和透射式显微镜最大的不同在于它的荧光量可以随着研究物体的倍数放大而增大。更适用于不透明及半透明标本,如厚片、滤膜、菌落、组织培养标本等的直接观察。

(3)荧光显微镜的用途

因为荧光显微镜在强烈的对衬背景下,即使荧光很微弱也很容易辨认,敏感性较高、对细胞的刺激小,并且能进行多重染色,因此,可用于细胞结构和功能的研究、荧光的有无、色调比较进行物质判别和发荧光量的测定,对物质进行定性、定量分析等。

1.2.1.2 结构组成

荧光显微镜的基本构造是由普通光学显微镜再加一些荧光光源、激发滤片、双色束分离器及阻断滤片等附件组成。采用的荧光光源一般为超高压汞灯,它可以发出各种波长的光，且每种荧光物质都会有一个产生最强荧光的激发光波长，这时需加置激发滤片，通常有紫外、紫色、蓝色及绿色激发滤片，仅需使一定波长的激发光透过并照射到标本上，并将其他光都吸收掉。同时，在每种物质被激发光照射后，更可在极短时间内发射出比照射波长更长的可见荧光，从而被相机捕获到荧光图像。

(1) 光源

现在多采用超高压汞灯作光源，它用石英玻璃制作，中间呈球形，内充一定数量的汞，工作时由两个电极间放电，引起水银蒸发，球内气压迅速升高，当水银完全蒸发时，可达 50~70 个标准大气压力，这一过程一般需 5~15min。超高压汞灯的发光是电极间放电使水银分子不断解离和还原过程中发射光量子的结果。它发射很强的紫外和蓝紫光，足以激发各类荧光物质，因而成为荧光显微镜普遍采用的光源。汞灯装在牢固的灯室中，有调中、聚焦和集光装置。使用中严禁频繁启闭，点亮后欲暂停使用时，不可切断电源，可用光阀阻断光路。当汞灯熄灭后，不能立刻点亮，经 30min，待汞灯冷却后再通电点亮。汞灯开动一次工作时间越短，则寿命越短，如开一次只工作 20min，则寿命降低 50%。因此，使用时尽量减少启动次数。灯泡在使用过程中，其光效是逐渐降低的。灯熄灭后要等待冷却才能重新启动。点亮灯泡后不可立即关闭，以免水银蒸发不完全而损坏电极，一般需要等候 15min。由于超高压汞灯压力很高，紫外线强烈，因此，灯泡必须置于灯室中方可点亮，以免伤害眼睛及在操作中发生爆炸。

(2) 滤色系统

滤色系统是荧光显微镜的重要部位，由激发滤板和压制滤板两部分组成。

① 激发滤色镜 (exciter filter)　其作用是为被检样品的荧光染料提供最佳波段的激发光。荧光染料均有一定的吸收光谱（激发峰值），利用滤色镜对光线选择吸收的能力，选用其透射光谱恰为荧光染料的最大吸收光谱（激发高峰）的激发滤色镜，以便从汞灯发出的广谱光波中选择透过最宜波段的光线供用。激发滤色镜加放于汞灯和二向色镜 (dichotic mirror) 之间、物镜之前。滤镜的型号不同、数量较多，可按不同需要选用。

② 阻断滤色镜 (barrier filter)　位于物镜之上，二向色镜和目镜之间，用以阻断或吸收光路中的激发光或某些波长较短的光线，以防伤害眼睛，使荧光透过。选用的原则，以能完全阻断或吸收波长长于所需荧光的光线，并透过样品发出的荧光。所以，阻断滤色镜的选用，应视荧光染料的荧光光谱而定，以能最大限度地透过荧光和阻断短波光。

荧光显微镜中，除上述两类滤色镜外，尚有一重要的分色镜 (chromatic beam splitter) 系统——二向色镜位于汞灯激发滤色镜构成的平行光轴与目镜和物镜构成的竖直光轴的两轴垂直相交处，斜向安装于光路之中。由镀膜的光学玻璃制成，其镜面方位与上述两光轴交角均呈 45°，兼有透射长波光线和反射短波光线的功能。在荧光显微技术中承担荧光的"分流"作用。

(3) 反光镜

反光镜的反光层一般是镀铝的，因为铝对紫外光和可见光的蓝紫区吸收少，反射达 90% 以上，而银的反射只有 70%。一般使用平面反光镜。

(4) 聚光镜

聚光镜位于载物台通光孔的下方,由聚光镜和光圈构成,其主要功能是将光线集中到所要观察的标本上。聚光镜由 2~3 个透镜组合而成,其作用相当于一个凸透镜,可将光线汇集成束。在聚光器的左下方有一调节螺旋可使其上升或下降,从而调节光线的强弱,升高聚光器可使光线增强,反之则光线变弱。专为荧光显微镜设计制作的聚光器是用石英玻璃或其他透紫外光的玻璃制成的,分为明视野聚光器、暗视野聚光器和相差荧光聚光器三种。

①明视野聚光器 在一般荧光显微镜上多用明视野聚光器,它具有聚光力强、使用方便的优点,特别适用于低、中倍放大的标本观察。

②暗视野聚光器 在荧光显微镜中的应用日益广泛。因为激发光不直接进入物镜,因而除散射光外,激发光也不进入目镜,可以使用薄的激发滤板,增强激发光的强度,压制滤板也可以很薄,因紫外光激发时,可用无色滤板(不透过紫外)而仍然产生黑暗的背景,从而增强荧光图像的亮度和反衬度,提高图像的质量,观察舒适,但也可能发现亮视野难以分辨的细微荧光颗粒。

③相差荧光聚光器 相差聚光器与相差物镜配合使用,可同时进行相差和荧光联合观察,既能看到荧光图像,又能看到相差图像,有助于荧光的定位准确。一般荧光观察很少需要这种聚光器。

(5) 物镜

物镜安装在物镜转换器上,每台光镜一般有 4~6 个不同放大倍率的物镜,每个物镜由数片凸透镜和凹透镜组合而成,是显微镜最主要的光学部件,决定着光镜分辨力的高低。

(6) 目镜

目镜安装在镜筒的上端,起着将物镜所放大的物像进一步放大的作用。目前研究型荧光显微镜多用双筒目镜,观察方便。

荧光显微镜的分类(图 1-3):

①正置显微镜 是实验室最常见的荧光显微镜,它的物镜转盘朝向是向下的,载物台在物镜下方。当观察物体时,把被观察物置于载物台,物镜从上方靠近载玻片进行观察,工作距离比较短,观察切片等适合用正置显微镜。

②倒置显微镜 物镜转盘朝向是向上的,载物台在物镜上方。观察活体细胞时最适合用这种显微镜,因为正置生物显微镜的工作距离很短,无法观察培养皿里面的活体细胞。而倒置显微镜只需把培养皿放于载物台上就能进行观察,因为倒置显微镜的光路是反的,聚光镜在上面,其工作距离长,可以轻松观察到培养皿里面的活体细胞。

③体视显微镜 实体显微镜或解剖显微镜,是一种具有正像立体感的目视仪器。其光学结构原理是由一个公用的初级物镜,对物体成像后的两个光束被两组中间物镜(亦称变焦镜)分开,并组成一定的角度,称为体视角,一般为 12°~15°,再经各自的目镜成像,它的倍率变化由改变中间镜组之间的距离而获得,利用双通道光路,双目镜筒中的左右两束光不是平行的,而是具有一定的夹角,为左右两眼提供一个具有立体感的图像。

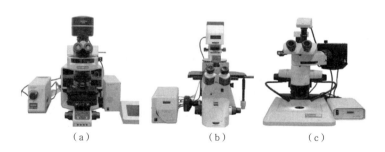

图 1-3　荧光显微镜
（a）Olympus BX63 全自动正置荧光显微镜　（b）Zeiss Axio Observer D1 倒置荧光显微镜
（c）Leica MZ10F 体视荧光显微镜

1.2.1.3　仪器操作方法

下文以 Olympus BX63 全自动正置荧光显微镜为例，介绍仪器操作方法。

（1）明场观察

①开"明场电源"开关和计算机"CellSens"软件。

②打开"触摸屏后方"电源开关，待机时点击"Full Operations"，进入操控界面。

③待机器开机自检一切正常后，选择明场模式，点击"BF"。

④将样品置于载物台上，通过 x/y 轴旋钮将待观察样品调至光路中央。

触摸屏上点击"4×"倍物镜，将光路拉杆推至"目镜"观察档位，通过目镜观察，调整粗细准焦螺旋，找到视野。

⑤将光路拉杆推至"相机/软件"观察档位，软件中点击"实时观察"。

⑥调整曝光时间为"自动"模式（手动模式下，在电动部件或触摸屏上调 DIA 光强，直至最优状态。

⑦进一步依次转换其他倍数物镜，直到在视野中看到清晰的图像。

⑧确认使用物镜与软件上显示比例尺是对应的，点击"拍照"，保存图片。

（2）荧光观察

①打开"明场电源"开关。

②打开"汞灯电源"开关（蓝灯亮起时才是工作状态）。

③打开计算机，运行"Cell Sens"软件，点击"实时观察"。

④将样品置于载物台上，用样品夹夹好。

⑤明场低倍镜下调焦、观察，找到预观察视野。

⑥点击触摸屏"FL"，进入荧光模式。

⑦选择需要的"滤光片"，调到合适的通道下（1-GFP；2-YFP；3-RFP；4-UNA）。

⑧Cell Sens 软件中曝光时间先选择"手动"，勾选"SFL"选项，可根据需要再选择手动，通过"-/+"按钮或鼠标拖动调至最佳成像效果。

⑨点击"拍照"，保存图片。

（3）关机

①关闭"汞灯电源"（注意：汞灯须使用 30min 以上方可关闭，关闭 30min 以后方可再

次开启)。

②将透射光调到最小,关闭明场电源开关。
③将镜头转到低倍镜,取出样品,若使用过油镜用干净的擦镜纸擦拭镜头。
④确认数据已经保存,关闭软件。
⑤使用光盘拷贝数据(禁止使用移动储存设备拷贝数据)。
⑥关闭计算机,登记使用时间、荧光数字等使用情况。

(4)加标尺

点击"拍照",选中图片,点击"图像",点击"印入信息"(注:"Cell Sens"软件的放大倍数须与所使用的目镜倍数一致)。

(5)光路选择拉杆

①推进时,只可目镜观察。
②位于中间时,既可在目镜中观察,也可通过计算机显示屏观察。
③全部拉出时,只可通过计算机显示屏观察。

(6)白平衡调节

当观察到的样品所示图像背景色与目镜现场背景色失真的情况下,需要进行黑白平衡的操作。为达到最佳背景效果,首次观察时一般都需要进行黑白平衡的操作。
①白平衡(明场) 点击白平衡图标,在图片白色背景区域点击一下鼠标即可。
②黑平衡(荧光) 点击黑平衡图标,在图片黑色背景区域点击一下鼠标即可。

下文以 Zeiss Axio Observer D1 倒置荧光显微镜为例,介绍仪器操作方法。

(1)明场观察

①打开"明场电源和 Zeiss 软件",打开"明场光源 TL"。
②将滤片全部移除光路,转动聚光镜转盘至"H"明场空位,转动滤光镜转盘至"BF"明场档位。
③将切片样本反向放置在载物台固定好,调节粗细准焦螺旋在目镜视野中找到样本。
④依次转换物镜至高倍,看到清晰图像。
⑤调节光强至最优状态。
⑥将"光路"切换到"相机"(503mono 黑白相机或 ICc5 彩色相机)。
⑦在"ZEN"软件中选择对应的相机,进行"预览"。
⑧点击"曝光",进行白平衡处理,添加比例尺,进行"拍照"。

(2)相差(Ph)观察

①打开"明场电源和 Zeiss 软件",打开"明场光源 TL"。
②将滤片全部移除光路,转动聚光镜转盘至"Ph"相差档位,转动滤光镜转盘至"BF"明场档位。
③将切片样本反向放置在载物台上并固定好,调节粗细准焦螺旋在目镜视野中找到样本(显示屏上物镜的功能须有 Ph1 或 Ph2,才能实现相差效果)。
④依次转换物镜至高倍,看到清晰图像。

⑤调节光强至最优状态。
⑥将"光路"切换到"相机"(503mono 黑白相机或 ICc5 彩色相机)。
⑦在"ZEN"软件中选择对应的相机,进行"预览"。
⑧点击"曝光",进行白平衡处理,添加比例尺,进行"拍照"。

(3)微分干涉(DIC)观察

①打开"明场电源和 Zeiss 软件",打开"明场光源 TL"。
②将滤片全部移出光路,转动聚光镜转盘至"DIC"相差档位,转动"滤光镜转盘"至"DIC"明场空位。
③将切片样本反向放置在载物台固定好,调节粗细准焦螺旋在目镜视野中找到样本(显示屏上物镜的功能须有 DIC 或 DIC2,才能实现微分干涉效果)。
④依次转换物镜至高倍,看到清晰图像。
⑤调节光强至最优状态。
⑥将"光路"切换到"相机"(503mono 黑白相机或 ICc5 彩色相机)。
⑦在"ZEN"软件中选择对应的相机,进行"预览"。
⑧点击"曝光",进行白平衡处理,添加比例尺,进行"拍照"。

(4)荧光观察

①打开"明场电源和 Zeiss 软件",打开"荧光光源 RL"。
②转动聚光镜转盘至"3-DAPI;4-GFP;5-YFP;6-RFP"荧光档位。
③将切片样本反向放置在载物台固定好,调节粗细准焦螺旋在目镜视野中找到样本。
④依次转换物镜至高倍,看到清晰图像。
⑤调节光强至最优状态。
⑥将"光路"切换到"相机"(503mono 黑白相机)。
⑦在"ZEN"软件中选择对应的相机,进行"预览"。
⑧点击"曝光",进行白平衡处理,添加比例尺,进行"拍照"。

下文以 Leica MZ10F 体视荧光显微镜为例,介绍仪器操作方法。

(1)明场观察

①打开"计算机电源"开关,打开显微镜背面的"两个电源"。
②打开计算机桌面的"LAS V4.8"软件,点击"采集"一栏。
③将待观察样品放置于载物台上,打开"光源灯"。
④光源选择及亮度调节。
⑤将目镜左侧的光路旋钮调至"VIS"位置,即可在目镜中观察;将"VIS"转至"DOC"位置,即可通过计算机软件观察到图像。
⑥倍率及焦距调整。
⑦当观察到的样品所示图像背景色与目镜现场背景色失真的情况下,需要进行白平衡的操作。为达到最佳背景效果,首次观察时一般都需要进行白平衡的操作。
⑧在计算机上看到清晰图像后,点击左下侧的"采集图像",选择对应的放大倍数即可拍照。

⑨如需在图片上添加比例尺,可点击处理一栏的"注释",调整所需的比例尺样式后点击"合并全部"即可。

⑩仪器使用完毕,先将光源灯亮度调到最弱,再关闭光源灯,然后关闭电源,清洁仪器并散热30min后罩上保护罩。

(2)荧光观察

①需要用荧光时,在开机时要先打开汞灯电源开关(注意:汞灯须使用30min以上方可关闭,关闭30min以后方可再次开启)。

②在明场下大致调整到所需观察的部位,关闭光源灯(注意:荧光观察时光线不能太强,如荧光信号较弱,将周围光亮度减至最低,可以关灯并拉上窗帘)。

③根据样品的标记情况将"荧光滤块转盘"转到相应的位置("空白明场;ET UV LP;ET GFP;ET RFP")。

④拉出"右侧光栅",调节激发光强度。

⑤通过目镜观察样品,在计算机上调整"曝光"及"白平衡",添加"比例尺",保存图片即可。

⑥使用完毕后,关闭汞灯电源与显微镜电源,关闭计算机。

⑦清理桌面,并散热30min后罩上防尘罩。

1.2.1.4 注意事项

(1)显微镜的使用注意事项

①倍数越高的物镜的工作距离越短,距离样本或盖玻片越近,因此,在更换样本或载玻片时手动调整粗细准焦螺旋将物镜升高,再更换样本。

②光学部件可先用柔软的刷子扫去或吸耳球吹去除不掉的污迹,可用擦镜纸蘸无水乙醇擦拭。

③物镜不可随意拆卸且要防震防摔。

④机械部件可以用纱布或棉球擦拭,特别是每次使用后,要仔细擦掉与手接触部位的残余汗渍和污渍。

⑤高压汞灯会散发大量热能。关闭显微镜后,须等其散热30min后,方能盖上防尘罩。

⑥汞灯关闭后须冷却30~40min后,方可再次启动。不使用时,须在汞灯冷却后罩上防尘罩,以防灰尘侵入。即使显微镜长期不使用,也要经常通电干燥,以防电器元件受潮,确保仪器的使用寿命。

(2)高倍镜的使用注意事项

①在使用高倍镜观察标本前,应先用低倍镜寻找到需观察的物像,并将其移至视野中央,同时调准焦距,使被观察的物像最清晰。

②转动物镜转换器,直接使高倍镜转到工作状态(对准通光孔),此时视野中见到不太清晰的物像,只需调节细调焦螺旋,一般都可使物像清晰。

(3)油镜的使用注意事项

①将聚光器升至最高位置并将光圈调大(因油镜所需光线较强)。

②转动物镜转换盘，移开高倍镜，往玻片标本上需观察的部位（载玻片的正面，相当于通光孔的位置）滴一滴香柏油（折光率1.51）或石蜡油（折光率1.47）作为介质，然后在肉眼注视下，使油镜转至工作状态。此时油镜的下端镜面一般应正好浸在油滴中。

③左眼注视目镜中，同时小心而缓慢地转动细调螺旋（注意：这时只能使用微调节螺旋，千万不要使用粗调节螺旋）使镜头微微上升（或使载物台下降），直至视野中出现清晰的物像。操作时不要反方向转动细调节螺旋，以免镜头下降压碎标本或损坏镜头。

④用高倍镜找到所需观察的标本物像，并将需要进一步放大的部分移至视野中央。

⑤油镜使用完后，必须及时将镜头上的油擦拭干净。操作时先将油镜升高1cm，并将其转离通光孔，先用干擦镜纸揩擦一次，把大部分油去掉，再用蘸有少许清洁剂或二甲苯的擦镜纸擦一次，最后再用干擦镜纸揩擦一次。至于玻片标本上的油，如果是有盖玻片的永久制片，可直接用上述方法擦干净；如果是无盖玻片的标本，则盖玻片上的油可用拉纸法揩擦，即先把一小张擦镜纸盖在油滴上，再往纸上滴几滴清洁剂或二甲苯，趁湿将纸往外拉，如此反复几次即可干净。

1.2.2 激光扫描共聚焦显微镜

激光扫描共聚焦显微镜（laser scanning confocal microscope，LSCM）是研究微细结构的有效技术手段和必备的大型科学仪器，在生物和工业检测领域有着广泛的应用。

1.2.2.1 基本原理

（1）激光扫描共聚焦显微系统成像原理

激光扫描共聚焦的基本原理是采用精密针孔滤波技术，使激光束通过非常细的"照明针孔"后形成"点光源"来激发样品。同时，样品焦平面上被激发的点状荧光信号通过同样细小的"探测针孔"进入探测器。细小的点激发和点接收可以有效地减少来自前后左右的散射光信号。当焦平面上的"点"延续成"线"，"线"汇聚成"面"，便可获得一幅完整、清晰的取自焦平面的荧光图像（图1-4）。由于只探测处于焦平面位置上的信息，最大限度地抑制了非聚焦平面的杂散光，因此获得的图像具有很高的成像分辨率和信噪比。

上下改变焦平面的位置，便可以沿z轴方向对样品其他不同层面进行扫描，当一个样品（细胞）各个焦层面上的荧光信号均被取出后，计算机可以将这些信息按次序叠加，实现对较厚样本的三维立体成像，如图1-5所示。这个功能是激光扫描共聚焦显微镜最常用的特有功能之一。

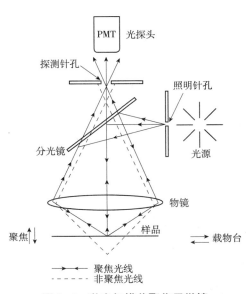

图1-4 激光扫描共聚焦显微镜工作原理示意图

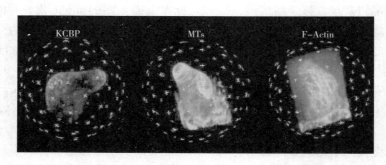

图 1-5　利用激光扫描共聚焦显微镜三维重建功能研究 KCBP 蛋白
（kinesin-like calmodulin-binding protein）、微管（MTs）和微丝（F-Actin）
在拟南芥叶片表皮毛细胞全发育期的空间分布（Tian et al., 2015）

同时，也应认识到，尽管使用激光扫描共聚焦显微镜可以深入到样品内部层扫获得荧光图像，有效改善普通荧光显微镜的成像清晰度。但在使用共聚焦仪器采取荧光信号的同时，也应更加注重优化样品前处理的步骤和反应条件，保证待观测样品的制备质量，从而最大限度保证共聚焦采取图像的真实性，降低技术参数调节造成的各种假阳性（"人为假象"）风险。所谓的"三分靠仪器，七分靠制样"也正是如此。

一般情况下，建议先使用普通荧光显微镜对荧光标记的结果进行充分观察，做到心中有数后，再使用激光扫描共聚焦显微镜获取图像结果。

（2）主要功能

①各种染色、非染色、荧光标记的组织切片、活细胞观察，包括精确描绘、定位和对上述结构的动态变化进行定性、定量、定时和定位观察。

②细胞生物物质定性、定量、定时和定位分布检测。

③细胞离子通道的直接观察和变化的动态描绘。

④三维图像重建。

⑤共定位分析。

⑥荧光强度动态分析。

⑦Ratio 值测量（Ca^{2+}），用于在线比率测量、在线比率图表和比率图像显示等。

⑧专业的 FRAP（荧光漂白恢复）、FRET（荧光共振能量转移）采集和分析模块，FRAP 可实时交互式任意动态选择被漂白区；可用于单个蛋白分子构象变化、信号分子变化、钙离子浓度变化等；两种分子间相互作用等。

1.2.2.2　结构组成

激光扫描共聚焦显微镜主要由显微镜主机、荧光激发光源、激光器、检测器、共聚焦针孔、扫描头等附件组成，另外还附有水冷、显微镜控制机箱、激光箱、控制面板、计算机工作站、UPS 不间断电源、防震台等其他配件。显微镜主机一般配有明场、荧光、微分干涉、偏光等观察功能。荧光激发光源一般为长寿命金属卤化物灯光源，寿命 2000h 以上，光纤传导。

(1) 共聚焦显微镜常规观察样品制备要求

共聚焦显微镜样品制备是检测前的关键步骤。样品需经荧光探剂标记（单标、双标、三标）。

①染料的选择　由于共聚焦是以单一波长的激光作为光源，因此，根据仪器配备的激光器波长选择荧光染料，如果在同一样品中有多种荧光染料标记，还要考虑它们的发射波长尽量不要重叠，避免串色。

②样品承载物的选择　一般的共聚焦高倍物镜均为油镜，它的数值孔径较小，要求镜头与样品之间的工作距离不大于0.17mm，因此，如果观察样品为贴壁细胞或组织切片，要求使用的盖玻片厚度应小于0.17mm，载玻片厚度应在0.8~1.2mm，而且表面光洁，厚度均匀，没有明显的干扰荧光。如果是悬浮细胞或悬浮粒子，可以用共聚焦专用的小培养皿承载样品进行观察。

③封片剂的选择　如果样品只需要观测一次并且不是极易淬灭的荧光，可用50%甘油（pH=8.5~9的PBS配制）封片，此时应尽量使用最少体积的液体，以减少样品移动。如果样品需要放置一段时间并多次拍摄，应选用抗荧光淬灭的封片剂，并尽量选择封片后可以凝固的无荧光封固剂，如Mowiol 4-88等，以减少荧光信号丢失。

1.2.2.3　仪器操作方法

下文以Leica TCS SP8 SR激光扫描共聚焦显微镜（图1-6）为例，介绍仪器操作方法。

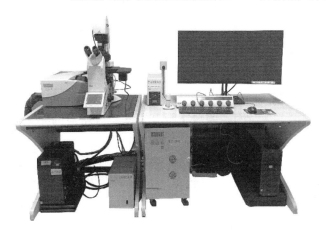

图1-6　Leica TCS SP8 SR激光扫描共聚焦显微镜

(1) 开机流程

①打开计算机（等待约2min直至计算机完全启动）。

②揭开显微镜防尘罩。

③从左至右，打开每个按钮后时间上略留间隔（30s），依次打开水冷、显微镜控制器、Scanner Power、Laser Power，钥匙旋至"ON-1"。

④打开荧光电源。

⑤双击计算机桌面"LAS X"图标启动共聚焦操作软件，进入配置选择界面后，在"Configuration"下拉菜单中选择"machine.xihw"；"Microscope"菜单中选择本机显微镜型号

"Dmi8"，点击"OK"，系统继续启动。

软件自检约 2min，自检过程中勿触碰显微镜操作台等，自检完成后，自动进入软件操作界面。

(2) 在显微镜下观察样品

①选择物镜　可通过显微镜触摸显示屏中物镜选择按钮或软件中的"Objectives"选项进行选择。

②明场观察

——将样品置于载物台上(片夹不要夹得太紧，保证可以轻松取下来)，根据实验需求，触摸屏上"Transmitted"项下选择："BF(明场)""DIC(微分干涉)"或"POL(偏光)"观察。

——通过遥控手轮调节载物台的运动以选择合适的视野。

——上方：调整焦距。

——下方按钮的上部和下部：分别控制载物台的前后左右移动。

——XY Fast 和 Z Coarse：粗调。

——XY Precise 和 Z Fine：细调。

③荧光观察

——点击上图触摸屏上"Incident"下"FLUO"按钮，切换至荧光观察模式。

——选择荧光，DAPI-LP：蓝色荧光；FITC-LP：绿色荧光；RHOD-LP：红色荧光。按荧光光闸按钮"IL-Shutter"打开荧光，进行样品的荧光观察。观察完毕后，及时按"IL-Shutter"按钮关闭荧光，以保护样品。

(3) 采集共聚焦图像

①软件上打开所需激光器　软件界面最上方点击"Configuration"，选中"Laser Contig"，在弹出的"Currently available Lasers"窗口下打开本次实验所需的激光器。

②光路设置

——点击"Acquire"，在弹出的光路设置界面中选择所需激光及其功率、检测器(优先使用 PMT 检测器)、荧光染料、检测波长范围，调节检测器的 Gain 值或 Offset 值等。

——检测通道从上至下：

PMT1：普通检测器(激光功率逐渐递增，新激光器最大不能超过 25%，Gain 值最好为 800~900)。

HyD SMD2：灵敏度更强，适合图像信号较弱时尝试使用(激光功率需 0.1% 递增，且最大不能超过 15%，Gain 值一般 100 左右)。

PMT3：普通检测器，一般情况下，优先使用，用法同 PMT1。

HyD4：用法同 HyD SMD2。

PMT5：普通检测器，用法同 PMT1。

PMT Trans：观察明场，需要用时打开。

③序列扫描设置

——若染料的发射光谱有重叠，为减少串色，成像时每种染料要单独激发，或者说，每次只用一种激发光激发，并只检测一种染料。可用 Sequential Scan 来实现。激活 Sequential Scan 功能，可在 Seq 中分别设置各个染料的激发和检测光路。

——Between Lines：必须用多个检测器，多个荧光颜色通道同时扫描，特别适合活细胞成像，各个通道焦距、Line average、Line accu 必须一致。

——Between Frames：一种荧光颜色通道拍完之后再拍另一种颜色，多种颜色可以用同一个检测器，或用多个检测器均可实现。各个通道焦距一致，但都可分别调节 Line average、Line accu 等。

④选择扫描模式

——默认模式为 xyz 扫描，是最常用的扫描模式，可用于 xy 扫描和 z 轴层切（xyz 扫描）。还可在下拉菜单中选择由 x、y、z、t（时间）以及 λ（波长）组合而成的多维扫描模式，如 xyt、$xy\lambda$、$xyzt$、$xyzt\lambda$ 等。

——Z-Stack：将 Acquisition Mode 选到 xyz 扫描模式上，单击"Live"，调焦至样品的两个最深层面（从一个最暗焦平面到另一个最暗焦平面），选择开始（Begin）和结束（Stop），确定好样品的厚度，就可以进行三维层扫了。

⑤设置扫描参数　包括分辨率（Format）、扫描速度（Speed）、针孔大小（Pinhole）、线平均（Line average）、面平均（Frame average）、累加（Accu）及放大倍数（Zoom）等。

——分辨率和扫描速度："Live"预览模式下一般选择低分辨率，较快扫描速度，如 512×512，600Hz。而采集图像时则需选高分辨率，较低扫描速度，如 1024×1024，200Hz。活细胞或运动的样品成像可能需要更快的速度。可选择双向扫描（Bidirectional X）来达到更高速度，这时可能需要进行相位校准（Phase correction）。

——针孔大小：默认值为 1AU。如果样品的荧光非常弱，可通过增大针孔直径来增加信号强度，但所获取图像的光切厚度也会随之增加。

——平均：用于降低背景噪声。分为线平均（Line average）和面平均（Frame average），可在下拉菜单中选择平均的次数。

——累加：仅用于荧光非常弱的样品。

⑥预览图像　将 Format 调节至 512×512，将 Speed 调节至 600Hz 以获得较快的扫描速度。点击软件"Acquire"界面左下方的"Live"按钮预览图像，图像将显示在显示屏上。预览开始后，"Live"按钮变为"Stop"，点击"Stop"按钮可停止预览。

预览应达到以下目的：Ⅰ找到最适合观察的焦平面；Ⅱ使图像亮度动态范围达到最佳。

可通过调节控制面板的"Z Position"旋钮找到最适合观察的焦平面；或者调节遥控手轮上的调焦旋钮。

图像亮度动态范围可通过调节激光输出功率、荧光接收波长范围、Gain 值和 Offset 值实现。

A. 参数的调整原则如下：

——Gain 值的调节：增大则信号和噪声都增强，减小则信号和噪声均减小。原则上，在保证图像质量的前提下，Gain 值越小越好。

——Offset 值的调节：可扣除背景噪声，但标本信号也有一定程度的扣除。原则上，在保证图像质量的前提下，Digital Offset 值越接近于 0 越好。

——激光强度和荧光接收波长的调节：对于每个通道，需要灵活调节激光的强度，激光强度越高，则信号越强，同时标本更容易被漂白或淬灭。原则上，在保证图像质量的前提下，激光强度越低越好。

荧光接收波长范围越宽，亮度越强，但也应避免太宽造成串色问题。

B. 拼图预览模式：可快速找到目标区域。将"Format"和"Speed"调整到低分辨率和高速的模式（512×512，600Hz）下，双击"Acquisition"下"拼图预览模式按钮（LASX Navigator）"。进入拼图预览界面，拖动鼠标将白色方框放置到窗口中间，点击界面下方"Spiral"按钮进行扫描（此时最好先开一个荧光通道和明场，通道打开过多，颜色杂乱，反而难找到目标区域），在看到目标区域时点击"Stop"，双击目标区域，点击右上角的"Close"暂时关闭扫描窗口。回到采集图像窗口。

⑦采集图像　对于单通道染色，或多通道染色同时扫描，单击"Capture Image"按钮或"Start"采集图像。对于序列扫描，或多维图像扫描，单击"Start"进行图像采集。在此之前可改变扫描分辨率、线/面平均次数等扫描参数。

⑧图像文件的保存及输出

——图像文件保存：拍照完毕后，点击"Open Projects"，即显示采集的所有图像文件名称，默认本次开机后采集的所有图像都放在一个文件夹下，右键点击文件名，可进行多种操作。

选择"Save Projects"即可将当前文件夹下的所有图片保存为一个文件，文件保存格式为 *.lif 原始文件，只能通过 Leica LAS AF、LAS AF Lite、LASX 等专业图像数据处理软件打开。

——图像文件输出：右键点击图像文件名，选择"Export"进行图像输出，可输出成图片（.tiff 或 .jpeg），三维或多维图像还可输出成电影（QuickTime、.avi、MPEG-4、WMV 等）。导出的文件可用普通图像浏览软件打开。

(4) 关机流程

①保存 lif 文件，导出带标尺 tif 或 jpg 格式图片至文件夹。
②软件上关闭激光器。
③关闭软件，用光盘拷贝数据。
④关闭计算机，待计算机完全关闭后再进行下一步。
⑤关闭荧光电源。
⑥镜头纸清洁物镜镜头，切换至低倍镜。
⑦从右至左依次关闭钥匙后，关闭激光器、检测器电源，关闭显微镜控制器，关闭水冷（每个按钮间的时间间隔为 10~30s）。
⑧等待 20min 让显微系统散热完全后，盖上显微镜防尘罩。

1.2.2.4　注意事项

①保持实验室温度为 18~25℃，相对湿度为 40%~60%，开、关仪器必须在管理员指导下进行，严格遵守仪器的开、关流程。
②荧光电源开启后大于 30min 才可关闭，关闭 20min 后才可重新打开。

③调节激光器输出功率时尽量以0.1%的速率缓慢上升，对于新的或使用时间不是很久的激光器而言，输出功率为0%~25%即可满足大多数实验。

④使用激光扫描获得高质量荧光图像前，最好先在荧光显微镜对荧光标记的结果进行充分的观察，做到"心中有数"后，再利用激光扫描共聚焦显微镜获取图像结果，以最大程度避免仪器操作造成的"人为假象"。

⑤用样品夹固定玻片或平皿等时，不要将载玻片或平皿夹得过紧，尽量保证随时能轻松从样品夹上取出样品，从而避免调焦力度过大时造成载玻片破裂，划伤物镜镜头。

⑥在光路设置、设置采图参数和更改检测器时，必须在"Stop"即激光器和检测器关闭的情况下进行，俗称"Frozen"状态，不然会烧坏激光器。

⑦拍摄图像时，应避免震动、环境光线、手机信号等的干扰。

⑧注意在共聚焦采取图像时不得注视激光束，以免损伤眼睛。在共聚焦显微镜附近储存或使用易燃易爆物的固体、液体或气体；可以引燃的材料如布或纸张不得放入光路中。

⑨使用油镜后，需用蘸有无水乙醇的擦镜纸光滑面清洁此物镜；使用水镜后，也需用干擦镜纸光滑面轻轻吸干上面的水渍。

⑩关机前将当前物镜转换为低倍镜并调至最低位，以最大程度保护物镜。

1.2.3 流式细胞仪

流式细胞仪（flow cytometer）是利用流式细胞术对细胞进行自动分析和分选的装置。流式细胞术（flow cytometry）是20世纪60年代后期开始发展起来的快速定量分析细胞群的物理化学特征以及根据这些物理化学特征精确分选细胞的新技术，主要分为流式分析和流式分选两部分。

流式细胞仪不仅可以测量细胞大小、内部颗粒的性状，还可对细胞膜上和细胞质中的蛋白、细胞因子和其他各种特异标志，以及细胞核中的DNA、RNA和蛋白质进行快速检测并可分类收集。

1.2.3.1 基本原理

流式细胞仪的基本原理是悬浮在液体中的细胞一个个地依次通过测量区，当每个细胞通过测量区并被激发光照射时产生光信号，然后被光电倍增管转换成电信号，这些信号可以代表荧光、普通光散射、光吸收或细胞的阻抗等。这些信号可以被测量、存储、显示，于是细胞的一系列重要的物理特征和生化特征就被快速地、大量地测定（图1-7）。上述特征可以是细胞的大小、活性，核酸的数量、酶、抗原等。仪器还可以根据所规定的参量把指定的细胞亚群从整个群体中分选出来。

该技术兴起于20世纪70年代，具有快速、简单、通量大的特点，已被广泛应用在生物学和医学的各个研究领域。在植物方面的应用始于20世纪80年代中期，目前在植物育种、生长发育、生理生态、系统进化、分类等领域，从分子、细胞到系统生物学都有着广泛的应用，可以进行细胞大小及内容物分析、细胞周期分析、细胞凋亡分析、多重细胞因子分析、DNA分析、倍性检测等。对植物而言，流式细胞仪可进行果树、蔬菜等植物倍性鉴定、C值研究、抗逆胁迫研究以及荧光蛋白测定等，可有效促进优良作物选育研究和

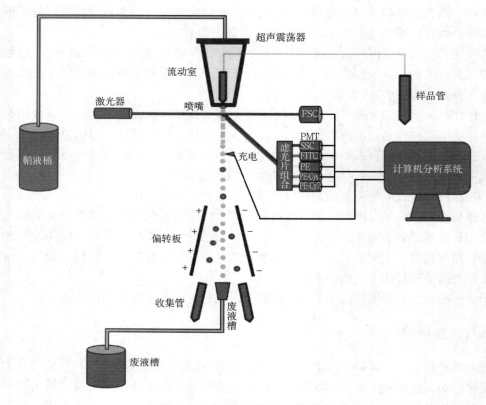

图1-7 流式细胞仪的工作原理

实验教学工作。例如，进行葡萄、黄瓜等多倍体诱导研究，对不同品种苹果、猕猴桃等细胞核 DNA 含量差异进行鉴定，对猕猴桃属中几个品种的杂交后代进行鉴定等。

检测流程如下：待测细胞被制备成单个细胞的悬液，经过特异性荧光染料染色后放入样品管中，在气体的压力下进入流动室。流动室内充满鞘液，在鞘液的约束下，细胞排列成单列由流动室的碰嘴喷出，成为细胞液柱。液柱与入射的激光束垂直相交，相交点为测量区。通过测量区的细胞被激发产生荧光。在与入射光束和液柱垂直的方向放置光学系（透镜、光阑、滤片和检测器等）用以收集荧光信号。光电倍增管将收集的光信号转化为电信号再传输至计算机，计算机通过相应的软件将电信号模拟成图像。

1.2.3.2 结构组成

流式细胞仪一般由光路系统、电子系统、液流系统、数据系统四大基本组件构成，具有细胞分选功能的流式细胞仪还有分选系统。

光路系统包括激光系统和光收集系统。激光是一种相干光源，它能提供单一波长、单一方向、同步的稳定光照。光收集系统由若干组透镜、滤波片和小孔组成，将产生的光信号引导至检测器。

电子系统主要由光电倍增管和补偿电路等组成，用于信息检测和分析。

液流系统包括鞘液系统和样品流动系统。

数据系统包括计算机、数据测量和分析软件。

1.2.3.3 仪器操作方法

下文以 BD Accuri C6 流式细胞仪(图 1-8)为例，介绍仪器操作方法。

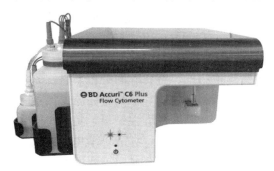

图 1-8　BD Accuri C6 流式细胞仪

(1) 开机流程

①检查各液流瓶液面高度，确保可以维持仪器正常运行。
②放置一管双蒸水于上样处，开启计算机，打开"Accuri C6"软件。
③启动机身电源，启动过程约 5min。
④待仪器状态显示为"C6 and Cflow are connected and ready"。
⑤更换小烧杯于上样处，执行"Unclog"和"Backflush"各 2~3 次。
⑥更换一管过滤双蒸水于上样处，运行 15min 后开始实验。

(2) 关机流程

①放置一管双蒸水于上样处，高速运行 10min。
②更换一管有效氯浓度为 0.5%~1%的次氯酸钠溶液于上样处，高速运行 10min。
③更换一管 Rinse 清洗液于上样处，高速运行 10min。
④更换一管双蒸水于上样处，运行 10min，运行结束后，双蒸水保留在上样处。
⑤退出"Cflow"软件，关闭计算机。
⑥关闭机身电源，自动执行关机清洗程序，约 13min 完成后，仪器电源自动关闭。

1.2.3.4 注意事项

(1) 开机

上样前，确认样本已过滤，去除样本中的细胞团块；上样时混匀样本。切勿将仪器的电源与其他电源连接在一起，同时避免在仪器使用过程突然断电。确保仪器每周至少开启 2 次，每次 30min。放置在上样针处的双蒸水要每天更换。

(2) 关机

按住电源键不能超过 5s，否则会跳过自动关机清洗程序。当用这种方式关闭仪器，下次启动时会显示警告信息，用更长的时间来恢复并回到仪器绿灯准备完毕状态。在关闭机身电源前，不是必须退出 Cflow 软件或关闭计算机。对于 PI、TO 等黏性强的染料的样本，结束实验后要先运行清洗流程("Instrument>Run cleaning fluid cycle")，待结束后再进行关机流程。

1.3 应用实例

实验一 番红固绿染色植物组织石蜡切片制作

一、实验原理

番红固绿染色适用于高等植物根、茎、叶的染色。番红是碱性染料，是细胞学和动植物组织常用的染料，能染细胞核、染色体和植物蛋白质，显示维管束植物木质化、木栓化和角质化的组织，还能染孢子囊。固绿是酸性染料，是一种染含有浆质的纤维素细胞组织的染色剂，在染细胞和植物组织上应用极广。染色结果是木质化的细胞壁、导管及核呈红色；薄壁细胞、细胞质和筛管等呈绿色。在显微镜或电子显微镜下，可如实观察植物石蜡切片组织的微观结构。

二、实验材料、仪器及试剂

（1）实验材料：植株顶端（含生长点的茎叶部位）。
（2）实验仪器：Leica RM2235 轮转式石蜡切片机、摊片机、烤片机、Olympus BX63 正置荧光显微镜。
（3）实验试剂
标准固定液（FAA 固定液）：50%乙醇 90mL+冰醋酸 5mL+37%～40%甲醛；
不同浓度乙醇脱水剂：分别为 70%、85%、95%和 100%；
二甲苯透明剂；
明胶黏贴剂：明胶（粉状）1g+100mL（36℃）蒸馏水（明胶熔化后）+石炭酸（结晶）2g+甘油 1mL（熔化）；
番红溶液：0.6g 番红粉+100mL 70%乙醇；
固绿溶液：0.5g 固绿粉+100mL 95%乙醇。

三、实验步骤

石蜡切片的制作过程：准备工作→取材→洗净→固定→脱水→透明→浸蜡→包埋→修蜡块→粘蜡块→切片→镜检→展片和粘片→脱蜡→复水→染色→透明→封片→镜检。

1. 准备工作

配制试剂，准备和清洗载玻片、盖玻片、容器等。
熬制废蜡：将以往用过的废蜡在电炉上于烧杯中熔化，过滤备用。

2. 取材

切取植株顶端（含生长点的茎叶部位），分别放入 10mL 的玻璃小瓶中，贴好标签待用。

3. 固定

将事先配制的 FAA 固定液（50%乙醇 90mL+冰醋酸 5mL+37%～40%甲醛），加入上述小瓶中，每瓶 8mL（为材料体积的 20～50 倍），常温下浸泡 24h 以上；开始浸泡时，用针管抽取附着在材料上的气泡,以保证固定液和浸蜡时的蜡液都能完全透入材料中。

4. 脱水、透明和浸蜡

用乙醇为脱水剂、二甲苯为透明剂,对上述已固定的材料进行脱水和透明处理。为防止材料皱缩,脱水剂的浓度由低到高依次进行,分别为70%、85%、95%和100%。每个浓度脱水约2h。脱水剂用量不少于材料体积的5倍。

具体流程:70%乙醇脱水(6~8h);85%乙醇脱水(2h);95%乙醇脱水(2h);100%乙醇脱水(2h)第一次;100%乙醇脱水(2h)第二次;1/2乙醇脱水+1/2二甲苯透明;二甲苯透明(2h);1/2二甲苯透明+1/2碎蜡浸蜡(36℃,8~10h,加少许番红粉标记);纯浸蜡1(将温箱从36℃升到60℃,浸蜡3~6h)→纯浸蜡2(60℃,3~6h)。

5. 包埋

事先用牛皮纸折好小纸盒若干,纸盒的体积约为1cm×1cm×6cm;将小瓶中熔化的纯石蜡及所含的3个材料趁热倒入小纸盒中,马上用热解剖针、镊子等在材料周围轻轻搅动,消除气泡(当小瓶中的蜡量不足时,补加熔化好的同种蜡液)。待底部蜡液开始凝固,根据材料纵切、横切的不同要求,以及材料之间的距离将材料进行定位,然后将纸盒快速、平稳轻放至自来水表面冷却,当蜡面凝固发白后,迅速将蜡盒倒置沉入水中进一步凝固,待完全凝固后取出阴干。

6. 修蜡块和粘蜡块

将上述阴干且包有材料的凝固蜡块用刀片进行修饰,其横截面为矩形,每边不少于2~3mm,底座可稍大(梯形状)以便于黏附在小木块上。

7. 切片

使用轮转式切片机对上述蜡块进行切片,设置切片厚度为8~10μm,选取所需部分进行展片和粘片处理。

8. 展片和粘片

配制明胶黏贴剂:明胶(粉状)1g+100mL(36℃)蒸馏水(明胶溶化后)+石炭酸(结晶)2g+甘油15mL(熔化)。

取一滴明胶黏贴剂涂抹在载玻片上(事先将洗干净的载玻片用干净的绸缎擦干,以免起毛。涂抹时保持手的干净,以免影响胶的黏性,导致材料脱片),将蜡带(切片)置于所涂粘贴剂上,加足量蒸馏水,使蜡带漂浮后,转移至展片机进行展片(40℃),待切片完全展开后用吸水纸吸去多余的水(当展片不充分时,可将温度调高至50℃左右,并多添加一些蒸馏水,应在短时内迅速展平,以免蜡熔化),放置于烘箱待其干燥。

9. 脱蜡、复水、染色和透明

在系列染色缸中对已展开和干燥的石蜡切片进行脱蜡、复水、染色和透明化处理。

二甲苯脱蜡(以目视脱蜡干净为准);二甲苯脱蜡(5~10min);1/2二甲苯+1/2纯乙醇(5~10min);纯乙醇(5~10min);95%乙醇(5~10min);85%乙醇(5~10min);70%乙醇(5~10min);番红溶液(0.6g番红粉+100mL 70%乙醇)12h;70%乙醇3~5s;85%乙醇3~5s;95%乙醇3~5s;固绿溶液(0.5g固绿粉+100mL 95%乙醇)3~5s;纯乙醇(时间视固

绿染色情况而定）；纯乙醇3~5s；镜检；1/2二甲苯+1/2纯乙醇（3~5min）；二甲苯透明（3~5min）；二甲苯进一步透明（3~5min）；封片。

10. 封片

将洗干净的盖玻片用干净的绸缎擦干，在桌子上垫上干净的白纸（最好是滤纸）。

将载玻片从二甲苯中取出，将附着有切片材料的一面朝上，待二甲苯不完全挥发时，迅速在材料上加适量封固剂（如树胶），轻轻将盖玻片盖上，在室温下干燥10d。

11. 镜检

打开Olympus BX63正置荧光显微镜，在明场条件下观察制好的石蜡切片。

四、注意事项

①使用前确认各个锁定旋钮是否锁定，锁定状态下不要强行旋转手轮或扳动其他仪器部件，以免给仪器造成损害。

②必须在夹紧刀之前夹紧固定好标本块。

③每次操作切片刀和标本，以及休息或停止切片前一定要锁定手轮，并用护刀罩将刀刃遮住。不要将刀刃朝上放置，在不使用时必须将刀放回刀盒。

④在切易碎的标本时必须戴上护目镜，标本可能会崩裂。

⑤不要用手指去触碰切下的标本或刀片附近，使用毛刷或镊子夹取切下的标本，以免锋利刀片划伤手指。

⑥实验结束必须锁定手轮，并用无水乙醇清洁仪器表面。

实验二 不同发育时期苹果果实组织石蜡切片制作

一、实验原理

石蜡切片法是观察植物组织结构最常用的技术之一，同时，石蜡切片结合原位技术可以研究特定基因序列在组织和细胞中的时空分布规律。通过研究苹果果实不同发育时期、不同组织的石蜡切片制作技术，可以获得染色清晰、组织结构完整的石蜡切片，可以对苹果果实不同组织的动态发育过程进行连续观察。

二、实验材料、仪器及试剂

（1）实验材料：取材于每年6~10月的苹果，每隔15d取样1次，对不同发育时期的果实进行石蜡切片制作。

（2）实验仪器：Leica RM2235轮转式石蜡切片机、摊片机、烤片机、Olympus BX63正置荧光显微镜。

（3）实验试剂

标准固定液（FAA固定液）：50%乙醇：40%甲醛：冰醋酸=90：5：5（$V:V:V$）。

4%多聚甲醛固定液：0.2mol/L的PBS溶液配制（pH=7.0）。

番红染液：1g番红+100mL 95%乙醇，过滤后使用。

固绿染液：1g 固绿+100mL 无水乙醇，过滤后使用。
切片石蜡：熔点 56~58℃。

三、实验步骤

1. 取材与固定

取长势良好无病虫害的果实，将果实从中间横切为二，取果皮、萼片维管束及附近的果肉，切成 5mm×5mm×2mm 的小块，苹果幼果期果肉致密发硬，FAA 固定液渗透力强，能快速固定植物组织，将组织中的内含物凝固为不溶解的物质，因此可将果肉浸入 FAA 固定液中；而果实到了发育后期，组织发脆含水量高，且随着果实的成熟，皮层某些特定细胞开始酸化、解体，这些细胞易于破损。多聚甲醛固定液由 PBS 配置而成显中性，与植物本身的酸碱性一致，能很好地固定组织细胞中水溶性的大多数肽类激素和蛋白质，不会破坏组织的细微结构，成为苹果果实发育后期的理想固定液。因此，可将果肉浸入多聚甲醛固定液中，用真空泵抽气后固定 24h。固定液以新配置的为好，且要有足够的量，一般为组织块体积的 5~10 倍，若固定过程中固定液颜色发黄，必须及时更换固定液。

2. 脱水与透明

将固定好的材料依次放入 30%乙醇→50%乙醇→70%乙醇→85%乙醇→95%乙醇→100%乙醇→100%乙醇中脱水，FAA 固定液固定的材料也可直接入 50%乙醇中脱水。

脱水后的材料再按 1∶1 无水乙醇+二甲苯(加少许番红粉末，以便在以后切片中材料与石蜡容易辨别)→二甲苯→二甲苯顺序透明，务必使材料达到透明为止。

幼果组织致密，各级脱水、透明时间稍长，为 1.5~2h。果实成熟后，组织较疏松，果肉细胞为大型薄壁细胞，各级脱水、透明时间相应缩短，1h 即可。脱水、透明时间过长，组织容易发脆断裂，影响切片。

3. 浸蜡与包埋

将透明好的材料加入少量二甲苯(完全浸没材料即可)及与二甲苯等量的熔融石蜡，盖上盖放入 40℃恒温箱过夜(10~12h)。打开盖使二甲苯挥发，并将温度调至 60℃。2h 后倒去原液，倒入纯蜡，共换 3 次蜡，每次 2h。

浸蜡通常设置为高于石蜡熔点 3℃左右。夏季宜采用熔点较高的石蜡(56~58℃)，冬季宜选用熔点较低的石蜡(52~54℃)。

对组织材料进行包埋，纸盒中的蜡要倒满，材料切面朝下，位置放正。

4. 切片与展片

修整蜡块，用轮转式石蜡切片机切片，切片厚度设置为 8μm。使用摊片机进行展片，水温设置 40~42℃，用镊子将蜡带轻放在水面上，亮面朝下，将洁净载玻片一端倾斜入水，将蜡带缓缓捞起，在烤片机上烤干。

5. 脱蜡、染色

将晾好的切片依次放入二甲苯→二甲苯中，每次 5~10min，以溶去切片上的石蜡。脱蜡结束后进行番红—固绿二重染色，具体步骤为：100%乙醇 3min→95%乙醇 1min→番红染液（至少 35min）→85%乙醇（去浮色）1min→固绿染液（5s 即可）→95%乙醇 1min→100%乙醇 1min→两步二甲苯透明（每次 5~10min）。

6. 封片、拍照

将切片从二甲苯中取出，迅速用中性树胶封固制成永久切片。用 Olympus BX63 正置荧光显微镜进行明场观察并拍照。

实验三　苹果果实半薄切片及染色观察

一、实验原理

甲苯胺蓝是一种常用的人工合成染料，不仅含有两个发色团，还含有两个助色团，为碱性染料，甲苯胺蓝中的阳离子有染色作用，组织细胞的酸性物质与其中的阳离子相结合而被染色。可染细胞核使之呈蓝色，在显微镜下可清晰地观察到细胞核结构。

二、实验材料、仪器及试剂

（1）实验材料：包埋固定好的苹果果实样品树脂胶囊。

（2）实验仪器：Leica RM2265 半薄切片机、KMR3 型制刀机、6.4mm 制刀玻璃、Olympus BX63 正置荧光显微镜、烤片机。

（3）实验试剂

甲苯胺蓝染色：取 1g 硼砂溶于 100mL 蒸馏水中，若溶解不充分，可加热至硼砂充分溶解，再加入 1g 甲苯胺蓝。待染料溶解后，离心并用滤纸过滤，待用。

三、实验步骤

1. 制玻璃刀

①取出 6.4mm 玻璃条，将光面向上，毛面向下放置在制刀机的卡槽中固定好。
②向下转动手柄，保证玻璃条上侧两个固定位置已稳固。
③调节钻石刀的伸出位置。
④用钻石刀划过玻璃条，可以清晰看到玻璃条上的划痕。
⑤将上方断裂压力旋钮转至 3~5，即可将玻璃条一分为二。
⑥依次将平分的玻璃条断裂成小方块。
⑦将正方形玻璃以对角线对准卡槽断裂成两个三角形玻璃刀。

2. 半薄切片修样

一般徒手对包埋块进行修整。将包埋块夹在特制的夹持器上。放在解剖显微镜下，先用锋利的刀片削去表面的包埋剂，露出组织。然后在组织的四周以和水平面呈 45°削去包埋剂，将其侧面修成锥形体，将其样品顶面修成梯形或长方形，每边的长度为 0.2~0.3mm。需要定位，可对样品面打一个角。如果多余树脂较多，也可以用砂纸。

3. 半薄切片机切片

①接通电源，打开机身后侧主开关。

②选择切片模式(修片和切片)，并确定修片和切片厚度。
③安放树脂包埋胶囊于样品夹中央位置，旋转固定螺丝，将样品按要求固定夹紧。
④将制好的玻璃刀以锋利一侧为刀刃，安装在刀架上，拧动旋钮，将玻璃刀固定好。
⑤调节刀架底座的紧固锁杆，调整刀座的前后位置。
⑥调节刀架最外侧的左右控制旋钮，将玻璃刀右侧对准修好的样品。
⑦调节刀座左侧控制间隙角的控制旋钮，按照刻度调整间隙角度并重新拧紧旋钮。
⑧解除手轮锁，匀速转动手轮切片。此时，开始切片并开始计数。

4. 甲苯胺蓝染色及观察

①用滴管吸取蒸馏水，在干净载玻片上近距离滴一个小水滴。
②将切下的切片用注射器针头轻轻挑下，转移至水滴上。
③将载玻片放置在设定90℃的烤片机上，将水分烤干。
④滴2~3滴染液在平铺于载玻片的切片上。
⑤染色10s即可，若染色浅可再多几秒。
⑥酒精灯加热至染液周围出现干圈。
⑦用蒸馏水冲洗样品周围的余液，晾干。
⑧打开Olympus BX63正置荧光显微镜，在明场条件下观察并拍照。

四、注意事项

①制刀时保证正方形玻璃块放入卡槽时两侧对称，否则可能导致玻璃刀碎裂。
②制好的玻璃刀先用最右侧切片，因为制刀的原因，右侧容易有缺口，可以用来修样，待切到样品处，可更换新的刀刃位置来切样。
③样品固定时，只需露出少部分修好的胶囊，其余部分夹好固定好，可保证在切样品的过程中减少晃动或崩坏，保护样品及刀刃。
④切样时，不要连续转动手柄去切，切几下就挑取切下的样品展开观察，以免样品粘连、重叠。
⑤修样时，去掉胶囊外壳，防止划伤刀刃。
⑥修样定位时，如无特殊要求，可直接修到样品中间位置开始切样，这样可以确保一定能切到样品。
⑦切下的材料用针头挑取时，应防止针头碰到玻璃刀刀刃，以免划伤刀刃。
⑧展片时载玻片上滴的小水滴尽可能圆一些，利用水的张力将切片展开，效果更好。
⑨在烤片机上烘干水分后，可多烤一会，让切片更牢固地粘在载玻片上，防止染色和冲洗时掉落。
⑩加热过程不能太急，防止由于加热过快使切片脱离载玻片。

实验四　植物细胞中GFP瞬时表达及亚细胞定位

一、实验原理

聚乙二醇(PEG)是一种高分子化合物，它能连接Ca^{2+}等阳离子，Ca^{2+}可在带负电荷的质粒 DNA、PEG 之间形成桥，从而促使质粒进入原生质体。PEG-Ca^{2+} 介导的转化是拟南芥瞬时表达体系最常用的方法，其在荧光显微镜 488nm 下激发可观察到原生质体呈现绿色荧光。

二、实验材料、仪器及试剂

（1）实验材料：培养 30~45d 的拟南芥幼苗。

（2）实验仪器：Olympus BX63 正置荧光显微镜、超净工作台、离心机、培养箱、水平摇床、剪刀、镊子、刀片、培养皿、尼龙网（200 目、350 目）、过滤漏斗、小烧杯、小三角瓶、吸管、50mL 离心管、2mL 离心管、注射器（5~10mL、1mL）、载玻片、盖玻片、吸水纸等。

（3）实验试剂：纤维素酶 R10 和离析酶 R10、PEG4000、甘露醇、2-(N-吗啉代)乙烷磺酸（MES）、氯化钙、牛血清白蛋白、巯基乙醇、质粒提取试剂盒、六水氯化镁、氯化钾等。

三、实验步骤

1. 植物原生质体分离

①选取幼嫩的植物叶片或生长 30d 左右的拟南芥植物叶片。

②在干净 A4 纸上，将所取材料切成 0.5mm 的细条。

③取一个灭菌的 50mL 三角瓶（或小烧杯），将切好的细条立即浸入 30mL 0.6mol/L 甘露醇。

④50r/min 黑暗摇动 10min（也可黑暗静置）或抽真空 0.5h。

⑤用 200 目双层尼龙纱布过滤去尽甘露醇。

⑥将材料置于另一个灭菌的 50mL 三角瓶中，加入 5~10mL 酶液（可抽真空 30min 左右，加速酶液渗入组织内部），置于水平摇床 60~80r/min 酶解消化 4~5h。

⑦消化完毕加入等体积预冷 W5 溶液。

⑧用 325 目尼龙纱布过滤酶解液至 50mL 无菌离心管。

⑨1000r/min 离心 5min，用移液器轻轻地吸掉上清液，收集原生质体（沉淀）。

⑩加入 10mL W5 溶液，轻轻混匀重悬浮原生质体，镜检。

⑪1000r/min 离心 2min，吸掉上清液，收集原生质体。

⑫加入 10mL W5 溶液，轻轻混匀重悬浮原生质体，冰浴静置 30min。

2. 原生质体计数及活性检测

①取原生质体提取液一滴于载玻片上，低倍镜观察原生质体的纯度和完整性，并用荧光显微镜观察叶绿素自发荧光。

②取原生质体提取液一滴于载玻片上，加入相同体积的 0.02%二乙基荧光素（FDA）溶液，静置 5min 后，于荧光显微镜下观察，发绿色荧光的为有活力的原生质体，没有产生荧光的原生质体无活力。

③分离原生质体记数。取原生质体提取液一滴于盖有盖玻片的血球计数板上，使用光学显微镜记数血球计数板上四角四个大方格中的原生质体总数，利用公式计算原生质体悬浮液中的原生质体浓度。

3. 原生质体转化及 GFP 基因的瞬时表达

①将冰浴静置后的原生质体 1000r/min 离心 2min，尽量弃（吸）尽上清液，收集原生质体。

②加入 0.5～1.5mL MMG 溶液，重悬浮原生质体，使原生质体浓度达到 $2×10^6$ 细胞/mL。

③取 10μL GFP 质粒（5～10μg）加入 2mL 灭菌离心管。

④加入 100μL 原生质体，温和混匀。

⑤加入 110μL PEG 溶液，轻拍离心管底部，使液体混合均匀。

⑥室温黑暗静置孵育 10min。

⑦加入 800μL W5 溶液终止反应，缓慢混匀。

⑧1000r/min 离心 2min，吸掉上清，收集原生质体。

⑨加入 1mL WI 溶液，轻轻混匀重悬浮原生质体。

⑩将原生质体转移至 6 孔培养板，并用锡箔纸包裹后，用水平恒温摇床上（25℃，40r/min）避光培养 18h 以上。

⑪荧光显微镜观察 GFP 荧光。

4. 荧光显微镜观察

①打开灯源，超高压汞灯要预热 15min 才能达到最亮点。

②打开软件，选取高级荧光模式，将分辨率调到 200，选取手动调节曝光时间，将曝光时间调到 50～500ms，选取文件保存大小。

③将培养好的原生质体用滴管吸取 100μL，轻轻地滴于载玻片中央，小心盖上盖玻片（勿压），并将制好的切片小心地放到载物台上夹稳。

④用 20×倍物镜观察明场，将荧光显微镜滤光片拨到白光通道，先调节粗准焦螺旋，在目镜中观察，直到看到细胞为止，再调细准焦螺旋将视野调整到最清晰为止（细胞膜边缘清晰无虚像）。若 20×倍物镜下细胞直径可达 30～50μm，则可以直接观察荧光。

⑤调整焦距后，将物镜转换为 40×倍，将滤光片拨到窄带蓝光通道，打开位于显微镜目镜右下方的荧光挡光片。目镜观察，通过软件调节曝光时间或调整显微镜激发光的输入量调整荧光强度，直到背景为黑色、GFP 蛋白呈新绿色为宜。调节好后，在软件上点击拍照，命名保存文件即可。

⑥通常先在低强度激发光下用窄带蓝光通道扫描整个切片，寻找 GFP 成功转化并表达且细胞形态正常的原生质体拍照记录，然后再记录明场和宽带绿光下叶绿素自发荧光。

四、注意事项

①严格按照荧光显微镜操作规程要求进行操作，不要随意改变程序。

②应在暗室中进行检查。进入暗室后，接上电源，点燃超高压汞灯 5～15min，待光源发出强光稳定后，眼睛完全适应暗室，再开始观察标本。

③防止紫外线对眼睛的损害，在调整光源时应戴防护眼镜或通过护目板观察。

④检查时间每次以 1~2h 为宜,超过 90min,超高压汞灯发光强度逐渐下降,荧光减弱;标本受紫外线照射 3~5min 后,荧光也明显减弱;所以最多不得超过 2~3h。

⑤荧光显微镜光源寿命有限,标本应集中检查,以节省时间,保护光源。天热时,应加电风扇散热降温,新换灯泡应从开始就记录使用时间。灯熄灭后欲再用时,须待灯泡充分冷却后才能点亮。一天中应避免数次点亮光源。

⑥标本染色后立即观察,因时间久了荧光会逐渐减弱。若将标本放在聚乙烯塑料袋中于 4℃下保存,可延缓荧光减弱时间,防止封裱剂蒸发。长时间的激发光照射标本会产生荧光衰减和消失现象,故应尽可能缩短照射时间,暂时不观察时可用挡光板遮盖激发光。

⑦标本观察时应采用无荧光油,应避免眼睛直视紫外光源。

⑧电源应安装稳压器,电压不稳会缩短荧光灯的寿命。

[附]试剂配制

(1) W5 溶液(4℃保存)

试 剂	终浓度(mmol/L)	200mL 体系(g)
氯化钠	154	1.8
二水氯化钙	125	3.68
氯化钾	5	0.075
MES	2	0.085

用 1mol/L 氢氧化钾调节 pH 至 5.7,高压灭菌后备用。

(2) MMg 溶液(室温保存)

试 剂	终浓度(mmol/L)	100mL 体系(g)
甘露醇	400	7.29
氯化镁	15	0.305
MES	4	0.085

用 1mol/L 氢氧化钾调节 pH 至 5.7,121℃高温灭菌 20min。

(3) WI 溶液(200mL)(4℃保存)

试 剂	终浓度(mmol/L)	200mL 体系(g)
甘露醇	500	18.217
氯化钾	20	0.2982
MES	4	0.170 56

用 1mol/L 氢氧化钾调节 pH 至 5.7,121℃高温灭菌 20min。

(4) 酶解液(4℃保存)

试 剂	终浓度(mmol/L)	200mL 体系(g)
甘露醇	600	21.860
MES	10	0.426

用 1mol/L 氢氧化钾调节 pH 至 5.7,121℃高温灭菌 20min。

(5) 0.6mol/L 甘露醇

试 剂	终浓度(mol/L)	200mL 体系(g)
甘露醇	0.6	21.860

121℃高温灭菌 20min 备用。

(6) FDA 溶液:5mg FDA 溶于 1mL 丙酮中,避光 4℃下贮存,使用时取 0.22mL FDA 储备液加入 5mL 0.6mol/L 甘露醇中。使用浓度为 0.02%。

(7) 酶液配制(原生质体分离之前配制,现用现配)

① 取已灭菌的 50mL 圆底离心管配制酶液(20mL 酶液溶解 30~50 根叶鞘)。

试 剂	10mL 体系	20mL 体系
酶 液	10mL	20mL
1.5%纤维素酶 R10	0.15g	0.3g
0.75%离析酶 R10	0.075g	0.15g

② 缓慢摇动至完全溶解,55℃温育 10min,冷却至室温(也可冰浴冷却)。
③ 加入氯化钙、巯基乙醇、牛血清白蛋白,颠倒混匀。

试 剂	10mL 体系	20mL 体系
1mol/L 氯化钙	100μL	200μL
巯基乙醇	3.5μL	7μL
牛血清白蛋白	0.01g	0.02g

④ 将上述混匀的酶液过 0.45μm 滤膜备用。

(8) PEG 溶液(转化之前配制,现用现配)

试 剂	10mL 体系(g)	试 剂	10mL 体系(mL)
PEG4000	4	双蒸水	3
甘露醇	0.3643	1mol/L 氯化钙	1

溶解完全后定容至 10mL,0.22μm 滤膜过滤除菌。

实验五　苹果开花、授粉习性及花粉管萌发的荧光显微观察

一、实验原理

具有活力的正常花粉会积累较多淀粉，含有活跃的过氧化物酶，此酶能利用过氧化氢使各种多酚及芳香族胺发生氧化而产生颜色，通常可以用碘-碘化钾（I-KI）染成蓝色；而发育不良的花粉呈畸形，不积累淀粉，用I-KI染色，不显蓝色，而呈黄褐色，因此，可以据此在显微镜下观测花粉活力的有无。

二、实验材料、仪器及试剂

（1）实验材料：不同苹果品种的铃铛花。
（2）实验仪器：Olympus BX63 全自动正置荧光显微镜。
（3）实验试剂：I-KI 染料、1mol/L 氢氧化钠、0.5%苯胺蓝染色液。

三、实验步骤

1. 花粉采集及保存

于开花初期，采集不同种苹果材料未开放的大铃铛花，平铺在硫酸纸上，在室温条件下阴干数小时后收集。待花粉爆出后装瓶于-20℃低温干燥保存。也可将新采集的花粉经包装放入干燥皿内带回。

2. 花粉形态观察及花粉生活力测定

取低温干燥保存的苹果花粉，用I-KI进行染色，染色后在Olympus BX 63全自动正置荧光显微镜下明场观察染色情况及花粉形态，并进行拍照，测量花粉的直径。

花粉萌发实验采用固体培养基培养：10%蔗糖+0.001%硼酸+0.5%琼脂，25℃条件下培养4h后，在全自动正置荧光显微镜下观察花粉管生长状况，并进一步拍照。

3. 不同授粉组合花粉管萌发荧光观察及坐果率调查

于开花初期、晴朗无风的上午，各选取3株长势一致、无病虫害的6年生'嘎啦'苹果和'富士'苹果作为受粉母株，将4种花粉在每棵植株相同方位的花枝上进行授粉。每个杂交组合每棵植株授粉30个花序，授粉后立即套袋、标记。分别在授粉24、72、120、168h后取样，放入盛有标准固定液的青霉素小瓶内带回实验室，用1mol/L氢氧化钠（40℃恒温箱内）软化2h，蒸馏水冲洗数遍，放入盛有0.5%苯胺蓝染色液的培养皿中染色2h。染色完毕后选取基本等长的已授粉花柱，滴1滴苯胺蓝溶液，压片。打开全自动正置荧光显微镜的汞灯，在紫外激发下荧光观察，拍照。授粉花序7d后摘袋，于授粉1个月后调查花序坐果率和花朵坐果率。

实验六　叶片气孔保卫细胞鉴定西葫芦胚囊植株倍性

一、实验原理

叶片保卫细胞鉴定法是利用植物叶片气孔的保卫细胞叶绿体个数、保卫细胞大小和气

孔的密度与植物倍性之间的相关性而鉴定倍性的一种方法。利用叶片保卫细胞叶绿体压片方法对西葫芦胚囊再生植株在显微镜下进行叶片下表皮保卫细胞叶绿体计数。单倍体、二倍体和四倍体植株的叶绿体数目依次升高，单倍体、双单倍体和四倍体保卫细胞的长度也依次升高，其存在1∶1.5∶2的比例。

二、实验材料、仪器及试剂

（1）实验材料：在人工气候箱中驯化的西葫芦胚囊植株。
（2）实验仪器：Olympus BX63全自动正置荧光显微镜。
（3）实验试剂：固定液（无水乙醇∶冰醋酸＝3∶1）（$V∶V$）、碘-碘化钾（I-KI）溶液。

三、实验步骤

1. 取材

经流式细胞仪鉴定后的胚囊植株在人工气候箱中驯化时，分别采取胚囊植株第5片叶（从上到下）为材料，生长势弱的植株，采第3片叶即可，以正常二倍体植株第5片叶（从上到下）为对照。

2. 压片

取叶片，用自来水冲洗干净，用吸水纸吸干水分。
①用配置好的固定液（无水乙醇∶冰醋酸＝3∶1）（$V∶V$）将叶片浸泡至褪色为止。
②将褪色叶片置于无菌水中浸泡3~5min。

3. 观察与计数

①切取1cm×1cm大小的褪色叶片，置于载玻片上。
②滴1~2滴I-KI溶液染色，盖上盖玻片。
③在全自动正置显微镜下观察、计数、拍照并测量。对16株胚囊植株和3株对照的二倍体植株的叶片气孔保卫细胞叶绿体和保卫细胞直径进行观察记录，每个植株分别记录10个气孔的保卫细胞叶绿体数及保卫细胞直径。
④对得到的数据进行统计分析。
⑤通过与对照植株气孔的叶绿体数和保卫细胞直径相比较，鉴定胚囊植株的倍性。

实验七　梨花柱头可受性和花粉活力鉴定

一、实验原理

联苯胺-过氧化氢法鉴定柱头可授性，将柱头浸入联苯胺-过氧化氢反应液，在显微镜下观察柱头周围呈现蓝色并产生大量气泡出现，则是柱头具可授性，否则就是没有可授性。

2,3,5-三苯基氯化四氮唑（TTC）的氧化态是无色的，可被氢还原成不溶性的红色三苯甲𰽎（TTF）。用TTC的水溶液浸泡花粉，使之渗入花粉内，如果花粉具有生命力，其中的脱氢酶就可以将 TTC 作为受氢体使之还原成为红色的 TTF；如果花粉死亡便不能染色；花粉生命力衰退或部分丧失生活力则染色较浅或局部被染色。因此，可以通过在显微镜下观察花粉染色的深浅程度来鉴定花粉的生命力。

二、实验材料、仪器及试剂

（1）实验材料：采集不同时期梨花。
（2）实验仪器：Olympus BX63 正置荧光显微镜，Leica MZ10F 体视显微镜。
（3）实验试剂

联苯胺-过氧化氢反应液：1%联苯胺：3%过氧化氢：水＝4：11：22（$V:V:V$）；

花粉萌发培养基：蔗糖 20%、硼酸 0.001%、琼脂 0.5%；

0.5% TTC 溶液：称取 0.5g TTC，溶解于少量水中，并定容至 100mL（TTC 水溶液呈中性，pH 为 7±0.5，不宜久藏，应随用随配）。

三、实验步骤

1. 柱头黏液分泌检测方法

借助 Leica 体视显微镜明场观察模式观察并拍照，在以下两个条件下观察：

①同一朵梨花开花后不同时期柱头黏液分泌情况（选取 20 朵花，至雌蕊失去授粉能力为止）。

②每天选 50 朵花，每天 11：00~15：00 测定 4 次柱头黏液分泌情况（至柱头不再分泌黏液为止）。柱头分泌黏液情况用"-/+"表示：-表示不分泌黏液，+表示刚开始分泌黏液，++表示少量黏液，+++表示较多黏液，++++表示大量黏液。

2. 用联苯胺-过氧化氢法测定柱头可授性

将柱头浸入凹面载片含有联苯胺-过氧化氢反应液的凹陷处。在体视显微镜下观察，若柱头具可授性，则柱头周围呈现蓝色并有大量气泡出现。

根据蓝色深浅和气泡多少用"-/+"表示可授性强弱：-表示无蓝色无气泡出现，不具可授性；+表示少量蓝色或气泡出现，具弱可授性；++表示蓝色深，有气泡出现，具可授性；+++表示蓝色深并且有大量气泡出现，具强可授性。

3. 柱头总活性计算方法

为了方便进行分析，将柱头总活性计算方法量化，即柱头黏液、蓝色强度、气泡强度出现"-"记为 0，出现"+"记为 1，出现"++"记为 2，出现"+++"记为 3，并将结果累加。

4. 花粉活力测定

取不同花期的梨花，剥除花被片等，取出花药；取少数花粉于载玻片上，加 1~2 滴 0.5%的 TTC 溶液，盖上盖玻片；将制片于常温放置 15min，然后置于低倍显微镜下观察。凡被染为红色的活力强，淡红的次之，无色者为没有活力的花粉或不育花粉；镜检统计盖玻片中央部位 5~6 个视野的花粉中红色花粉所占的比例。

5. 花粉萌发率和花粉管长度测量

采集梨的花粉播于筛选的最佳培养基（蔗糖20%、硼酸0.001%、琼脂0.5%）上，放入22~25℃培养箱中，在40h取出拍照，在正置荧光显微镜下分别统计3个不同视野的花粉萌发率，并用测微尺测量花粉管长度。每个样本数量为10，随机取样，3次重复。统计花粉萌发率和花粉管长度。

实验八　基因枪法介导的洋葱表皮 GFP 标记基因瞬时表达及亚细胞定位观察

一、实验原理

1. 基因枪方法简介及工作原理

基因枪法（biolistics）又叫粒子轰击（particle bombardment）或高速粒子喷射（high-velocity particle microprojection）技术，该技术以压缩气体（氦或氮）产生的一种"冷"的气体冲击波为动力，把包裹着DNA的细微金粉打向细胞，穿过细胞壁、细胞膜、细胞质等层层构造到达细胞核，完成基因转移，此过程可免遭由"热"气体冲击波引起的细胞损伤。

PDS-1000/He 基因枪的工作原理是利用不同厚度的聚酰亚胺薄膜做成可裂圆片（repture disk），来调节氦气压力，当压力达到可裂片的临界压力时，可裂片爆裂并释放出一阵强烈的冲击波，使微粒子弹载体携带微粒子弹高速运动至钢硬的阻拦网，微粒子弹载体变形并被阻遏，而微粒子弹继续向下高速运动，轰击靶细胞和组织。

基因枪方法的技术流程主要包括载体构建、金粉或钨粉包裹，基因枪轰击转化等。其中，植物种类、DNA用量、轰击距离及次数、轰击压力、真空度、可裂膜承载压力、金粉用量、类型以及轰击后培养条件等因素对转化效率均有影响。

2. 基因枪法转化的优缺点及应用范围

与农杆菌转化相比，基因枪法转化的一个主要优点是不受受体植物范围的限制，具有潜在分生能力的组织和细胞均可应用。此外，相对于其他基因转化方法，还具有载体质粒构建相对简单、快速等特点，因此也是目前转基因研究中应用较为广泛的一种方法。但是该方法也存在表达效率低、不固定的基因整合位点容易造成目的基因丢失等缺点。目前适用的受体目标主要包括动物、细胞和器官培养植物、小的整体植株、培养细胞和外植体真菌、细菌和其他微生物细胞器官、叶绿体、线粒体等。

鳄梨、象橘、花椰菜、月季和宫灯百合等植物利用该方法建立了瞬时表达体系。

3. 绿色荧光蛋白简介

绿色荧光蛋白（green fluorescent protein，GFP）是从发光水母中分离的一种绿色荧光蛋白，其分子量很小，当与其他蛋白质融合后仍可保持其生物活性，因此，用于检测能与之融合的某一特定蛋白质的表达与定位。

二、实验材料、仪器及试剂

（1）实验材料：直径为7~15cm新鲜洋葱（*Allium cepa*）球茎表皮细胞，洋葱购自农贸市场；构建成功的瞬间表达载体质粒和对照质粒。

（2）实验仪器：基因枪系统(Bio-Rad，PDS-1000/He)、Leica TCS SP8 SR 激光扫描共聚焦显微镜、超净工作台、电子天平、离心机、光照培养箱、剪刀、镊子、刀片、培养皿、离心管、载玻片、盖玻片、吸水纸等。

（3）实验试剂

Murashige 和 Skoog(MS)高渗培养基的配置(250mL)：7.5g 蔗糖、2.5g 琼脂粉、18.2g 山梨醇，用 MS 母液以及去离子水定容至 250mL，调节 pH≈5.8；

MS 培养基的配置：7.5g 蔗糖、2.5g 琼脂粉，用 MS 母液以及去离子水定容至 250mL，调节 pH≈5.8；

质壁分离液：MS、0.15mol/L 蔗糖、0.45mol/L 甘露醇；

金粉、70%乙醇、无水乙醇、丙三醇、2.5mol/L 氯化钙、0.1mol/L 亚精胺（现配现用）等。

三、实验方法

1. 基因克隆和载体构建

按照《分子克隆手册》进行。

2. 受体材料的预处理（洋葱表皮细胞的渗透调节）

对靶细胞或组织进行渗透调节可以提高转化效率。理论基础是渗透压调节能导致细胞发生质壁分离，阻止被轰击细胞的细胞质外渗，从而减少细胞的损伤。常用的渗透剂有甘露醇、山梨醇等。

将购买的新鲜洋葱置于去离子水中，活化 2~4d 直至生根，以活化洋葱细胞。剥掉表层 2~3 层葱片，将靠近心部的葱片切成 2cm×2cm 左右的小块，用无菌水浸泡，再用无菌滤纸吸干表面液体。将洋葱内表皮贴在高渗培养基上，25℃暗培养过夜。第二天将洋葱表皮转移到 MS 固体培养基上培养 3~4h，用于基因枪轰击。

3. 金粉悬浮液的制备

①称取 60mg 金粉（0.6μm 直径）置于 1.5mL 离心管中，加入 1mL 70%乙醇，充分涡旋 3~5min，然后静置 1min。

②10 000r/min 离心 5min，使金粉沉淀，弃上清液。

③加入 1mL 无菌去离子水，充分涡旋 1~2min，10 000r/min 离心 2min，弃上清液。

④将步骤③重复 3~4 次。

⑤加入灭菌的 50%甘油，使金粉浓度达到 60mg/mL。

⑥涡旋振荡 5min，使金粉沉淀形成悬浮液。将金粉悬浮液分装为每小管 60μL，-20℃保存备用。

4. DNA 包埋

①取出一小管分装的金粉悬浮液依顺序加入 1μg 质粒 DNA、50μL 2.5mol/L 氯化钙和 50μL 0.1mol/L 亚精胺（现配现用）。冰上放置 20min，期间每隔 5min 涡旋一次［亚细胞定

位加入一种质粒,如进行双分子荧光互补(BiFC)实验,则加入两种质粒]。

②10 000r/min 离心 2min,弃上清液。

③加入 140μL 70%乙醇清洗沉淀,不破坏沉淀块,弃上清液。

④将步骤③重复 1 次。

⑤加入 60μL 无水乙醇,重悬金粉。

5. 基因枪转化

采用 Bio-Rad 基因枪,可裂膜为 1100,微子弹飞行距离为 9cm,过程如下:

①打开超净台,用 70%乙醇擦拭超净工作台和基因枪内部。

②打开紫外灯,照射灭菌 30min。

③可裂膜、子弹载体膜、挡网和承载微子弹载体的铜圈置于 70%乙醇中灭菌 15min。

④将微载体置于铜圈上,将微子弹迅速均匀涂布于微载体膜上,晾干乙醇。

⑤打开气瓶,调节压力至可裂膜标准加 200psi 以上。

⑥将可裂膜、挡网和微子弹载体膜安装进固定装置中,射击参数为:gap distance:20mm;微子弹载体膜飞行距离(macroprojectile flight distance)为 10mm,微子弹飞行距离(particle flight distance)为 7cm,压力为 1100psi*,真空度为 27.5 英寸** Hg,载体放在第一档。

⑦将培养皿放在托盘上,使洋葱表皮都集中在托盘中间的圆圈内,将托盘插入倒数第二档。

⑧打开基因枪电源。

⑨打开真空泵。

⑩关闭基因枪门,按下真空键(Vac),当真空表读数达到 27.5 英寸 Hg 时,置于保持(Hold)档。

⑪按下射击键(Fire),直到射击结束。

⑫按下放气键,使真空表读数归零。

⑬打开基因枪门,取出培养皿,盖好培养皿盖并用封口膜封好。

⑭重复上述步骤,直至转化完成。

6. 受体材料后培养

将轰击后的洋葱表皮细胞于 25℃黑暗培养 20~24h,在激光扫描共聚焦显微镜下观察是否有荧光发生。

7. 激光共聚焦显微镜观察荧光

具体流程参考 1.2.2.3 节激光扫描共聚焦显微镜中仪器操作步骤。

观察条件如下:

激发光 488nm,强度 10%。

观察光谱范围:498~550nm。

---

* 1psi≈6894.76Pa。

** 1 英寸≈2.54cm。

Gain 值 810。通过 LASX 软件对镜中的目标细胞扫图。

再用质壁分离液处理洋葱表皮细胞,直至发生质壁分离,同时进行观察拍照。

四、结果与分析

小麦 TaLr35PR5 蛋白在洋葱表皮细胞中瞬时表达的定位如图 1-9 所示,TaLr35PR5 蛋白定位于质外体空间中,未连目标基因的空载体则在细胞核、质膜、细胞质各个位置都有表达(Zhang et al.,2018)。

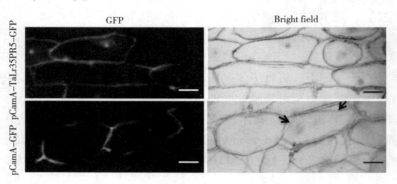

图 1-9 小麦 TaLr35PR5 蛋白在洋葱表皮质外体空间中的定位图像(Zhang et al.,2018)

黄瓜(*Cucumis sativus*)CsLsi2 蛋白在洋葱表皮细胞中瞬时表达的结果如图 1-10 所示,CsLsi2 蛋白定位于细胞膜上,eGFP 空载体在细胞质、细胞膜和细胞核各个部位均有表达(Sun et al.,2018)。

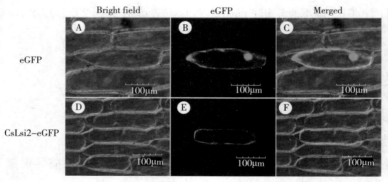

图 1-10 黄瓜 CsLsi2 蛋白在洋葱表皮质膜上的定位(Sun et al.,2018)

五、注意事项

①金粉和钨粉是基因枪转化中最普遍采用的金属颗粒,钨粉比较便宜,但与 DNA 结合时间过长会催化性降解 DNA,并对某些类型的细胞有毒害作用。而金粉不会引起 DNA 降解,对细胞也无毒害。但金粉在水溶液中趋向于不可逆的结块,应现配现用。

②DNA 的纯度和浓度是影响转化效率的重要参数之一。PDS-1000/He 基因枪一般使用 $0.75 \sim 1 \mu g/$ 枪。DNA 的用量不宜过多,也不宜过少,过多会导致微弹结块而影响转化

效率，过少则导致被轰击的靶细胞获得外源 DNA 的概率减少，也会影响转化效率。

实验九 双分子荧光互补技术（BiFC）分析两种蛋白质之间的相互作用（烟草瞬时转化系统）

一、实验原理

在荧光蛋白的两个 β 片层之间的环结构上有许多特异性位点可以插入外源蛋白而不影响荧光蛋白的荧光活性。双分子荧光互补（bimolecular fluorescence complementation，BiFC）技术正是利用荧光蛋白家族的这一特性，将荧光蛋白分割成两个不具有荧光活性的 N 端片段和 C 端片段，当这两个片段在体外混合时不能自发形成完整的荧光蛋白，在细胞内表达时也不会形成完整片段激发荧光，因此没有荧光活性。当在荧光蛋白的 C 端和 N 端分别连接上具有相互作用的一组目标蛋白时，在靶蛋白的牵引下，荧光蛋白的 N 端和 C 端在空间上相互靠近，形成一个完整的具有荧光活性蛋白的分子，即由于目标蛋白质的相互作用，荧光蛋白的两个分子片段重新组合形成荧光复合体，可在激发光的激发下发出荧光（图 1-11）。

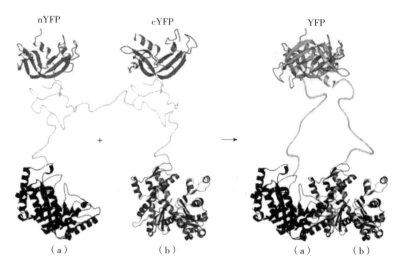

图 1-11 BiFC 技术原理图

用于 BiFC 检测的荧光蛋白有 GFP、BFP、CFP、YFP、Venus、citrine、cerulean、mCherry 等。

与酵母双杂交、蛋白质片段互补、生物发光共振能量转移、荧光共振能量转移等用于研究体内蛋白质相互作用的技术相比，BiFC 技术具有灵敏度高、噪声低和易于操作等优势。它所研究的蛋白质处于天然环境中并且能够直接报道蛋白质在细胞中发生相互作用的位置。目前 BiFC 系统广泛应用于植物、动物、微生物、病毒等的染色体、RNA、细胞融合等不同领域的研究。

二、实验材料、仪器及试剂

(1)实验材料：本氏烟草(*Nicotiana benthamiana*)，农杆菌菌株(已转入带目的基因的载体)。

(2)实验仪器：一次性注射器、分光光度计、移液枪、离心机、Leica TCS SP8 SR 激光扫描共聚焦显微镜、超净工作台、电子天平、光照培养箱、剪刀、镊子、离心管、载玻片、盖玻片、吸水纸等。

(3)实验试剂

①储备液

酵母浸出物-甘露醇(YEB)培养基或 Luria-Bertani(LB)液体培养基。

500mmol/L 2-(*N*-吗啉代)乙烷磺酸(MES)：5.33g 溶于 50mL 双蒸水。

500mmol/L 氯化镁：5.0825g 六水氯化镁溶于 50ml 双蒸水。

1mol/L 乙酰丁香酮：0.196g 溶于 1mL 二甲基亚砜(DMSO)，-20℃保存。

利福平：DMSO 溶解配制。

②工作液(浸染液或菌悬液)配方：1mL 500mmol/L MES(终浓度 10mmol/L)+1mL 500mmol/L 六水氯化镁(终浓度 10mmol/L)+7.5μL 1mol/L 乙酰丁香酮(终浓度 150μmol/L)，用氢氧化钾调节 pH 至 5.6，双蒸水定容至 50mL。

三、实验步骤

1. 基因克隆和载体构建

按照《分子克隆手册》进行。

2. 植物材料准备

种植本氏烟草，在 14h 光照/10h 黑暗、温度 25℃、相对湿度 70%条件下培养 4~5 周(这是烟草生长最为旺盛的时期，其细胞分裂增值比较快，同时这个时期的烟草叶片比较厚实，最适合注射农杆菌菌液。重组质粒在该时期的烟草宿主细胞能够得到较好表达)。

3. 农杆菌活化及烟草叶片侵染

①将含有目地基因的载体转入农杆菌中(GV3101、EHA105、LBA4404 三种农杆菌均可用于烟草瞬时转化。在培养农杆菌时除了添加载体所含有的抗生素外，不同农杆菌还需要添加其他种类抗生素，如 GV3101 还需添加 50μg/mL 利福平)。

②挑取含有目的载体的农杆菌单克隆至含有相应抗生素的 5mL LB 培养基中，在 28℃ 200r/min 的条件下培养 1d。

③转移 1mL 培养的农杆菌菌液至 20mL 含有相应抗生素的 LB 培养基(含 15μmol/L 乙酰丁香酮)中扩大培养，在 28℃ 200r/min 的条件下培养至对数期(OD_{600} 为 0.5~0.6)。

④室温，6000r/min，8min，沉淀菌体，弃上清液，用工作液悬浮菌体，至 OD_{600} = 0.4，将 OD_{600} = 0.4 的两种菌体进行等体积混合，之后 28℃暗培养 2~3h。

⑤选取健壮期 4~6 片叶的烟草植株(注射前进行灯光照射使叶片的气孔能充分散开，利于侵染)，利用一次性 1mL 注射器，使用针头在烟草叶片背面轻轻点开一个小口(切勿

挑破），用去了针头的注射器吸取菌液对准小口，另一只手轻轻按着叶片上表面，然后推动活塞使菌液缓慢进入烟草叶片（注意用力不要过大，否则会对叶片造成过度损伤），将菌液注射到烟草叶片，直到看到液体扩散，再浸染其他部位。

用记号笔标记注射烟草的范围，在叶柄上贴上标签，然后用吸水纸吸取多余的菌液（残余菌液过多会导致叶片完全萎蔫）。

⑥将浸染后的烟草放回到培养室暗培养 2d。

4. 制片，共聚焦显微镜观察正常培养及质壁分离后烟草表皮细胞荧光

2d 后，撕取或直接切取烟草叶片侵染区域，制片，在激光共聚焦显微镜下观察荧光（叶片背面表皮细胞层较好观察）。

具体流程参考 1.2.2.3 节激光扫描共聚焦显微镜中仪器操作步骤。

观察条件如下：

①40 倍物镜（介质：无菌超纯水）。

②YFP 激发光 514nm，强度 12%。

观察光谱范围：524~580nm。

Gain 值 830。通过 LASX 软件对镜中的目标细胞进行扫描。

经 10% 山梨醇处理 30min 产生质壁分离后，再次观察烟草表皮细胞中的荧光情况。

四、结果与分析

小麦条锈菌（*Puccinia striiformis* f. sp. *tritici*）吸根特异性蛋白（haustorium-specific protein）Pst_12806 与小麦细胞色素 b6-f 复合体的一个预测组分 TaISP 蛋白在烟草表皮细胞中的互作研究结果如图 1-12 所示，Pst_12806 与 TaISP 蛋白在叶绿体上互作（Xu et al., 2019）。

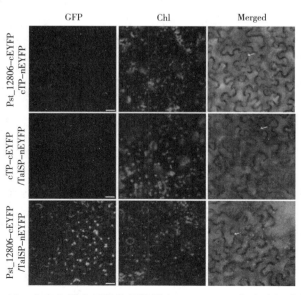

图 1-12　小麦条锈菌吸根特异性蛋白 Pst_12806 与小麦细胞色素
b6-f 复合体预测蛋白 TaISP 在烟草表皮细胞叶绿体中互作

拟南芥(*Arabidopsis thaliana*)胞间连丝定位蛋白 PDLP5 在烟草表皮细胞胞间连丝上存在自身互作(图1-13);烟草花叶病毒运动蛋白(TMV-MP,TMP)在胞间连丝上存在着微弱的自身互作;其中,苯胺蓝染色的葡聚糖(callose)为胞间连丝共定位标记(Wang et al.,2020)。

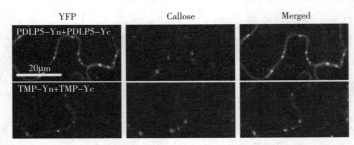

图 1-13 拟南芥胞间连丝定位蛋白 PDLP5 在烟草表皮细胞胞间连丝上存在自身互作;烟草花叶病毒运动蛋白 TMP 在胞间连丝上存在自身微弱互作

五、注意事项

①选择健康、处于壮年的烟草叶片进行注射(幼嫩或皱缩叶片不易注射,衰老叶片的表达效率较低)。叶片气孔打开的时候比较容易注射,因此最好在白天注射。

②农杆菌菌液浓度是需要自己摸索的一个参数,$OD_{600}=0.4$ 并不一定适用于所有的基因,高浓度可能导致叶片死亡,或者影响定位结果,建议设置不同浓度梯度进行比较,在可以获得荧光信号的前提下尽量采用低浓度的菌液。

③不同外源基因的瞬时表达效率大不相同。这一点在单转做亚细胞定位的时候表现得特别明显,效率高者基本每次都能达到100%发光,低者可能转10次只能表达出一两次,建议在BiFC之前先做个亚细胞定位评价一下两个基因的表达效率,以便调整两个质粒的转化条件。

④注射后的植株通常在2d之后观察,但不同基因表达的时间可能为1~7d不等。

实验十 两种蛋白在拟南芥原生质体中的共定位分析

一、实验原理

植物原生质体即为去除了细胞壁的植物细胞,与完整植物细胞相比,去细胞壁的原生质体能更加高效地从外界摄取 DNA、细胞器、病毒等物质,因此常作为细胞系统来研究基因瞬时表达、膜的通透性及离子转运、病毒侵染等。

1. 酶解法分离原生质体的原理

酶解法分离原生质体是一种常用技术,其原理是:植物细胞壁主要由纤维素、半纤维素和果胶质组成,因此,可以利用由纤维素酶、半纤维素酶和果胶酶等配制而成的溶液去除细胞壁,游离出原生质体。原生质体的产率和活力与植物材料的来源、材料的预处理、酶解液的组合、pH、酶解液渗透压、酶解时间、酶解温度等有关。酶解液渗透压稳定剂有保护原生质体结构及活力的作用，对维持失去细胞壁后的原生质体渗透压平衡至关重要。

常用的渗透压稳定剂有甘露醇、山梨醇、葡萄糖和蔗糖等。

2. 电击法和聚乙二醇（PEG）介导的原生质体转化方法及原理

常用的进行原生质体遗传转化的方法有电击法和PEG介导的转化法。

电击法利用高压电脉冲使细胞膜发生瞬间的可逆穿孔（瞬间通道），从而使外源基因穿过细胞膜进入细胞中。此种通道形成的数量和大小与电场强度有关，它也影响进入原生质体内的DNA数量，因此，电场强度是影响转化频率的重要参数。在电脉冲转移外源DNA的过程中，不同植物种或品种以及不同组织来源的原生质体对电击参数具有专一性。

PEG用于外源基因直接转化植物原生质体的诱变剂，以PEG4000最为常用。PEG具有细胞黏合及扰乱细胞膜的磷脂双分子层的作用，它可使DNA与膜形成分子桥，促使相互间的接触和粘连。它引起膜表面电荷紊乱，干扰细胞识别，从而有利于细胞膜间的融合和外源DNA进入原生质体。且一般认为，PEG与细胞膜内的水、蛋白质和糖类分子形成氢键，使得原生质体连在一起而发生凝聚，并由于Ca^{2+}的存在而加强，这种细胞间凝聚能够促进DNA的吸收。PEG浓度过高或作用时间过长，易于使原生质脱水破裂，失去再生活性，从而使转化率下降。

二、实验材料、仪器及试剂

（1）实验材料：培养25~30d拟南芥幼苗，带GFP和mCherry标记的目标基因载体质粒。

（2）实验仪器：BX51/BX63正置荧光显微镜、Leica TCS SP8 SR激光扫描共聚焦显微镜、超净工作台、离心机、培养箱、水平摇床、剪刀、镊子、刀片、培养皿、尼龙膜（35~75μm）、过滤漏斗、小烧杯、小三角瓶、吸管、50mL离心管、2mL离心管、注射器（1、5、10mL）、载玻片、盖玻片、吸水纸等。

（3）实验试剂：纤维素酶R10、离析酶R10、PEG4000、甘露醇、MES、氯化钙、牛血清白蛋白（BSA）、β-巯基乙醇、六水氯化镁、氯化钾等。

（4）溶液配制

①酶解液

试 剂	15mL体系
1%~1.5%纤维素酶R10	0.225g干粉
0.2%~0.4%离析酶R10	0.045g干粉
0.4mol/L甘露醇	1.09g干粉
20mmol/L氯化钾	1mL 0.3mol/L氯化钾母液
20mmol/L MES，pH=5.7	1mL 0.3mol/L MES母液，pH=5.7
	加入10mL双蒸水
55℃水浴10min，冷却至室温后加入以下试剂	

(续)

试　剂	15mL 体系
10mmol/L 氯化钙	1mL 0.15mol/L 氯化钙母液
0.1% BSA	1mL 1.5% BSA(4℃保存)
5mmol/L β-巯基乙醇	1mL 75mmol/L β-巯基乙醇母液

用 0.45μm 滤膜过滤后使用。

②PEG4000 溶液(约 1.2mL,最好现用现配,一次配制可保存 5d,每个样品需 100μL PEG4000 溶液)

试　剂	1.2mL 体系	试　剂	1.2mL 体系
PEG4000	1g	0.8mol/L 甘露醇	0.625mL
双蒸水	0.75mL	1mol/L 氯化钙	0.25mL

③MMg 溶液(100mL)

试　剂	100mL 体系(g)	试　剂	100mL 体系(g)
0.4mol/L 甘露醇	7.29	4mmol/L MES	0.085
15mmol/L 氯化镁	0.305		

④W5 溶液(1000mL)

试　剂	1000mL 体系(g)	试　剂	1000mL 体系(g)
氯化钠	9	葡萄糖	0.9
一水氯化钙	18.4	MES	0.3
氯化钾	0.37		

三、实验步骤

1. 拟南芥种植

拟南芥种子用 5%~10% 次氯酸钠溶液(含 0.1% 的 TritonX-100)表面消毒 10~15min,瞬时离心倒掉上清液,种子经无菌水清洗 5 次后转移到 MS 培养基上培养。10d 后将萌发的幼苗用镊子种植到含营养土的培养钵中并置于培养箱中培养,遮光培养 1~2d 后,正常光周期下培养 2~4 周。

培养条件为:16h 光照/8h 黑暗,光照强度 10 000 lx,温度 22℃,相对湿度 60%。

2. 原生质体分离

①选取生长状态良好,25~30d 左右叶龄(未抽薹)、没有受伤或受胁迫的拟南芥(野生型 Col-0)植株用于原生质体制备。

②剪取中部生长良好且完全展开的的叶片,用清水洗干净,放入基本缓冲液中,在冰

上放置1h（注意避光），在干净A4纸上，用刀片将其切成0.5mm的小条。

③将切好的叶条转移至小三角瓶并加酶解液（每5~10mL酶解液放10~20片叶条），并用镊子使叶条完全浸入酶解液，50r/min黑暗摇动10min或在真空抽滤仪中进行10~20min的真空抽滤。

④继续在室温黑暗条件下酶解至少3h（期间无需摇动）。

⑤当酶解液变绿时轻轻摇动促使原生质体释放出来（此时预冷一定量W5溶液）。

⑥加入等体积预冷W5溶液稀释原生质体。

⑦先用W5溶液润湿的35~75μm尼龙膜或60~100目筛子，然后用来过滤含有原生质体的酶解液。

⑧将含有原生质体的酶解液转移到50mL离心管中，$100\times g$离心1~2min沉淀原生质体。用10mL预冷的W5溶液清洗2次，操作要柔和，避免破坏细胞。

⑨小心吸取上清液后弃去，用适宜体积的W5溶液重悬原生质体并在冰上放置最少30min。在此期间用血球计数器计数并测算原生质体的浓度（若浓度过大，可以稀释10~20倍再镜检）。所得原生质体用于后续遗传转化。

3. 原生质体转化（PEG介导法）

①$100\times g$离心1~2min沉淀原生质体。在不触碰原生质体沉淀的情况下，尽量去除W5溶液。

②用新配制的MMg溶液重悬并将浓度调整到3×10^4~5×10^4细胞/mL。

③分别将两种质粒DNA（每种质粒10μL，总量10~20μg）加入到100μL原生质体细胞液中（3×10^4~5×10^4个），轻柔混匀。

④加入120μL（等体积）新配置的PEG4000/Ca^{2+}溶液，缓慢反转离心管混匀。

⑤转化混和物23℃水浴锅中孵育15~30min。

⑥然后向其中加入480μL预冷的W5溶液，轻柔颠倒摇动离心管使之混合完好以终止转化反应。

⑦$100\times g$离心1min，弃上清液，加入1mL W5再洗涤一次，清除PEG。

⑧加入600μL W5溶液，轻轻混匀，室温（20~25℃）下诱导蛋白表达，在此温度下暗（或弱光）培养18h后，采用激光扫描共聚焦显微镜观察、拍照。

四、结果与分析

GFP标记的拟南芥IQD（IQ67 DOMAIN）家族蛋白ABS6（ABNORMAL SHOOT 6）与mRFP标记的TUB6（BETA-6 TUBULIN）蛋白在拟南芥原生质体中的共定位结果如图1-14所示，二者在微管蛋白中存在共定位（Li et al.，2020）。

GFP标记的bZIP10（$P_{35S}::bZIP10\text{-}GFP$）、bZIP10A（$P_{35S}::bZIP10^{Ser15,19Ala}\text{-}GFP$）及bZIP10D（$P_{35S}::bZIP10^{Ser15,19Asp}\text{-}GFP$）与mCherry标记的核定位信号蛋白（nuclear-localization signal，NLS）蛋白在拟南芥原生质体中的共定位分析结果如图1-15所示。其中，bZIP10、bZIP10A定位于细胞核中，与核定位信号蛋白共定位；bZIP10D则定位于细胞质中（Garg et al.，2019）。

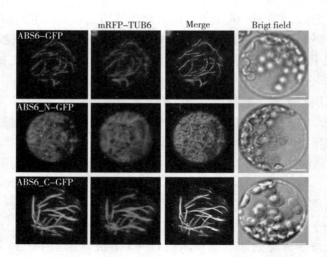

图 1-14　GFP 标记的拟南芥 IQD 家族蛋白 ABS6 与 mRFP 标记的
TUB6 蛋白在拟南芥原生质体微管蛋白中共定位

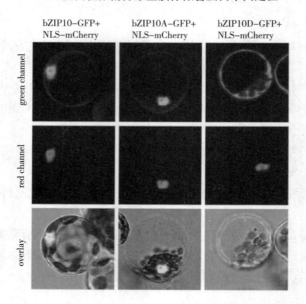

图 1-15　GFP 标记的 bZIP10、bZIP10A 及 bZIP10D 与 mCherry 标记的
核定位信号蛋白 NLS 在拟南芥原生质体中的共定位分析

五、注意事项

①叶片生长状态对提取原生质体的影响较大，应选取生长状态良好、未抽薹、没有受伤或受胁迫的拟南芥植株用于原生质体制备。

②转化时间、转化时的温度对转化效率都有一定的影响，但质粒浓度对转化效率的影响明显强于转化条件，因此实验中在保证转化效率的基础上尽可能减小所使用质粒的浓度。

③借助抽真空仪对植物组织及酶液的混合物进行真空抽滤,可促使细胞质壁分离,加速酶液渗透细胞壁,扩大酶液的作用范围,缩短酶解时间,防止因解离时间过长对细胞造成过多伤害。

④实验中为了避免细胞破碎,可将移液器枪头的顶端用剪刀剪去一部分,用来转移原生质体悬液。

⑤若原生质体浓度较低,可由100×g低速离心浓缩收集。

实验十一 荧光共振能量转移技术(FRET-AB法)研究两种蛋白间相互作用

一、实验原理

1. 荧光共振能量转移的概念

当一个荧光分子(又称为供体,donor)的荧光发射光谱与另一荧光分子(又称为受体,acceptor)的激发光谱相重叠时,供体荧光分子的激发能诱导受体分子发出荧光,同时,供体荧光分子自身的荧光强度衰减,这种现象就称为荧光共振能量转移(fluorescence resonance energy transfer,FRET)。

如果采用供体激发光发射,就会发现供体的能量发生转移,且转移给了受体。详细转移过程如下:激发光将能量供体分子激发后,供体分子从基态跃迁为激发态,同时形成振动偶极子,由供体分子所形成的振动偶极子与周围受体分子的偶极子相互碰撞,出现共振现象。由于相互作用发生在偶极-偶极间,供体分子激发后,就会通过非辐射跃迁方式把一部分甚至全部的能量迁移给受体,由此使受体分子受到激发。同时,在该过程中,供体以及受体分子间出现荧光强度变化的现象,对供体分子而言,逐渐下降;对受体分子而言,则逐渐加强(图1-16)。光子的发射反应在整个能量进行转移过程中并未发生,也未发生光子进行重新吸收的现象,因而,FRET称作无辐射的能量转移。

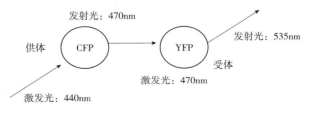

图1-16 荧光共振能量转移原理图

2. FRET条件

两种荧光分子发生能量共振转移有以下几个条件:

①供体与受体荧光分子间的距离为1~10nm。

②供体荧光分子的发射光谱与受体的吸收光谱有实质性的重叠,一般要求大于30%。

③供体和受体的发射偶极子和吸收偶极子的方向具有特异性,为了防止振动互相抵消而影响FRET信号的产生,必须保持在一个非90°的角度。

④供体的荧光量子产率和受体的摩尔吸光系数需要足够大。

3. 利用FRET技术研究两种蛋白间互作的原理

要研究两种蛋白质A和B间的相互作用,根据FRET原理构建一对融合蛋白,这对融合蛋白分别由两部分组成：Donor+蛋白A、蛋白B+Acceptor。如图1-17所示，当用GFP（Donor）吸收波长488nm作为激发波长，蛋白质A与B没有发生相互作用时，GFP与mCherry（Acceptor）相距很远，不能发生荧光共振能量转移，因而检测到的是发射波长507nm的GFP荧光；但当蛋白质A与B发生相互作用时，GFP与mCherry充分靠近，发生荧光共振能量转移，此时检测到的就是发射波长为610nm的mCherry荧光。将编码这对融合蛋白的基因通过转基因技术使其在细胞内共同表达，这样就可以在活细胞生理条件下研究蛋白质-蛋白质间的相互作用。

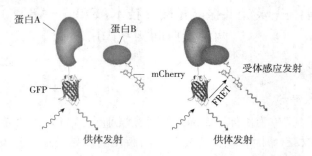

图1-17　FRET技术研究两种蛋白间互作原理示意图

4. 量化FRET的方法

定量FRET的方法主要包括以下几种：

①FRET-AB：受体光漂白（acceptor photobleaching）法。

②FRET-SE：通过测定受体感光发射光（sensitized emission）来定量FRET。

③FRET-FLIM：通过荧光寿命成像技术（fluorescence lifetime imaging）测定FRET。

④FRET-FCCS：荧光互相关光谱（fluorescence cross-correlation spectroscopy）法。

二、实验材料、仪器及试剂

（1）实验材料：本氏烟草（*Nicotiana benthamiana*）、农杆菌菌株（已转入带目的基因的载体，GFP+蛋白A；mCherry+蛋白B；GFP、mCherry空载）。

（2）实验仪器：一次性注射器、分光光度计、移液枪、离心机、Leica TCS SP8 SR激光扫描共聚焦显微镜、超净工作台、电子天平、光照培养箱、剪刀、镊子、离心管、载玻片、盖玻片、吸水纸等。

（3）实验试剂：

储备液：YEB或LB液体培养基。

①500mmol/L MES：5.33g溶于50mL双蒸水。

②500mmol/L 氯化镁：5.0825g六水氯化镁溶于50mL双蒸水。

③1mol/L 乙酰丁香酮　0.196g溶于1mL二甲基亚砜，-20℃保存。

④利福平（用二甲基亚砜溶解配制）。

工作液（浸染液或菌悬液）配方：1mL 500mmol/L MES（终浓度10mmol/L）+1mL 500mmol/L 六水氯化镁（终浓度10mmol/L）+7.5μL 1mol/L 乙酰丁香酮（终浓度150μmol/L），用氢氧化钾调节pH至5.6，双蒸水定容至50mL。

三、实验步骤

FRET-AB 法测定蛋白互作的流程如下：

①本氏烟草侵染方法同实验二。将浸染后的烟草放回到培养室暗培养 2d。

②预览状态下选择能显示供体和受体的细胞。选择过程中注意最小化供体荧光漂白。

③通过供体 GFP 滤光片组（I_D）（Ex：488nm，Em：507nm）采集一张图像。注意荧光漂白受体后，供体的亮度会增加，因此，不要在检测器接近饱和的情况下收集第一张图像。

④可选择通过受体 mCherry 滤光片组（I_A）（Ex：587nm，Em：610nm）收集一张图像来记录受体的分布。

⑤目标区域中通过受体 mCherry 滤光片组连续曝光（Ex：587nm；功率 80%；曝光次数：3~5 次），直到荧光信号消失低于背景。注意：不完全的光漂白会导致测得的 FRET 效率变低。

⑥通过③中的供体图像采集条件，再采集一张受体光漂白后的供体图像（I_D^{apb}）。

⑦可选择通过受体滤光片组（I_A^{apb}）采集一张图像来记录受体光漂白。

⑧进行背景修正，计算表观共振转移效率 $AEF_D = (I_D^{apb} - I_D)/I_D^{apb}$。

四、结果与分析

拟南芥胞间连丝定位蛋白 PDLP5（Plasmodesmata-located protein 5）在植物体内形成同源二聚体发挥作用。为了研究 PDLP5 蛋白与自身的互作，分别构建了 PDLP5 与 EGFP 和 mCherry 的融合表达载体并共转入烟草表皮细胞，通过 FRET-AB 技术来检测 PDLP5 二聚化体的形成。

单标供体（EGFP）与单标受体（mCherry）共转时，受体 ROI 区域（细胞核位置）荧光漂白后，单标 EGFP 的荧光强度与受体漂白前无明显变化[图 1-18（a）]；PDLP5-EGFP 与 PDLP5-mCherry 共转时，受体 ROI 区域（细胞膜上的胞间连丝蛋白位置）荧光漂白后，供体的荧光强度相比之前明显升高[图 1-18（b）]。为了避免共定位引起的非特异性 FRET 发生，构建了一个胞间连丝定位蛋白 MP（movement protein）-EGFP 表达载体与 PDLP5-mCherry 共转进行 FRET 分析，MP 与 PDLP5 都定位在胞间连丝上，但受体 ROI 区域荧光漂白后，供体的荧光强度没有明显变化[图 1-18（c）]。上述结果表明，PDLP5-EGFP 与 PDLP5-mCherry 间的共振转移是由 PDLP5 与 PDLP5 之间相互作用引起的，共振转移效率约为 20%[图 1-18（d）]。

五、注意事项

①选择目标区域进行 FRET 实验时，每一个步骤都要注意最小化供体荧光漂白，同时确保无信号的背景区域的曝光值在低曝光值（通常是 0）之上，便于进行背景分析和校正。

②避免杂散光。需要拉起遮光窗帘并关掉显微镜室里的所有光源，把杂散光减至最低，以最小化对 FRET 效率的影响。

③避免样品移动。在进行逐个像素图像处理时，载物台或样品的移动会导致伪像，有

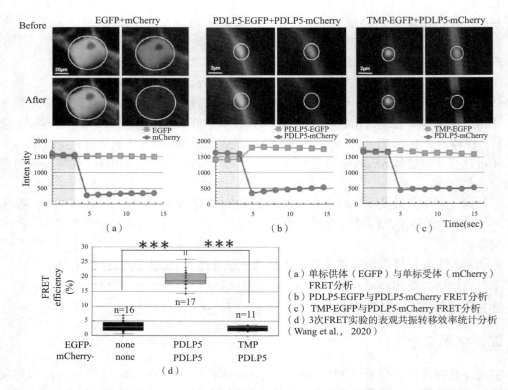

图 1-18 利用 FRET-AB 技术研究胞间连丝定位蛋白 PDLP5 与自身的互作

必要时需重新调整焦距来避免这种现象。

④若有额外背景时，图像间的比例的运算会出现偏差。修正方法如下：选择背景中的一小片区域（确定改变亮度和对比图片时没有暗淡的细胞出现），计算区域亮度的平均值，从图像中减去这个亮度的平均值。

实验十二　用流式细胞术检测植株倍性

一、实验原理

用细胞核解离液提取细胞核后，通过碘化丙啶与细胞核结合后，在激发光的激发下，发出荧光，通过检测与细胞核中的 DNA 结合的 PI 发出的荧光强度，鉴定出该细胞的 DNA 含量，从而确定植株的倍性。

二、实验材料、仪器及试剂

（1）实验材料：苹果、梨、桃、葡萄、猕猴桃等植物新鲜叶片。
（2）实验仪器：Accuri C6 流式细胞仪、冰箱、离心机等。
（3）实验试剂：
木本植物缓冲液（WPB）：三羟甲基氨基甲烷盐酸（Tris·HCl）0.2mol/L、六水氯化镁

4mmol/L、二水乙二胺四乙酸二钠(EDTA-Na$_2$·2H$_2$O)2mmol/L、氯化钠86mmol/L、焦亚硫酸钠10mmol/L、聚乙烯吡咯烷酮(PVP-10)1%、聚乙二醇辛基苯基醚(Triton X-100)1%($V:V$)、pH 7.5，4℃下保存；

RNA酶(RNase)溶液：500μg/mL 1mL 去离子水中加入500μg RNase溶解，90℃沸水煮15min，冷却后用锡纸包裹，-20℃下保存，用时解冻，解冻后4℃下保存；

RNase A溶液：直接用塔克拉的RNase A，使用终浓度5μg/mL，-20℃下保存，使用时取出放在冰上，使用结束，放回-20℃保存；

碘化丙啶溶液：1.12mg/mL 446mL去离子水中加入500μg碘化丙啶溶解。剧毒，用锡纸包裹4℃下保存。碘化丙啶用纯水溶解至母液浓度为1mg/mL，用200μL的PCR管分装后，用锡纸包裹，放在-20℃保存，使用时取出放在冰上解冻，使用终浓度为50μg/mL。

三、实验步骤

1. 提取细胞核

在3.5cm一次性细胞培养皿里加入1mL解离液，将0.5g材料浸在解离液中快速切碎，整个过程在冰面上进行。

50mg材料为参考值，可适当增减，初次实验把握不准可多取几片叶子到天平称取到50mg左右。

解离液推荐使用Galbraith解离液。

使用双面刀片切碎材料，每个刀片只用于一个样品，切碎完对应样品后刀片应直接废弃不再使用。

细胞培养使用塑料皿，不用玻璃皿，于4℃冰箱预冷。

切碎的程度，如图1-19所示。

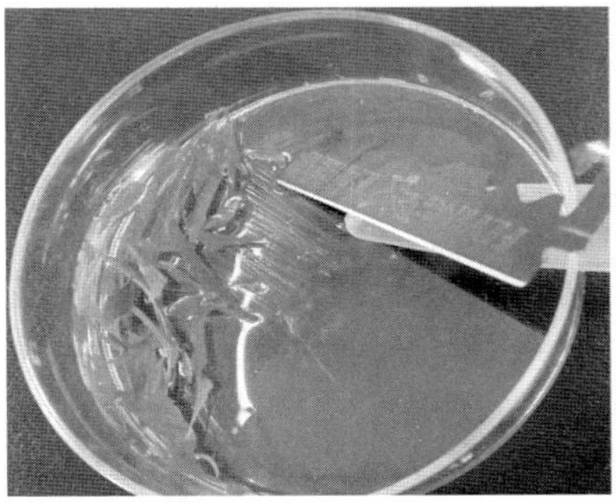

图1-19 将实验材料切碎

2. 抽打、过滤

用移液器上下吸打几次，让材料与解离液充分接触；吸打的时候，要缓慢，注意避免产生气泡。

将细胞核提取液用目尼龙网过滤(一般300目)，具体需按照仪器性能确定。

过滤的时候由于有损耗，最终滤液的体积大概为0.5mL；过滤后记得检查尼龙网，提取液是否通过尼龙网过滤，而不是从折叠的缝隙通过。

3. 去除RNA并染色

在提取的解离液中加入RNase A，终浓度5μg/mL，孵育30min后再加入DNA荧光染料碘化丙啶，终浓度为50μg/mL。

4. 上机测试

在黑暗条件下孵育30min，即可上机测试，首次上机测试时需注意吸取细胞核提取液的流速，一般说来，流式细胞仪流速开到"HI"档时流速会在300~400个/s算合适，在"Low"档时流速也不会低于30~40个/s。

流速间接反映了细胞核提取液的浓度,若浓度过低,可以适当多取些材料。

四、结果与分析

样品倍性=对照倍性×(样品荧光强度/对照荧光强度)

C 样品倍性=$2X \cdot (400/200) = 4X$

参考文献

边玮,2010. 激光共聚焦显微镜样品制备方法(二)——组织切片样品[J]. 电子显微学报,29(4):399-402.

关苑君,容婵,梁翠莎,等,2020. 共聚焦和超分辨率显微荧光图像的共定位分析浅谈[J]. 电子显微学报,39(1):90-99.

李和平,2009. 植物显微技术[M]. 北京:科学出版社.

廖晶晶,牛聪聪,解群杰,等,2017. 基因瞬时表达技术在园艺植物上的应用研究进展[J]. 园艺学报,44(9):1796-1810.

刘涛,任莉萍,曹沛沛,等,2016. 菊花不同时期各组织器官石蜡切片制作条件的优化[J]. 南京农业大学学报,39(5):739-746.

史勇,金维环,刘姣姣,等,2019. 一种改良的拟南芥原生质体的制备和转化方法[J]. 生物技术,29(2):147-152,170.

帅焕丽,杨途熙,魏安智,等,2011. 杏花芽石蜡切片方法的改良[J]. 果树学报,28(3):536-539,552.

孙学俊,闫喜中,郝赤,2016. 激光共聚焦扫描显微镜技术简介及其应用[J]. 山西农业大学学报(自然科学版),36(1):1-9,14.

汪艳,肖媛,刘伟,等,2015. 流式细胞仪检测高等植物细胞核 DNA 含量的方法[J]. 植物科学学报,33(1):126-131.

王玉花,程超,杨革,2019. LSCM880NLO 激光扫描共聚焦显微镜的操作技能及应用[J]. 分析仪器(6):118-123.

吴雅琴,常瑞丰,程和禾,2006. 流式细胞术进行倍性分析的原理和方法[J]. 云南农业大学学报,21(4):407-409.

杨虎彪,李晓霞,罗丽娟,2009. 植物石蜡制片中透明和脱蜡技术的改良[J]. 植物学报,44(2):230-235.

于晓刚,张文忠,韩亚东,等,2010. 粳稻颖果石蜡切片中染色时间的摸索及其解剖结构的观察[J]. 作物杂志(5):80-85.

朱道圩,杨宵,郅玉宝,等,2007. 用流式细胞仪鉴定中华猕猴桃的多倍体[J]. 植物生理学通讯(5):905-908.

AMBRIN G, AHMAD M, ALQARAWI A A, et al., 2019. Conversion of cytochrome P450 2D6 of human into a FRET-based tool for real-time monitoring of ajmalicine in living cells[J]. Frontiers in bioengineering and biotechnology, 7:1-9.

AMBRIN G, KAUSAR H, AHMAD A, 2020. Designing and construction of genetically encoded FRET-based nanosensor for qualitative analysis of digoxin[J]. Journal of biotechnology(323):322-330.

AMBROSE C, ALLARD J F, CYTRYNBAUM E N, et al., 2011. A CLASP-modulated cell edge barrier mechanism drives cell-wide cortical microtubule organization in *Arabidopsis*[J]. Nature communications, 2(1): 430-442.

CAI X, BAI B, ZHANG R, et al., 2017. Apelin receptor homodimer-oligomers revealed by singlemolecule imaging and novel G protein-dependent signaling[J]. Scientific reports, 7(1): 40335-40350.

CHOUDHURY R R, BASAK S, RAMESH A M, et al., 2014. Nuclear DNA content of *Pongamia pinnata* L. and genome size stability of in vitro-regenerated plantlets[J]. Protoplasma, 251(3): 703-709.

DOHERTY G P, BAILEY K, LEWIS P J, 2010. Stage-specific fluorescence intensity of GFP and mCherry during sporulation in *Bacillus subtilis*[J]. BMC research notes, 3(303): 1-8.

FATIMA U, AMEEN F, SOLEJA N, et al., 2020. A fluorescence resonance energy transfer-based analytical tool for nitrate quantification in living cells[J]. ACS omega, 5(46): 30306-30314.

FENG F, LI Y, HUANG N, et al., 2019. Icaritin, an inhibitor of beta-site amyloid cleaving enzyme-1, inhibits secretion of amyloid precursor protein in APP-PS1-HEK293 cells by impeding the amyloidogenic pathway [J]. Peer J, 7(7): 08219.

GALBRAITH DW, SUN G, 2021. Flow cytometry and sorting in arabidopsis. Methods in molecular biology [J]. 2200: 255-294.

GARG A, KIRCHLER T, FILLINGER S, et al., 2019. Targeted manipulation of bZIP53 DNA-binding properties influences *Arabidopsis* metabolism and growth [J]. Journal of experimental botany, 70(20): 5659-5671.

GRAJEK H, RYDZYNSKI D, PIOTROWICZ-CIESLAK A, et al., 2020. Cadmium ion-chlorophyll interaction-Examination of spectral properties and structure of the cadmium-chlorophyll complex and their relevance to photosynthesis inhibition[J]. Chemosphere, 261: 127434-127446.

GUO ZH, MA PF, YANG G Q, et al., 2019. Genome sequences provide insights into the reticulate origin and unique traits of woody bamboos[J]. Molecular plant, 12(10): 1353-1365.

HOERANDL E, DOBES C, SUDA J, et al., 2011. Apomixis is not prevalent in subnival to nival plants of the European Alps[J]. Annals of botany, 108(2): 381-390.

HUNTER P R, CRADDOCK C P, DI BENEDETTO S, et al., 2007. Fluorescent reporter proteins for the tonoplast and the vacuolar lumen identify a single vacuolar compartment in *Arabidopsis* cells[J]. Plant physiology, 145(4): 1371-1382.

KRON P, HUSBAND B C, 2012. Using flow cytometry to estimate pollen DNA content: improved methodology and applications[J]. Annals of botany, 110(5): 1067-1078.

IYER KR, ROBBINS N, COWEN LE, 2020. Flow Cytometric Measurement of efflux in candida species [J]. Current protocols in microbiology, 59(1): e121.

JESPERSEN L, JAKOBSEN M, 1994. Use of flow cytometry for rapid estimation of intracellular events in brewing yeasts[J]. Journal of the institute of brewing, 100(6): 399-403.

KRASILNIKOV PM, ZLENKO DV, STADNICHUK IN, 2020. Rates and pathways of energy migration from the phycobilisome to the photosystem II and to the orange carotenoid protein in cyanobacteria[J]. Febs letters, 594(7): 1145-1154.

LI Y, DENG M, LIU H, et al., 2020. ABNORMAL SHOOT 6 interacts with KATANIN 1 and SHADE AVOIDANCE 4 to promote cortical microtubule severing and ordering in *Arabidopsis*[J]. Journal of integrative plant biology(9): 221-235.

LIANG Y, LIU H, LI X, et al., 2020. Molecular insight, expression profile and subcellular localization of two STAT family members, STAT1a and STAT2, from Japan ese eel, *Anguilla japonica* [J]. Gene,

145257-145265.

LIU B, WANG Y, ZHAI W, et al., 2013. Development of InDel markers for *Brassica rapa* based on whole-genome re-sequencing[J]. Theoretical and applied genetics, 126(1): 231-239.

LIU S, LIAO LL, NIE MM, 2020. A VIT-like transporter facilitates iron transport into nodule symbiosomes for nitrogen fixation in soybean[J]. New phytologist, 226(5): 1413-1428.

MA H, XIANG G, LI Z, et al., 2018. Grapevine VpPR10.1 functions in resistance to *Plasmopara viticola* through triggering a cell death-like defence response by interacting with VpVDAC3[J]. Plant biotechnology journal, 16(8): 1488-1501.

MARTINEZ-JARAMILLO E, GARZA-MORALES R, LOERA-ARIAS MJ, et al., 2017. Development of Lactococcus lactis encoding fluorescent proteins, GFP, mCherry and iRFP regulated by the nisin-controlled gene expression system[J]. Biotechnic & histochemistry, 92(3): 167-174.

MCFADDEN CS, SANCHEZ JA, FRANCE SC, 2010. Molecular phylogenetic insights into the evolution of Octocorallia: A review[J]. Integrative and comparative biology, 50(3): 389-410.

NAKAMURA S, FU N, KONDO K, et al., 2020. A luminescent Nanoluc-GFP fusion protein enables readout of cellular pH in photosynthetic organisms[J]. The journal of biological chemistry, 14: 488-495.

OLSAVSKA K, PERNY M, SPANIEL S, et al., 2012. Nuclear DNA content variation among perennial taxa of the genus *Cyanus* (Asteraceae) in central Europe and adjacent areas[J]. Plant systematics and evolution, 298(8): 1463-1482.

PAULE J, DUNKEL FG, SCHMIDT M, et al., 2018. Climatic differentiation in polyploid apomictic *Ranunculus auricomus* complex in Europe[J]. Bmc ecology, 18(1): 16-28.

RAMOS JSA, PEDROSO TMA, GODOY FR, et al., 2021. Multi-biomarker responses to pesticides in an agricultural population from central Brazil[J]. The science of the total environment, 754: 141893-141893.

ROY T, COLE LW, CHANG T-H, et al., 2015. Untangling reticulate evolutionary relationships among New World and Hawaiian mints (Stachydeae, Lamiaceae) [J]. Molecular phylogenetics and evolution, 89: 46-62.

SHASHKOVA S, WOLLMAN AJ, HOHMANN S, et al., 2018. Characterising maturation of GFP and mCherry of genomically integrated fusions in Saccharomyces cerevisiae[J]. Bio-protocol, 8(2): e2710-e2720.

SINGH J, GUPTA SK, DEVANNA BN, et al., 2020. Blast resistance gene Pi54 over-expressed in rice to understand its cellular and sub-cellular localization and response to different pathogens[J]. Scientific reports, 10(1): 5243-5256.

SUN H, DUAN Y, QI X, et al., 2018. Isolation and functional characterization of CsLsi2, a cucumber silicon efflux transporter gene[J]. Annals of botany, 122(4): 641-648.

TAVARES MG, CARVALHO CR, FERRARI SOARES FA, 2010. Genome size variation in Melipona species (Hymenoptera: Apidae) and sub-grouping by their DNA content[J]. Apidologie, 41(6): 636-642.

TIAN J, HAN L, FENG Z, et al., 2015. Orchestration of microtubules and the actin cytoskeleton in trichome cell shape determination by a plant-unique kinesin[J]. Elife, 4: e09351-e09373.

TIAN L, DOROSHENK KA, ZHANG L, et al., 2020. Zipcode RNA-Binding proteins and membrane trafficking proteins cooperate to transport glutelin mRNAs in rice endosperm[J]. The plant cell, 32(8): 2566-2581.

TIWARI P, KAUR N, SHARMA V, et al., 2019. Cannabis sativa-derived carbon dots co-doped with N-S: highly efficient nanosensors for temperature and vitamin B-12[J]. New journal of chemistry, 43(43): 17058-17068.

WANG X, ROBLES LUNA G, ARIGHI CN, et al., 2020. An evolutionarily conserved motif is required for plasmodesmata-located protein 5 to regulate cell-to-cell movement[J]. Communications biology, 3(1): 291-303.

WANG Y, WANG C, LIU Y, et al., 2018. GmHMA3 sequesters Cd to the root endoplasmic reticulum to limit translocation to the stems in soybean[J]. Plant science, 270: 23-29.

WANG Y, YU KF, POYSA V, et al., 2012. A single point mutation in GmHMA3 affects cadimum (Cd) translocation and accumulation in soybean seeds[J]. Molecular plant, 5(5): 1154-1156.

XU J, ZHAO Q, DU P, et al., 2010. Developing high throughput genotyped chromosome segment substitution lines based on population whole-genome re-sequencing in rice (*Oryza sativa* L.) [J]. Bmc genomics, 11(1): 656-670.

XU Q, TANG C, WANG X, et al., 2019. An effector protein of the wheat stripe rust fungus targets chloroplasts and suppresses chloroplast function[J]. Nature communications, 10(1): 5571-5584.

ZHANG J, WANG F, LIANG F, et al., 2018. Functional analysis of a pathogenesis-related thaumatin-like protein gene TaLr35PR5 from wheat induced by leaf rust fungus[J]. Bmc plant biology, 18(1): 76-87.

ZHAO H, GAO Z, WANG L, et al., 2018. Chromosome-level reference genome and alternative splicing atlas of moso bamboo (*Phyllostachys edulis*) [J]. Gigascience, 7(10): 1-32.

ZHAO M, LI X, ZHANG Y, Wang Y, et al., 2021. Rapid quantitative detection of chloramphenicol in milk by microfluidic immunoassay[J]. Food chemistry, 339: 127857-127864.

ZHU JP, REN YL, WANG YL, et al., 2019. OsNHX5-mediated pH homeostasis is required for post-Golgi trafficking of seed storage proteins in rice endosperm cells [J]. BMC plant biology, 19(1): 295-307.

2 植物生理生态检测仪器与实验

植物生理生态学是主要研究植物获得资源以及将资源用于生长、竞争、生殖和保护的结构和生理、机理的学科。对植物生理生态相关指标的检测,有助于我们以完全无损的方式获取植物实时生理生态信息,从而得以从生理机制上探讨植物与环境的关系、物质代谢和能量流动规律以及植物在不同环境条件下的适应性等。植物光合、逆境以及水分、气体等环境因子相关数据的监测对于研究植物体生长状态、生命活动规律以及植物与环境间的互作关系等具有重要的生物学意义,近年来在植物学研究中得到了广泛的重视。

本章主要综述了目前植物学研究通用的几类生理生态检测相关仪器,并对该类仪器的基本原理、结构组成、仪器操作方法、注意事项和应用等进行了详细的论述。

2.1 光合-荧光测定系统

光合作用测定系统是测量植物光合作用效率的仪器,叶绿素荧光仪是用来检测植物光合作用能量转换效率的仪器,可在线检测植物、微藻、地衣、苔藓等的光合作用变化,两者均适合野外操作,都是研究植物(含藻类)光合作用的有效工具和手段,光合-荧光测定系统是两者在多项功能观测使用上的集成,可以在不同层面对光合作用进行数据观测和机理阐述,可同步测量 CO_2 气体交换与叶绿素荧光。

2.1.1 光合仪

2.1.1.1 基本原理

光合作用测定系统(photosynthesis measuring system)的工作原理是利用 CO_2 对红外线的吸收特性,测量由于植物叶片生命活动所造成的样品室和参比室之间 CO_2 的浓度差,主要用于植物以光合为主的多种生理指标和生态因子的测定,如植物叶片和组织的光合、呼吸、蒸腾、气孔导度和胞间 CO_2 浓度等指标的测量和计算。

2.1.1.2 结构组成

光合作用测定系统的硬件主要由主机、连接线和分析器、可充电电池、充电器及叶室等构成,其主要附件包括 CO_2 注入系统、外置光量子传感器等。根据叶室的形状不同,可分为标准叶室、簇状叶室、狭长叶室、针叶叶室、透明底叶室、土壤呼吸叶室等。根据叶室可供光源的不同，可分为红蓝光源叶室、荧光叶室和透明叶室。

2.1.1.3 仪器操作方法

下文以 LI-COR 6800 便携式光合仪(图 2-1)为例，介绍仪器操作方法。

图 2-1 LI-COR 6800 便携式光合仪

（1）日常检查

①检查是否需要更换药品或者 CO_2 钢瓶。

②在"Configuration"菜单中，选择对应的配置文件。若没有，根据步骤，设置相应的配置文件。

③进行预热检查"Warmup Tests"关闭叶室，"Start Up"→"Warmup/System Tests"→"Warmup Tests"，点击"Start"，仪器会进行一系列的检查，耗时 10~15min。

④如果安装了荧光叶室，进行"Fluorometer Tests"。

⑤查看失败检查的摘要信息，必要时采取相关措施。

⑥匹配 IRGAs。无论叶室中是否夹叶片，匹配 IRGAs 都是可操作的，但测量前进行匹配是一个好的选择，"Measurement"→"Match IRGAs"，等待指示灯变为绿色，点击"Start"，匹配完成后点击"Close"。

⑦日常检查结束，开始正常测量。

（2）非控制性实验测量步骤

①准备工作　硬件连接，开机，选择对应配置文件，日常检查。

②控制选项的设置"Environment"菜单

——流速设置　"Flow"：On；"Pump Speed"：Auto；"Flow rate"：500μmol/s；"PressValve"：0.1kPa。

——H_2O 设置　H_2O：OFF。

——CO_2 设置　"CO_2 injector"：OFF。

——混合风扇设置　"Mixing fan"：On；"Fan Speed"：10 000r/min。

——温度设置　"Temperature"：OFF。

——外置光源设置　"Ambient"：sun+sky。

③新建记录文件("Log file"→"Open a Log File")。

④夹上叶片，输入"remark"("Log file"→"Log remark")。

⑤设置叶面积和气孔比例　查看"Constants"→"System Constants"下的值是否合理。

⑥等待数据稳定　查看参数 Gsw、Ci、E 均为正值，且 Gsw 多数在 0~1；同时查看 ΔCO_2 变化幅度稳定在 0.5μmol/mol 内，A 值稳定在小数点后 1 位，且不在向一个方向一

直增加或降低，即为稳定。

⑦进行"match"（"Measurement"→"Match IRGAs"），点击"LOG"。

⑧更换叶片，重复以上④~⑦步。

⑨数据导出。

（3）控制性实验测量步骤

①准备工作　硬件连接，开机，选择对应配置文件，日常检查。

②控制选项的设置"Environment"菜单

——流速设置　Flow：On；Pump Speed：Auto；Flow rate：500μmol/s；PressValve：0.1kPa。

——H_2O 设置（根据相应的实验目的）　H_2O：On；RH_air：50%~75%。

——CO_2 设置（根据相应的实验目的）　CO_2 injector：On；Soda Lime：Scrub Auto；CO_2_s：400μmol/mol。

——混合风扇设置　"Mixing fan"：On；"Fan Speed"：10 000r/min。

——温度设置（根据相应的实验目的）　"Temperature"：On；"Tleaf"：27.0℃。

——外置光源设置（根据相应的实验目的）　"HeadLS or Fluor"：180μmol/(m^2·s)，非植物光限制水平。

③新建记录文件（"Log file"→"Open a Log File"）。

④夹上叶片，输入"remark"（"Log file"→"Log remark"）。

⑤设置叶面积和气孔比例　查看"Constants"→"System Constants"下的值是否正确。

⑥等待数据稳定　查看参数 Gsw、Ci、E 均为正值，且 Gsw 多数在 0~1；同时查看 ΔCO_2 变化幅度稳定在 0.5μmol/mol 内，A 值稳定在小数点后 1 位，且不在向一个方向一直增加或降低，即为稳定。

⑦点击"match"（"Measurement"→"Match IRGAs"），点击"LOG"。

⑧更换叶片，重复以上④~⑦步。

⑨数据导出。

2.1.1.4　注意事项

①电池处于半充满电状态保存。

②线缆连接注意红点相对直插直拔，不可旋转。

③化学药品管的位置要正确（主机箱背面靠下位置及药品管上都有药品名称提示）。

④正确安装 CO_2 小钢瓶（无需更换 O 型圈）。

⑤不使用仪器时取下加湿剂管，叶室处于"Parked"状态，松弛状态。

⑥更换叶室要使用专用工具。

⑦开机时耐心等待系统完全开启。

⑧不得随意在"Calibration"下做"IRGA"的校准，如果自检报告需要做校准，须使用校准套件严格按照说明书做校准。

⑨CO_2：使用小钢瓶，设定为 ON，设定 CO_2S 为 400μmol/mol 或其他；不使用时为 OFF，且保证 soda 管为非 scrub 状态。

⑩风扇一定要设定为 ON；一般植物转速为 10 000r/min 即可；遇到水稻这类敏感植物，调低转速，如 5000~7000r/min 或其他。

⑪控制比环境温度低很多时，注意湿度升高，系统凝水。

⑫Open a log file。可以建立新文件夹 New folder，在该文件夹下建立新文件 New File，也可以直接建立新文件。注意：必须先建立 New File 再测量。

⑬不可以连续不间断按 Log 键，系统在每次按下 Log 键都会进行匹配或打饱和闪光等处理，需要一定时间来完成，连续快按可能导致仪器死机；自动响应曲线运行时不要人为记数。

2.1.2 叶绿素荧光仪

2.1.2.1 基本原理

叶绿素荧光仪(chlorophyll fluorometer)的工作原理是通过光源提供测量光、光化光及饱和脉冲光，采用独特的脉冲振幅调制技术，检测植物在光合作用过程中所产生的微弱荧光，根据荧光的变化通过适当的仪器参数反映植物的光合特性，进而研究植物的光合作用。

2.1.2.2 结构组成

基本系统组件包括：主机、激发单元、检测单元等。

2.1.2.3 仪器操作方法

下文以 Dual-PAM-100 双通道调制叶绿素荧光仪(图 2-2)为例，介绍仪器操作方法。

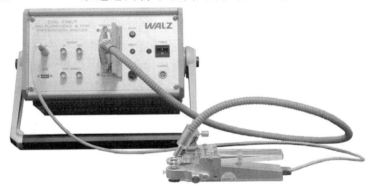

图 2-2 Dual-PAM-100 双通道调制叶绿素荧光仪

①连接仪器，Dual-PAM-100 所有连接线接头端都有标签，如 Charge，Emitter，Detector，USB 等，连接时与主机面板上的接口一一对应即可。连上计算机，打开仪器，然后打开软件，仪器会自动识别 com 口。

②将叶片进行充分的暗适应，在黑暗的环境中放置于叶夹上。

③在软件界面的选项卡中选择"Settings"，再选择选项卡中的第一个"Mode"；在"Measure Mode"中选择需要测量的模式，如果只需要单独测量荧光或者 P700 数据，则在下方中选择相应的单个信号的通道，如果需要同步测量荧光和 P700 信号，则在"Dual Channel"中选择"Fluo"和"P700"通道。

④测量光设置。选择"Measure Light"选项卡，对测量光进行设置，调节"Int."的数值

大小,使得在右下方的"Fluo"值在 0.02~0.05,同时调节右侧 P700 测量光的信号使得 P700 的数值接近于 0,调整完毕后点击"天平"按钮进行平衡。

⑤饱和脉冲光设置。在选项卡中选择"Sat. Pulse",选择合适的强度,然后执行一次饱和脉冲,然后在右下方的小方框中查看所获得的图形,如果所获得图形在设置的步长之内能够先上升,达到一个稳定的平面之后再下降,那么当前设置的饱和脉冲的强度能够满足实验的需求。

⑥光化光设置。在选项卡中选择"Actinic Light"选项卡,调节 Int. 的数值大小,然后在选项卡中选择"Slow kinetics",切换到慢速动力学曲线页面。

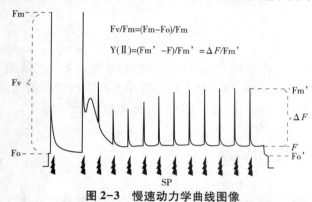

图 2-3 慢速动力学曲线图像

将 PML 和 FML 打开,在界面右侧的的模式下拉菜单中将"Manual"切换为"Induction Curve",点击下方"Calib"按钮,将信号进行转换,点击"Start"按钮,开始测量慢速动力学曲线,获取图像(图 2-3)。测量完成后查看图像,如果 ΔF 的高度在 Fv 的 1/3~2/3,那么光化光的设置强度比较合适;若不在这个区间,则需要进行调整。

⑦设置完成后即可开始进行测量。测量前切记将样品进行充分的暗适应。获取样品慢速动力学曲线的过程与上述步骤相同;测量光响应曲线;在下方的选项卡中选择"Light Curve",在软件界面中选择"Edit",对所需要的光强梯度和每一个梯度间隔时间进行设置,如需要设置 10 个梯度,那么在第 11 个梯度的时间设置中设置为 0,时间为×10,在右侧点击选择"Uniform",可对时间进行统一更改。点击"OK"回到软件页面,点击"Start"开始进行光响应曲线的测量。

⑧数据下载。在下方选项卡中选择"Report",在软件右侧勾选所需要下载的数据,点击界面上方的"硬盘"图标来保存数据。

2.1.2.4 注意事项

①切勿在高温高湿的环境中使用仪器,野外使用时避免阳光直射暴晒,应该给予适当的遮蔽;仪器为非防水设计,在田间或者大棚温室使用时应注意防水。

②仪器中含有高精度的光学部件,在使用或者运输过程中应做好防护措施,避免因剧烈摇晃振动导致的损伤。

③主机与各个部件的连接都有连接标志,插拔接头的时候切勿使用蛮劲,以免导致插头损坏。

④光纤是仪器中较为脆弱的组成部分,会直接影响测量结果,在存放和使用时要绕大圈放,避免折断。

⑤仪器连接外接电源时,须确认电压 220V。

⑥仪器的正常工作电压要高于 14V,如果在使用的过程中出现了低于 13V 的情况则需要充电,第一次充电一定要过夜充,保证充满;普通使用情况下,7~8h 即可充满。

2.1.3 多光谱荧光成像系统

多光谱荧光成像系统(multispectral fluorescence imaging system)是利用叶绿素荧光动力学方法对植物、藻类进行无损伤测量的一种非常重要的方法。

2.1.3.1 基本原理

叶绿素分子吸收能量后,在激发能的去向中,用于发射荧光的能量与用于光化学反应的能量之间呈竞争关系。光能转化的效率越高,叶绿素荧光量子产量越低;反之亦然。对于健康的、暗适应的植物,当光合效率达到最大值的时候,叶绿素荧光光量子产量达到最小值($F0$)。施以除草剂或者用饱和光脉冲照射,可瞬间阻断光合电子传递链,光化学转换速率为零,从而荧光达到最大值(FM)。

2.1.3.2 结构组成

多光谱荧光成像系统组成包括主机、光源、CCD 相机、计算机、分析软件。

2.1.3.3 仪器操作方法

下文以 FC-800 多光谱荧光成像系统(图 2-4)为例,介绍仪器操作方法。

图 2-4 FC-800 多光谱荧光成像系统

(1)开机后,Live 窗口实时显示 CCD 捕获的图像

①放大/缩小按钮可调整图像大小,鼠标滚轮可以实现同样的功能。"Get Snapshot"按钮可获取实时荧光图进行保存。

②光源调整区。"Light Sources"可控制不同光源的开关,"Light Intensities"可通过滑动条调整光强。

③相机调整区。可调整相机的快门("Shutter")和灵敏度("Sensitivity")。

④滤镜调整区。当仪器配备有多种滤镜时,根据实验需求,可以在此进行调整。

⑤彩色标尺区。软件会根据彩色标尺的设定,对照样品荧光的强弱,自动给成像图添加相应的假彩色,点击彩标可以变更彩标刻度。

⑥荧光实时(Live)成像显示区。

⑦将预实验样品置于仪器 CCD 镜头下。

⑧开启"Flashes"测量光,如成像不够明亮,可同时酌情开启"Act1""Act2",并调高光强。

⑨将"Shutter"(中括号内数字最大为 2,如超过 2 将不能开启"Flashes")和"Sensitivity"(一般为 60%~80%,若样品荧光极弱,可调至 100%)调高。

⑩调整 CCD 相机上的调焦旋钮,直到获得清晰的荧光图像为止。

(2) Fv/Fm

①点击"Protocol Menu"左侧的"Fv/Fm"按键,点击"OK"。软件界面跳回"Live"界面。

②仅开启"Flashes",调整"Shutter"和"Sensitivity",使样品的荧光值在 500 左右。"Shutter"和"Sensitivity"应互相对应调整,"Shutter"最大不超过 2(中括号内数字),"Sensitivity"一般不超过 80%。

③点击左上方的"Protocols",进入"Protocols"设计界面。只有"Include"命令到下面带*号的一行命令之间的参数可以修改。

④"Shutter"和"Sensitivity"两项改成刚才在"Live"界面设置的数值,"Act2"和"Act1"不需修改。

⑤点击上方"Start Experiment"按钮开始实验。

(3) Kautsky effect

①点击"Protocol Menu"右侧的"Wizard Type"中的"Fo Kautsky Effect",点击"OK"。"Fo duration"表示 Fo 的测量持续时间,"Actinic light exposure"表示光化光作用时间。一般实验中可使用默认设置,点击"OK",软件界面跳回 Live 界面。

②参照 Fv/Fm 第②步的方法设置"Shutter"和"Sensitivity"。

③点击左上方的"Protocols",进入"Protocols"设计界面。仅有"Include"命令到下面带*号的一行命令之间的参数可以修改。

④将"Shutter"和"Sensitivity"两项改成刚才在"Live"界面设置的数值。"Act1"一般以测试样品的正常生长光照为准。如要进行高光强或低光强实验,可自行设定。修改好的 Protocol 可在此界面左侧进行保存,同一批次实验样品可使用同一"Protocol"。

⑤点击上方"Start Experiment"按钮开始实验。

(4) Qhenching analysis

①点击"Protocol Menu"右侧的"Wizard Type"中的"Qhenching Analysis",点击"OK"。

Fo duration:Fo 的测量持续时间,一般可使用默认设置。

Pulse duration:饱和脉冲的持续时间,一般可使用默认设置。

Dark pause after Fm measurement:Fm 测量后的黑暗暂停时间,一般可使用默认设置。

Actinic light exposure:光化光作用时间,需要使用者根据预实验来确定。判断标准为最后两次测得的 Fm'(软件中为 Fm_Lss 和 Fm_Ln 的最后一个)基本相同,或者淬灭动力学曲线的 Ft 部分逐渐走平,这时可认为实验样品到达光适应稳态,光化光作用应该达到光适应稳态后结束。

Relaxation interval:暗弛豫间隔,如需研究暗弛豫状态,请根据实验设计与预实验调整;如不研究此项,可使用默认设置。

First pulse after the actinic light trigger:光化光开启多长时间后照射第一次饱和脉冲,如无特殊需要可使用默认设置。

Number of pulses、Pulses during Kautsky、Pulses during Relaxation:总共的饱和脉冲次数(不含测量 Fm 时的第一次饱和脉冲)、Kautsky 效应(即光化光作用过程)中的脉冲次数、暗

弛豫过程中的脉冲次数。如修改过 Actinic light exposure 和 Relaxation interval，需酌情增加或减少饱和脉冲次数，Pulses during Kautsky 和 Pulses during Relaxation 软件会按照比例自动分配。

②点击"OK"，软件界面跳回"Live"界面。

③参照 Fv/Fm 第②步的方法设置"Shutter"和"Sensitivity"。

④点击左上方的"Protocols"，进入 Protocol 设计界面。仅有"Include"命令到下面带*号的一行命令之间的参数可以修改。

⑤Shutter 和 Sensitivity 两项改成刚才在 Live 界面设置的数值。"Act1"设定请参照"Kautsky effect"第④步，"Super"设定请参照 Fv/Fm 第④步。修改好的"Protocol"可在此界面左侧进行保存，同一批次实验样品可使用同一"Protocol"。

⑥点击上方"Start Experiment"按钮开始实验。

（5）GFP 测量

①点击上方菜单栏中的"Setup-Device"。在新弹出的"Setup"窗口中将"Resolution"改为 1392×1040，点击"Set Resolution"按键确定，点击"Close"按键将窗口关闭。

注意：不同仪器配置在此窗口的显示会有所不同，除了本指南中提到的部分，强烈建议不要对其他设置进行任何修改。如果在进行 GFP 测量后又要进行叶绿素荧光测量，需将 Resolution 改回 696×520。

②将"Live"界面右下角的 Filer 更改为 GFP。如果是配备多种滤镜的便携式荧光成像，需安装绿色滤镜。

注意：如果在进行 GFP 测量后又要进行叶绿素荧光测量，需将 Filer 改回 Chl。FluorCam 封闭式和开放式荧光成像的 Filer 在重新开机后会自动回到 Chl。便携式荧光成像需重新更换为红色滤镜。

③在光源调整区"Light Sources"中打开"Act2"（蓝光），在"Light Intensities"中将 Act2 的光强提高，调高"Shutter"和"Sensitivity"（没有明确的上限，以获得清晰明亮的 GFP 成像图为准），并适当地进行调焦。如果测量样品中表达有 GFP，这时即会在成像显示区表现为较为明亮的颜色。

④点击"Live"界面右上角"Get Snapshot"按键保存成像图。

⑤如需要对 GFP 表达进行定量分析，点击软件上方"Protocol and Menu Wizard"按键，点击"Protocol Menu"左侧的"Dyes & Fps"按键，点击"OK"。

⑥按照第③步中调整后的"Shutter""Sensitivity"和"Act2"光强，修改"Protocol"界面相应的参数。

⑦点击上方"Start Experiment"按钮开始实验。Result 中不同植株的 Ft_Lss 即可定量反映 GFP 表达的多少。

2.1.3.4 注意事项

①实验前，所有样品都需要进行至少 20min 的暗适应。

②操作过程中，要保证实验样品保持在黑暗状态下，因为短暂的光线直射会破坏暗适应。

③如样品较多，可在暗室中进行操作，或者使用黑布将仪器和样品完全遮住进行暗适应和测量。

④如果是配置有多种滤镜的封闭式或开放式荧光成像,需确定在"Live"界面滤镜调整区的滤镜为 A.Chl,重启主机后会自动调整到 Chl。如果是配备多种滤镜的便携式荧光成像,需安装红色滤镜。

2.2 作物生理生态指标监测仪器

2.2.1 植物生理生态监测系统

植物生理生态监测系统(plant physiological and ecological monitoring system)由数据采集器、植物茎流传感器、植物生长传感器、植物叶绿素荧光监测单元、植物根系监测单元、智能土壤水分传感器、气象因子传感器、无线传输模块及数据下载浏览分析软件等组成,可长期置于野外自动监测植物生长状态、植物胁迫生理生态、植物水分利用等及与土壤水分和气象因子的相互关系等,适用于农作物、园林园艺及林木的生理生态监测研究。

2.2.1.1 基本原理

通过不同的传感器自动监测植物生长状态、植物胁迫生理生态、植物水分利用等,以及与土壤水分和气象因子等相关的数据,通过数据采集和分析软件,分析不同因子之间的相互关系。

2.2.1.2 结构组成

包括数据采集器、植物茎流传感器、植物生长传感器、植物叶绿素荧光监测单元、植物根系监测单元、TRIME-PICO 智能土壤水分传感器、气象因子传感器、无线传输模块及数据下载浏览分析软件等。

2.2.1.3 仪器操作方法

下文以 EMS-ET 植物生理生态监测系统(图 2-5)为例,介绍仪器操作方法。

①搭建三脚架,安装横臂。

图 2-5 EMS-ET 植物生理生态监测系统

②安装气象传感器。在安装横臂的时候同时安装好相应的传感器,接头连接到机箱对用的接口。

③安装机箱。所用到的螺钉都在机箱上的袋子中,接口连接到机箱对应的接口。

④安装 PAR 传感器、雨量筒。包括 PAR 传感器支架、雨量筒支架。

⑤安装果实传感器。这里需要按照线序表通过四芯线缆连接到机箱的接线板中。

⑥安装土壤水分传感器。三线的接口连接到机箱接线板 SDI-12 的位置,同时也需按照线序表进行连接。

⑦连接电源。打开总开关并查看指示灯的状态,每一个指示灯代表系统工作的情况。

⑧软件设置。在主界面选择下载全部数据,根据采集间隔设置 Storing 的时间,设置好时间间隔后点击"Send"按钮,

这样即可把命令发送给数据采集器。

2.2.1.4 注意事项

①整套系统的三脚架要固定好,防止其倒伏而损坏仪器,各个螺栓、螺丝都要拧紧。

②蓄电池与机箱接线端子要小心连接,切勿接反正负极而造成短路,切勿漏出铜线部分或者用绝缘胶带处理。

③净辐射传感器要安装在距离地面 1~1.5m 的高度,不然数据误差比较大。

④机箱接地线要连接避雷针。

⑤数采机箱里边的线缆不要随意插拔。

⑥关闭好机箱,防止被雨淋。

2.2.2 红外光声谱气体监测仪

2.2.2.1 基本原理

气体光声谱检测技术是基于红外吸收原理的一种技术。每种气体都具有自己所特定的红外吸收波长,可根据气体的红外吸收谱线对其进行定性和定量测定。红外光声谱气体监测仪(photoacoustic field gas monitor)通过安装不同滤光镜测量不同的气体。一次可同时将 5 个滤光镜(外加水汽滤光片)安装在监测仪的滤器圆盘上,即可同时测量 5 种不同气体(二氧化碳、氨气、氧化亚氮、六氟化硫、甲烷)和水汽的浓度,探测范围视测试的气体而定,精确度可达十亿分率($\times 10^{-9}$)。使用时设有内置气泵和透明软塑料取样管,可在 50m 外抽取样本。该仪器的工作原理如图 2-6 所示。

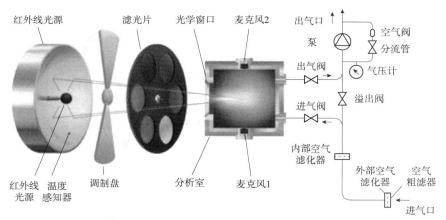

图 2-6 Innova1412 红外光声谱气体监测仪工作原理示意图

2.2.2.2 结构组成

红外光声谱气体监测仪主要由光声谱气体监测仪主机、数据线、适配器、外置采样管、配套滤膜等组成。

2.2.2.3 仪器操作方法

下文以 Innova1412 红外光声谱气体监测仪(图 2-7)为例,介绍仪器操作方法。

(1) 机前准备(校准)

当合适的滤光片安装妥当后,需要进行监测仪的校准。可通过 Luma Soft 7810 软件进行校准。由于 1412 拥有极高的稳定性(极少偏移),一般来说每年只需校准一次。

(2) 操作流程

①把采样管连接到监测仪入口(图 2-8)。

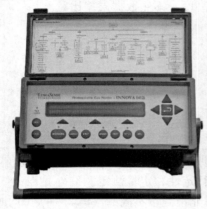

图 2-7　Innova1412 红外光声谱气体监测仪主机界面
　　　　图 2-8　把采样管连接到监测仪入口 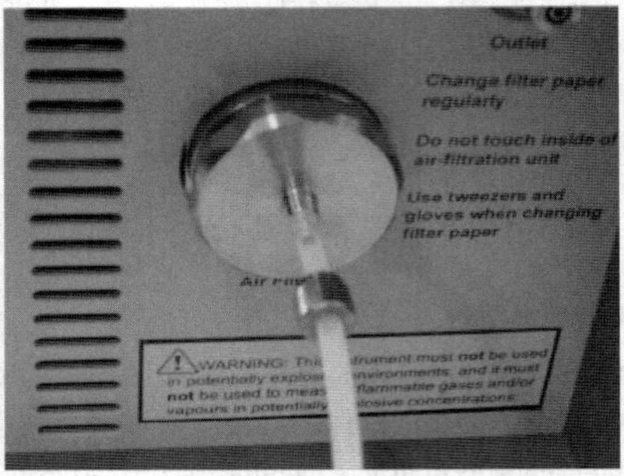

②如果需要把测完的气体排放到室外,可用同样的方式把废气管连接到监测仪出口。

③接上电源,打开电源开关。初次开机时,仪器会进行自检,自检需要一些时间,需耐心等待。如果距离上次开机的时间间隔不到 10min,自检过程会在几秒内结束。自检结束之后,仪器即可以使用。

(3) 设置监测任务

①按下"Setup"键进入设置页面,按 S1 进入"Measurement",再按 S1 进入"Monitoring Task"。

②仪器中可以存储 10 个设置任务。按回车键以及上下键,更改设置任务的序号。

③以下为任务设置中的选项:

Monitoring Task Setup Number=1(监测任务设置序号=1)

Sampling=Continuous(采样模式=连续)

Monitor for preset period=No(预设监测时间=否)

Compensate for Water Vapour Interference=Yes(对水汽干扰进行补偿=是)

Compensate for cross-interference=No(对交叉干扰进行补偿=否)

Measure Gas A:XXXXXX=Yes(测量气体 A:XXXXXX=是)

Measure Gas B:XXXXXX=No(测量气体 B:XXXXXX=否)

Measure Water Vapour=Yes(测量水汽=是)

Store Measurement Results=Yes(存储测量结果=是)

至此,测量任务设置完成,也可以根据实际使用的需要进行相应的调整,并存储于其他的任务序号中,以便以后调用。

注意:"compensate for cross-interference"这一项只有在同时有两种或者两种以上的气体(不包括水汽)被选中测量时才可以选择"Yes"。如果只测量一种气体,而"Compensate for cross-interference"选择了"Yes"的话,测量时会报错。

④按"Setup"键退出。

(4) 设置环境参数

①按下"Setup"键进入设置页面,按S1进入"Measurement",再按S2进入"Environment"。
②在环境参数中可以设置冲洗采样管和监测室的模式和时间。
Select Flushing mode=Auto(选择冲洗模式=自动)
Length of Sample Tube 00.00m(采样管的长度 00.00m)
Press Enter to Change Value(按回车键改变数值)

通过按回车键及上下左右键输入连接的采样管的长度,仪器内置泵可支撑最长50m的采样距离。

Normalization Temperature 20.0℃(均一化温度20℃)
Press Enter to Change Value(按回车键改变数值)

均一化温度,用于在 mg/m^3 和 mg/L 之间进行转换时。

也可以选择冲洗模式为固定:
Select Flushing mode=Fixed Time(选择冲洗模式=固定时间)
Chamber Flushing Time=8s(监测室冲洗时间=8s)
Tube Flushing=Yes(冲洗采样管=Yes)
Tube Flushing Time=3s(采样管冲洗时间=3s)

(5) 更改单位

①按"Setup"键,进入"S3 Configuration"设置。
②选择"S2 unit 单位",在此可以选择需要的浓度、温度、长度、压力和湿度的单位。

(6) 开始/结束任务

①按"Measure"键,然后选择"S1 Start Task",开始任务。
②出现"Warning: Display Memory Will be Deleted"(显存中的数据会被清除),按"S1 Proceed"继续。
③最开始会出现"Measurement in Progress Results not yet Available(正在测量,尚未有结果)"。
④在第一次测量完成之后,便会显示该次的测量数据。

A: 84.5 E+00   B: _____   C: _____
D: _____   E: _____   W: 8.25 E+00

显示采用科学计数法,如84.5E+00是指$84.5×10^{00}$,即84.5。

⑤在测量的同时,也可用上下左右键查看数据、单位,设置参数、最大值、最小值及平均值。
⑥在测量的时候,按"Measure"键,出现"Stop Monitoring Task(是否停止监测任务)",按"S3 Yes",测量即停止。

(7)数据的存储(如使用软件 LumaSoft 实时存储和观看数据,可以略过这一步)

①在监测仪中,分为两组内存,一组是 Display Memory 表示显示屏的内存。如果之前有过测量,在下次测量开始之前,仪器会提示"Warning：Display Memory will be deleted"指的就是显存中的数据将被清空。显存中的数据用于测量当时的数据观看,以及之后使用离线软件 BZ7003 进行数据的导出。

②另外一组内存是 Background Memory 表示背景内存。按"Memory",可以把显存中的数据转存到背景内存中——即为 Store;把背景内存中的数据调回显存——即为 Recall;删除背景内存中的数据——即为 Delete。

③显存和背景内存的容量是一样的。存储时间的长短会因测量一次的时间而异。

④离线软件 BZ7003 在与监测仪连接之后,会自动探测显存中存储的数据,并根据用户的选择格式导出到用户指定的文件夹。因此,如果要求导出的数据是存储在背景内存中的,首先要对数据进行 Recall。

(8)数据的导出

使用离线软件 BZ7003 可以对监测仪进行设置,导出数据。

导出数据的步骤很简单,连接到 BZ7003 之后,软件会对监测仪显存中存储的数据自动进行检测,在设置好导出数据的单位、格式、数量等之后,点击"Read Offline Measurement"即可。

注意：BZ7003 只会自动读取监测仪显存 Display Memory 中的数据,如果需将背景内存中的数据导出,先"Recall"至显存中再导出。

(9)监测仪的预热及冲洗

因为红外光源会对监测舱室进行持续的加热,故一般检测舱室的温度会在高出环境温度 15℃左右的时候达到稳定状态,所需要的时间是 30~40min。

最好提早 30~40min 对设备进行检测,光是打开电源并不能起到预热的效果。

在使用监测仪测量较高浓度的气体(特别是有机气体)后,需使用普通空气冲洗 5~10min,直至浓度恢复到初始的背景浓度后再停止检测和关闭仪器电源。

不冲洗直接关机可能会导致以下情况：

①如果样品中水汽过高,可能会导致水汽冷凝成水,在检测舱及内部管路中残留。

②样品气体残留吸附在检测舱及内部管路中,导致背景噪声过高。

2.2.2.4 注意事项

①定期更换过滤膜,做校准。仪器的进气口装有空气过滤器(Inlet Air Filter),滤膜孔径 $10\mu m$,以保护设备的内部气路不受大颗粒灰尘的污染。需根据实际使用情况定期更换滤膜,如果滤膜长时间堵塞,会造成抽气泵的负荷增大,产生"shunt blocked, pump test failed, airway system blocked"等错误,影响泵和电磁阀的使用寿命。把过滤器旋下来即可进行检查和更换滤膜,每台设备都配有一盒滤膜(25 片)用于更换。

②更换滤膜时,需注意：蓝盒子的滤膜中,白色为 $10\mu m$ 滤膜;发蓝者是滤膜的分隔片,只是普通的纸,会堵塞进气口,导致抽气困难和报警。

2.2.3 高光谱成像系统

高光谱成像技术融合了图像处理和光谱分析的各自优势,能够在无损状态下得到所测样品的三维超立体数据,广泛应用于实验室台式、野外、工业和航拍系统等。

2.2.3.1 基本原理

所测样品的三维超立体数据块(x, y, λ)包含了光谱信息(光谱范围为 400~1100nm)和图像信息,其中图像数据表示二维信息,用 x, y 表示每个单元的二维数据,光谱的波长用 λ 表示,将图像的二维信息和光谱波长结合从而形成三维图像,从而获得了被测物每个单元的空间信息。通过对三维图像分析,能够得到被测物的内部特征与外部特征,其光谱分辨率一般可达 2~3nm。

2.2.3.2 结构组成

高光谱成像系统由高光谱成像仪(hyperspectral imaging camera)(图 2-9)、线性运动平台(linear translation stage)、云台(mounting tower)、照明系统(lighting assembly)以及控制软件系统(software control system)五部分组成。台式高光谱成像仪有三种安装方式:standard linear stage 适用于扫描易于传输的小样品;lighting & imager stage 适用于扫描固定的大样品;backlight stage 适用于测量样品的透射率。

2.2.3.3 仪器操作方法

下文以 RESONON Pika 高光谱成像仪为例,介绍仪器操作方法。

(1)预热及平台加载准备

①打开照明系统,预热 20min。

②打开"Spectronon Pro"软件,确定计算机上已成功加载成像仪和线性运动平台。如果没有出现成像仪和平台的相关设置选项,在软件中"reload imager"或者"reload stage"加载。如果仍没有加载成功,关掉软件,重现连接成像仪或平台到计算机上,再次打开软件确认是否成功加载。

③移动平台到中间,使其位于成像光谱仪的下面。放置白板,确保白板正好位于光谱仪正下方。

点击"Spectronon Pro"工具栏中的"Focus"按钮,这时会显示来自成像仪相机的实时图像(在成像光谱仪的视场中挥动手掌,以确认图像是实时视图),移动白板时选择一点观察其光谱曲线,Brightness 峰值变化到最大值时即认为白板位于光谱仪正下方。

在"File"→"Preference"→"PIKA XC2"中可以看到"Brightness"的量程为 4094。注意调整白板位置时峰值的大小既不要太低,也不要过曝。

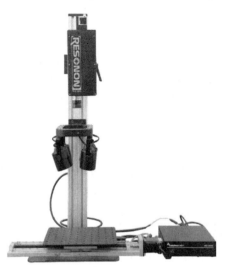

图 2-9 RESONON 高光谱成像仪

(2)运行自动曝光

点击"Spectronon Pro"工具栏中的"Exposure（曝光）"按钮，软件将根据光照条件来调节相机设置，以保证图像中没有饱和像素。曝光过程中，需确认相机镜头始终对着反射率校准片。

曝光后相机会自动调节积分时间，为防止过曝可手动将该积分时间减少约10%。

将帧率调整至量程的1/2大小，帧率太大可能导致失帧错误，帧率太小会导致拍摄过慢。

光线不足时可减小帧率来增大最大曝光时间。帧率为每秒捕获的图像数量，它限制了最大曝光时间（最大曝光时间=1.0/帧率）。

增加 Gain 增益值可同时保证较高的帧率和较强的信号（曝光时间）。

Gain 增益值功能：增加信号强度，但会降低信噪比。除非必要，最好设置为默认值0（注：Pika NIR 相机没有增益控制工具）。

如果高速采集数据时观察到损坏或裂开的图像，可能是数据采集系统的某些缺点造成的，比如磁盘写入速度、芯片组、主板总线速度，以及CPU速度限制等，可以尝试减小数据采集速度。

(3)调整物镜对成像光谱仪聚焦

点击"Spectronon Pro"工具栏中的"Focus"按钮，显示来自成像仪相机的实时图像。将具有多个明暗特征的物体置于成像光谱仪的视场中，如附带的黑色线条的纸张。

镜头还未聚焦时，会在"Spectronon Pro"的图像面板（Image Panel）中看到一系列模糊的线条。旋转物镜，直到目标物的黑色线条变得清晰，要使线条的清晰度最大化。点击图像面板（Image Panel）中的"Inspector Tool"后，选择绘图窗口（Plots Window）的X选项卡，会显示图像横截面的谱图。调节物镜，观察X光谱图确保"Brightness"值跳动差异最大。

完成聚焦后，再次点击"Focus"工具，关闭相机实时取景。

(4)采集暗电流

点击"Dark Current"按钮，窗口会提示覆盖成像仪的镜头以阻挡光线进入光谱仪，最好使用附带的镜头盖，遮盖镜头后，点击"OK"。"Spectronon Pro"会采集多个暗场，并利用这些值从测量中减掉暗电流噪声。当记录完暗电流数据后，"Dark Current"按钮会显示红色的对勾，表明成像仪的暗电流噪声会自动从数据中扣除，完成后去除遮盖物（如镜头盖）。

(5)采集参考白板"Reference"

点击"Spectronon Pro"工具栏中的"Response Correction Cube"按钮，窗口会提示将参照白板放置在成像仪的视野中，确保参照物充满成像仪的整个视场。点击"OK"。完成后，"Response Correction"按钮会显示红色的对勾，数据将会进行照明光谱和仪器响应的自动校正。

"Dark Current"按钮和"Response Correction Cube"按钮在实时影像模式下是不可用的。点击"Focus"工具来切换相机的实时成像。

(6)调节图像的宽高比

选择圆形的物体进行成像,这样很容易观察到失真。可使用 Pika 成像光谱仪附带的 Pixel Aspect Ratio Calibration Sheet(像素长宽比校正片),打印后使用。

将圆形物体置于 Pika 成像光谱仪的视场中,扫描足够多的行数,保证能看到完整的圆。这可能需要进行几次扫描测试,以确定要扫描的行数。

观察影像宽高比是否为1:1。如果影像在扫描方向发生变形,可以通过工具面板 Stage 选项卡调节扫描速度(scanning speed)来达到平衡:如果图像沿扫描方向被拉长了,表明扫描仪步长太小,要增大速度;如果图像沿扫描方向被压缩,则需要减小扫描速度。

调节步长后重新采集图像,观察图像失真是否有所改变。重复这个过程,直到图像不发生变形。

经试验,当帧率为30,扫描速度为0.23时,图像变形较小。可按比例调整帧率和扫描速度。

(7)重新采集反射参考校准

由于调整图像宽高比耗时较长,光源、周围环境等可能会发生变化,需要重新采集白板。完成该校正后,成像仪将保持校准状态,直到用户关闭仪器。

如果在校准后用户改变了积分时间,参照物的信号将被相应地调整,需要重新采集暗电流和参考白板。

(8)扫描样品

采集高光谱数据立方体:在扫描按钮"Scan Button"左侧窗口中输入想要扫描的行数,然后点击扫描按钮进行数据采集。

"Spectronon Pro"的图像面板中会显示图像,"Resource Tree"中会出现一个标记为"Current Scan"的新条目。再次采集数据时"Current Scan"会被覆盖。

保存扫描数据(图像),用鼠标选中"Current Scan",点击右键或者选择菜单"Datacube"→"Save Cube"。这时会打开一个新窗口,即可对数据立方体命名并选择保存路径。

2.2.3.4 注意事项

(1)参考白板的使用

①取白板时最好戴手套,轻拿轻放。

②用完白板及时装进密封袋子,保持白板干燥洁净。

(2)相关参数的调节

"Binning"(合并)用于将多个相邻像素的数据组合成一个数据点。能够减小数据量,增加信噪比,但是会降低分辨率(SNR)。"Binning"可在空间和光谱两维上进行。有两种类型的合并,一种是软件上的合并,使用"Spectronon"进行操作;另一种是硬件合并,只能在 Pika XC(或 XC2)上使用。"Spatial Bin"选项是合并的空间通道数,当成像目标物是较均一的物体时,这个选项通常很有用。除了能减小数据量、增大信噪比以外,在光谱维度上使用硬件合并,还能增加最大帧率。

2.3 应用实例

实验十三 植物叶片光响应曲线的测量

一、实验原理

光是光合作用的主导因子，对每种绿色植物均可作出光合作用对光的响应曲线。光响应曲线是以光合产量或相对电子传递速率为一轴，以 PPFD 或 PAR 为另一轴作图得到。

二、实验材料及仪器

(1)实验材料：盆栽植株。
(2)实验仪器：LI-6800 便携式光合仪。

三、实验步骤

(1)准备工作：硬件连接，开机，选择对应配置文件，日常检查。
(2)环境控制选项的设置(Environment 菜单)。
①流速设置　Flow: On; Pump Speed：Auto; Flow rate：500μmol/s; PressValve：0.1kPa。
②H_2O 设置(根据相应的实验目的)　H_2O：On; RH_ air：50%~75%。
③CO_2 设置(根据相应的实验目的)　CO_2 injector: On; Soda Lime: Scrub Auto; CO_2_s: 400μmol/mol。
④混合风扇设置　Mixing fan：On; Fan Speed：10 000r/min。
⑤温度设置(根据相应的实验目的)　Temperature：On; Tleaf：27.0℃。
⑥外置光源设置(根据相应的实验目的，设置为最大光强梯度)　HeadLS or Fluor: 1800μmol/(m^2·s)，非植物光限制水平。
(3)夹上叶片。
(4)设置叶面积和气孔比例：查看"Constants">"System Constants"下的值是否正确。
(5)新建记录文件(Log file>Open a Log File)：设置匹配(Log file>Match options)和记录设置(Log file>logging options)。
(6)对图像进行设置："Measurements">"Graph A"，点击"Edit Graph"，对 A 和 Qin 进行图像设置。
(7)光诱导 15~20min，等待数据稳定。
(8)选择自动程序"Auto Programs">"Light Response"，对设置进行配置或者使用默认设置。
(9)点击"Start Measurements"标签下查看测量过程。
(10)测量完成后，更换叶片，重复以上(3)~(9)步。

实验十四 CO_2 响应曲线的测定

一、实验原理

在精确控制环境因子的条件下,通过光合仪检测 CO_2 的消耗速率来测定植物光合速率。一条 A-Ci 曲线可以反映植物或者叶片的生物化学信息。例如,CO_2 补偿点(光合和呼吸平衡时的 Ci 值)。

羧化效率:CO_2 响应曲线的初始斜率,对于 C3 植物,该斜率可以反映核酮糖-1,5-二磷酸羧化酶/加氧酶(Rubisco)的最大活性,有时也叫作叶肉导度。

气孔限制:CO_2 响应曲线可以定量气孔限值的大小。

羧化限制:在叶肉细胞中,羧化限制可以从电子传递限制中分离开来。

二、实验材料及仪器

(1)实验材料:盆栽植株。
(2)实验仪器:LI-6800 便携式光合仪。

三、实验步骤

(1)准备工作:硬件连接,开机,选择对应配置文件,日常检查。
(2)环境控制选项的设置"Environment"菜单。
①流速设置 Flow:On;Pump Speed:Auto;Flow rate:500μmol/s;PressValve:0.1 kPa。
②H_2O 设置(根据相应的实验目的) H_2O:On;RH_ air:50%~75%。
③CO_2 设置(根据相应的实验目的) CO_2 injector:On;Soda Lime:Scrub Auto;CO_2_ s:400μmol/mol。
④混合风扇设置 Mixing fan:On;Fan Speed:10 000r/min。
⑤温度设置(根据相应的实验目的) Temperatures:On;Tleaf:27.0℃。
⑥外置光源设置(根据相应的实验目的,设置为饱和光强) HeadLS or Fluor:1800μmol/(m²·s),非植物光限制水平。
(3)夹上叶片。
(4)设置叶面积和气孔比例:查看"Constants">"System Constants"下的值是否正确。
(5)新建记录文件(Log file>Open a Log File):设置匹配(Log file>Match options)和记录设置(Log file>logging options)。
(6)对图像进行设置:"Measurements">"Graph A",点击"Edit Graph",对 A 和 Ci 进行图像设置。
(7)光诱导 15~20min,等待数据稳定。
(8)选择自动程序:"Auto Programs">"CO_2 Response",对设置进行配置或者使用默认设置。

（9）点击"Start"；"Measurements"标签下查看测量过程。
（10）测量完成后，更换叶片，重复以上（3）~（9）步。

实验十五　不同空气温度下番茄叶片光合作用参数研究

一、实验原理

通过测定不同空气温度下番茄叶片的光合作用参数，包括测定气路系统中参比气和分析气中 CO_2、H_2O 浓度以及温度数据计算被测叶片的净光合速率（A）、气孔导度（Gs）、细胞间隙 CO_2 浓度（Ci）、蒸腾速率（E）、水分利用效率（WUE）、水蒸气压亏缺（VPD），了解番茄叶片对高、低温度变化的光合生理响应。

二、实验材料及仪器

（1）实验材料：番茄。种子经55℃温汤浸种消毒15min，然后在润湿的吸水纸上26℃催芽。待种子露白后，播于洗净的蛭石中，萌发后用1/4 Hoagland 营养液浇灌。当幼苗具有3~4片真叶时，挑选生长一致的植株洗净根部蛭石后，移栽于5L塑料盆中，用厚度为3cm的泡沫塑料板做成锲形盖子，覆盖在塑料盆顶部。每盆栽5株，用1/2 Hoagland 营养液进行栽培。1周后换成完全营养液，此后每72h更换一次营养液。营养液栽培期间用电动气泵24h连续通气。当植株具有5~6片真叶时，对番茄幼苗进行处理。

（2）实验仪器：CIRAS-3便携式光合作用测定系统、光照培养箱(控温)。

三、实验步骤

1. 材料处理

分别将光照培养箱温度设置为15、20、25、30、35、40℃，光照设定以培养过程为准，将实验材料放入培养箱中孵育30min待测。

2. 数据测定

在每组处理孵育期满之后，分别测定材料的光合作用参数（A、Gs、E、Ci、VPD、WUE），将叶室夹满待测叶片，待30~120s读数稳定后记录。每个处理记录5个重复。

四、注意事项

①光合参数尽量于上午8：30~11：30测定。
②由于测定过程需要时间，因此，为了使每组处理时间一致，放入培养箱处理应留出相应的间隔差值。
③测量光应与培养光以及处理光保持一致，避免因光强原因导致的叶片生理生化指标不稳定。

实验十六　光合日变化测定

一、实验原理

番茄在外界温度变化时光合作用会发生变化,通过测定不同空气温度下番茄叶片的光合作用参数,以时间点为横坐标以 P_n 为纵坐标作图,日变化曲线与 x 轴围成的面积为叶片一天光合的净积累,面积越大表明产出越多。

二、实验材料及仪器

(1)实验材料:番茄。当植株具有 5~6 片真叶时,对番茄幼苗进行处理。
(2)实验仪器:CIRAS-3 便携式光合作用测定系统、光照培养箱(控温)。

三、实验步骤

(1)取下叶室的光源,开机前接好所有电信号插口,打开仪器预热,结束后进行自动调零和差分平衡,进入测定界面。点击"Setting",在下拉菜单中点击"Parameters",弹出对话框。

(2)参数设定
A:2.5(圆形叶室);V:200 不需要更改。
C:如果是使用大气供气则设为 0,使用钢瓶供气设定为 380。
H:70~95,根据测定当天的湿度情况适当选择,一般设定为 95。
Q:AM。
T:点击 T 选择"None"。
点击"Recording"→"Bgain"选择"Key Press"→"OK",在弹出的对话框中输入保存的文件名和保存路径。

(3)设定结束后,用叶室夹取光下适应好的叶片,等屏幕上的线稳定点击"Singal"记录数据,或者将 P_n、G_s、E、C_i 的值记录在笔记本上。

(4)记入完毕后,更换另一片光适应好的叶片重复步骤(3)的过程。

(5)一个时间点测定结束后,点击"File"→"Exit"退出软件界面,关机。

(6)下一个时间点提前 20min 开机,预热,重复步骤(2)以后的步骤。

(7)数据处理:以时间点为横坐标以 P_n 为纵坐标作图。番茄在外界温度变化时与对照相比日变化的变化情况,日变化曲线与 x 轴围成的面积为叶片一天光合的净积累,面积越大表明产出越多。

四、注意事项

①选择晴朗的天气。测定日变化时对照和处理材料必须是同一天测定,不同日期测定的不能比较。
②实验前一天将仪器充满电,检查仪器的吸收管,调试好仪器。

③一般日变化测定时间为：6∶00、8∶00、10∶00、12∶00、14∶00、16∶00、18∶00。

实验十七　光强-光合响应曲线的测定

一、实验原理

番茄在外界光强变化时光合作用会发生变化，通过测定不同光强下番茄叶片的光合作用参数，光合响应曲线，包括番茄叶片的光合作用参数（Pn、E、Gs、Ci），光合响应曲线以及由曲线得到的表观量子效率（AQY）、饱和光强、光补偿点以及暗呼吸速率，了解光强对番茄幼苗生长的影响。

二、实验材料及仪器

（1）实验材料：番茄。当植株具有5~6片真叶时，对番茄幼苗进行处理。
（2）实验仪器：CIRAS-3便携式光合作用测定系统。

三、实验步骤

（1）开机前接好所有电信号插口，光源，开机预热，仪器预热结束后进行自动调零和进行差分平衡，然后进入测定界面。
（2）参数设定
A：2.5（圆形叶室）或1.7（水稻形叶室）；V：200不需要更改。
C：如果使用大气则设定为0，使用钢瓶设定为380。
H：70~95，根据测定当日的湿度情况适当选择，一般设定为90%。
Q：1200。
T：点击T，需要控温时选择"Enter Value"输入温度值。不需控温的时候选择"None"。
（3）点击"Recording"→"Bgain"在弹出的对话框中输入保存的文件名和保存路径。
（4）设定结束后，用叶室夹上光下适应好的叶片，等屏幕上的线稳定后（一般2~3min）点击"Singal"记录数据。
点"Q"将光强改为1000，数值稳定后点"Singal"记录数据。
点"Q"，将光强改为800，数值稳定后点"Singal"记录数据，依次将光强Q改为600、400、300、200、100、50、0，数值稳定后点"Singal"记录数据（或者将 Pn、Gs、E、Ci 的值记录在本子上）。每换一个光强稳定1~2min就可以记录数据。测定一条光响应曲线一般要20~30min。
（5）记入完毕后，点击"Q"重新设为1200，更换另一片光适应好的叶片重复步骤（3）的过程。
（6）实验结束后，点击"File"→"Exit"退出软件界面，关机。
（7）数据处理：以光强为横坐标以 Pn 为纵坐标作图。

Pn：叶片光合作用速率；Ps：光饱和的光合速率（次点对应的光强为饱和光强）；R：暗呼吸速率；前面三个参数的单位均为 $\mu mol\ CO_2/(m^2 \cdot s)$。PFD：光强；$\Gamma$：光补偿点

(曲线与 x 轴的交点),两者单位均为 μmol photons/(m²·s)。$Φ$:表观光合量子效率 AQY(直线部分的斜率),单位为 mol CO_2/mol photons。

四、注意事项

①选择晴朗的天气,测定时间以上午 8:30~11:30 最佳。
②实验前一天将仪器充满电,检查仪器的吸收管,调试好仪器。
③实验当天将要测定的植物材料提前 0.5h 放到光下进行充分光适应。按照光强 1200、1000、800、600、400、300、200、100、50、0μmol/(m²·s)的顺序做光强-光合响应曲线(光强顺序可以根据实验要求做改动)。

实验十八 诱导曲线的测量

一、实验原理

叶绿素荧光诱导现象指经过暗适应后的叶片从黑暗中转入光下,叶片的荧光产量随时间而发生的动态变化,称作 Kautsky 效应,荧光的这种动态变化所描绘出的曲线即 Kautsky 曲线。

二、实验材料及仪器

(1)实验材料:将样品暗适应 20~30min(此为高等植物暗适应时间,藻类为 5~10min)。
(2)实验仪器:Dual-PAM-100 双通道调制叶绿素荧光仪。

三、实验步骤

①选择"Settings"选项,在"Mode"子选项中选择所需要测量的模式,单独测量 PSⅡ活性选择 Fluo;单独测量 PSⅠ活性选择 P 700;同时测量 PSⅡ和 PSⅠ活性选择 Fluo+P 700。"Analysis Mode"选择"SP Analysis"。其他版块不需更改。
②在"Meas. Light"子选项中选择测量光 ML 强度,一般不需要更改。如单独测量 P 700 或同时检测 Fluo+P 700 时,需点击天平按钮进行调平,使得 P 700 数值稳定且在 0~0.2(此为建议值,可通过界面右下方 P 700 数值边的上下键调节)。
③在"Actinic Light"子菜单中选择合适的光化光,高等植物普通测量一般选取 100~300μmol/(m²·s)光强即可,即 8~11 档中间选择。其他不需更改。
④查看或修改诱导曲线程序,在"Slow Kinetics"子选项中,修改"AL Width"可延长测量时间,一般而言不需要更改,只有当样品跑完后没有走才需要增加时间。
⑤查看饱和脉冲 SP,在"Saturate Pulse"菜单中查看饱和脉冲,一般不需更改。
⑥选择"Slow Kinetics"主菜单,在右侧 Start 按钮上方下拉菜单中将"Manual"改为"Ind. Curve",点击"Start"开始程序测量。
⑦测量结束后,如需保存图形,点击上方软盘按钮保存"Report",点击绿色箭头按钮

导出 Excel 格式图形。

⑧选择"Report"主菜单，点击左上方软盘按钮保存"Report"，点击绿色箭头按钮导出 Excel 数据报告。

实验十九　快速叶绿素荧光诱导动力学(Fast Acquisition)曲线的测量

一、实验原理

在从暗适应到暴露在光下时，荧光强度先上升，然后下降。一般情况下，刚暴露在光下时的最低荧光定义为 O 点，荧光的最高峰定义为 P 点，快速叶绿素荧光诱导动力学曲线指的就是从 O 点到 P 点的荧光变化过程，主要反映了 PSⅡ 的原初光化学反应及光合机构的结构和状态等的变化。

二、实验材料及仪器

(1)实验材料：将样品暗适应 20~30min(此为高等植物暗适应时间，藻类为 5~10min)。

(2)实验仪器：Dual-PAM-100 双通道调制叶绿素荧光仪。

三、实验步骤

①选择"Settings"选项，在"Mode"子选项中选择所需要测量的模式，单独测量 PSⅡ 活性选择"Fluo"；"Analysis Mode"选择"Fast Acquisition"。其他版块不需更改。

②选择"Fast Kinetics"主菜单，点击"Trigger Settings"，选择"Poly300ms"。

③回到"Fast Kinetics"主菜单，点击"Start"，测量快速叶绿素荧光诱导动力学曲线，勾选"Log"，使横坐标以对数模式显示，即可得到 OJIP 曲线。

④测量结束后，如需保存图形，点击上方软盘按钮保存 Report，点击绿色箭头按钮导出 Excel 格式表格。

实验二十　荧光和气体交换实验

一、实验原理

在本实验中，主要研究 $phiPS_2$ 和 $phiCO_2$ 这两个参数。$\phi PSⅡ$ 是由荧光计算出来的 PSⅡ 系统的量子产率，ϕCO_2 是由 CO_2 同化过程计算的量子产率。为此，需要知道总的同化量，包含 DarA 光下同化量与黑暗下的同化量，同样需要知道 Qabs，它的计算需要 PAR 入射量和叶片吸收率。注意：实验样品为 C3 植物的话，最好在无光呼吸的条件下进行测量。实现方法是：向 LI-6800 inlet 通气口中泵入 <2% 氧气的气体，借助适宜的校准器、T 型支管，将流速调整至适宜范围。如果忽略以上设置，$\phi PSⅡ$ 和 ϕCO_2 之间可能就非是线性关系。C4 植物则无此类问题。本实验借助 Light Response 自动程序进行测量，以光适应的叶片开始测量，然后降低光水平以提高量子产率和电子捕获效率。

二、实验材料及仪器

（1）实验材料：盆栽植株。
（2）实验仪器：LI-6800 便携式光合仪。

三、实验步骤

①安装荧光叶室，确保分析器零点准确，匹配正常。
②配置叶室环境。在"Environment"标签下，Flow：On；500μmol/s；CO_2：样品室 400μmol/mol 左右；H_2O：50%~70% RH or VPD_leaf；Fan：10 000r/min；Temperature：接近环境温度；"Fluor">"Actinic"：2000μmol/mol（最大光强梯度）；"f_red target"：0.9；"f_blue target"：0.1；"f_farred target"：0.0。
③设置荧光常量。
在"Constants"标签下进行设置，同上述实验二。
④打开记录文件，配置相关选项。
"Match Options"：Only match if Elapsed time 10 minutes since last match，CO_2_r has changed>100μmol/mol since last match，and abs(CO_2_r-CO_2_s)<1μmol/mol。
"Flr Action at Log：Select 1：FoFm(dark) of FsFm'(light)。
"Flash type：Rectangular。
⑤对"Light Response"自动程序进行配置。
"Light values"：2000、1500、1000、500、200、100、50、0μmol/(m²·s)；
"Min wait"：60s；
"Max wait"：180s；
选中"Early match"。
⑥对图像进行设置。
⑦夹上叶片，光诱导 20min 左右，等待数据稳定。查看参数 Gsw、Ci、E 均为正值，且 Gsw 多数在 0~1；同时查看 ΔCO_2 变化幅度稳定在 0.5μmol/mol 内，A 值稳定在小数点后 1 位，且不在向一个方向一直增加或降低，即为稳定。
⑧点击"Start"。
⑨测量完成，查看曲线。
⑩更换叶片，重复⑤~⑦步。

实验二十一　植物生理生态监测系统监测植物生长环境因子

一、实验原理

植物的正常生长离不开土壤水分、大气环境、营养元素等，通过监测植物的生长环境因子，有利于发现植物的生长状态，发现植物生长与不同环境因子的相互关联，有助于及时改善生长环境，促进植物的正常生长。

二、实验材料及仪器

(1) 实验材料：室外苹果试验田。
(2) 实验仪器：EMS-ET 植物生理生态监测系统。

三、实验步骤

(1) 苹果试验田的确定：确认需要监测的苹果试验田。
(2) 测量：
①安装三脚架和横臂。
②安装气象传感器、PAR 传感器、雨量筒和土壤水分传感器，将接头连接到机箱对用的接口。
③接好电源，打开电源开关。
④选择下载全部数据，采集间隔时间设置为 10min，然后点击"Send"按钮。
(3) 实验数据分析：导出数据，根据所得数据分析苹果的生长状况。

四、注意事项

①明白数采电源灯所指示的意思，如果出现对应灯亮，需按照对应灯的情况处理。
②传感器的连接线一定要准确。
③机箱要彻底关闭好，防止雨水进入，损坏仪器。

实验二十二　光声谱气体监测仪检测大棚中的氨气含量

一、实验原理

大棚内产生大量有毒有害气体，其中氨气是有代表性的有害气体之一。据调查，许多大棚内经常出现氨气浓度超标现象。本实验研究氨气在不同浓度范围内对作物代谢的影响。

Innova1412 红外光声谱气体监测仪(photoacoustic field gas monitor)中安装有可以测定氨气的滤光镜。不同波长的红外辐射依次照射到抽取进分析室里的气体时，特定波长的辐射能被氨气选择性吸收而变弱，产生相应的红外吸收光谱。当氨气浓度不同时，在同一吸收峰位置有不同的吸收强度，吸收强度与浓度呈正比。通过检测氨气对该波长的光的强度影响，便可以对大棚中的氨气进行定量分析。

二、实验材料及仪器

(1) 实验材料：实验在可由计算机自动控制温度、湿度、光照、新风量以及自动采样分析的功能的大棚内进行。氨气检测精度达 $0.01\mu L/L$，氨气控制精度达 $\pm 3\mu L/L$。
(2) 实验仪器：Innova1412 红外光声谱气体监测仪。

三、实验步骤

（1）将采样管连接到监测仪入口处。

（2）接上电源，打开电源开关，仪器会进行自检，耐心等待。若距离上次开机时间不到 10min，则自检会在几秒钟内结束，自检结束后可以使用仪器。

（3）设置检测任务：按下"Set up"键进入设置页面，选择 S1 进入"Measurement"，再按 S1 进入"Monitoring Task"，测量开始。设定参数后，根据需求选择测量，可马上进行，亦可选择延迟开始。设定使用停止时间，将聚乙烯细管口放置在需要测量的气体环境处。

（4）在任务设置中设置任务：最多可以储存 10 个，按回车或上下键更改设置任务的序号。

Monitoring Task Set-up Number＝1（检测任务设置序号＝1）

Sampling＝Continuous（采样模式＝连续）

Monitor for preset period＝No（预设监测时间＝否）

Compensate for water vapor interference＝Yes（对水汽的干扰进行补偿＝是）

Compensate for cross-interference＝Yes（对交叉干扰进行补偿＝是）

测量气体 A：氨气＝Yes，其余测量气体设置为 No，存储测量结果＝是，完成设置任务，也可根据实际使用进行调整，按"Set up"退出。

（5）设置环境参数：按下"Set up"键进入设置页面，按 S1 进入"Measurement"，再按"S2"进入"Environment"，在环境参数中设置冲洗洗样管和检测室的模式和时间。

Select flushing mode＝Auto（选择冲洗模式＝自动）

（6）更改单位：按"Set up"键，"S3 Configuration"设置，按"S2 unit 单位"，选择需要的浓度、温度、长度、压力和湿度。

（7）开始、结束任务：按"Measure"键，然后按"S1 Start Task"，开始任务。会出现警告，显示器中的记录会清除，按"S1 Proceed"继续；最开始会出现"正在测量尚未有结果"，等待片刻，测量完成后显示该次测量数据。

（8）测量的时候，按"Measure"键，出现"Stop monitoring task（是否停止检测任务）"，按"S3 Yes"，测量即停止。

（9）数据保存：使用"Memory"按钮将显存中的数据转存到背景内存"Store"中。使用"Recall"调取数据。将离线软件 BZ7003 与监测仪相连，可以自动检测出存储过的数据，根据需求选择自己要保存的格式，导出到指定文件夹。

（10）测量结果查看（两种模式）：

①在线监测　利用监测仪的连接端口，测量结果可直接传送到计算机或控制台。从此结果可实时以图表或数据形式呈现在屏幕上或整合到中央系统内。用户可通过 1412 软件选择图像显示几种气体、显示浓度范围、统计分析所得结果等。同时，所有量度数据均以 MS-Access 格式存储在计算机的数据库里。

②独立测量　气体测量结果会立即呈现在 1412 的显示屏上，并经常更新。当进行测量时，1412 会根据所测量之气体的浓度而计算出平均值、均方误差、最高和最低浓度等统计数据。测量结果可由显存中复制到背景内存中保存（10 组）。测量结果亦可上传到计算机，或通过连接线直接用标准打印机打印。

四、注意事项

①红外光源会对检测舱室进行预热,所以一般检测室的温度会在比环境温度高15℃左右时达到稳定状态,所需要的时间为30~40min。

②建议提早30~40min对设备进行检测,仅打开光源不能起到预热的作用。

实验二十三　使用高光谱成像系统野外监测作物

一、实验原理

高光谱成像技术是传统二维成像和高光谱技术的有机结合,既能获得图像上每个点的光谱数据,还可以获得任一个谱段的影像信息。对光谱立方体进行数据处理分析,不仅可以得到孤立的检品光谱信息或图像信息的集合,而且还能得到光谱信息和图像信息的综合数据,实现图谱合一,为在野外监测作物的生长提供了一种新的途径和方法。

Resonon的高光谱成像系统可以提供两种扫描方式:一是线性平台,适用于室内可控照明条件下的测量;二是旋转平台,置于三脚架上可适用于户外测量。

本实验采用室外三脚架平台对野外生长的园艺作物进行光谱数据采集,从而快速、高效、无损地检测作物的生理状况(如衰老、受伤害程度、环境胁迫以及其他矿质营养缺乏等)。

二、实验材料及仪器

(1)实验材料:西北农林科技大学小麦生长试验站。

(2)实验仪器:Resonon高光谱成像系统。

三、实验步骤

(1)将相机和扫描系统都连接到计算机,双击"Spectronon Pro"图标启动数据采集软件,或者从开始菜单中启动"Spectronon Pro"软件。

(2)打开软件后,确认成像仪和平台控制(如果使用的话)已启用。如果未启用,成像仪和平台工具会显示为灰色。正确加载仪器和平台,在"Spectronon Pro"软件左下角查看"Status"面板。如果仪器意外断开或软件卡死导致Pika XC2仪器和Stage平台未被正确加载,可直接重启软件或点击"Spectrometer"→"Reload Imager","Spectrometer"→"Reload Stage"。

(3)曝光时间设置及相机控制:"Auto Exposure"选项可以对软件根据当时的照明条件进行曝光设置。将参考板置于成像仪的视场中,点击"Spectrometer"→"Auto Exposure"即可。也可以使用工具栏上的"Exposure"按钮。相机快门会根据照明条件进行自动调节,以保证图像中没有饱和像素。使用这个选项时,请确认相机镜头对着反射率校准片。

在调节相机设置时,点击"focus"按钮,实时观察调整的效果(在Pika成像光谱仪的视场中挥动手掌,以确认图像是实时视图)。点击"Inspector Tool"实时查看某一像元的亮度值。选择窗口中明亮的像素点，查看软件右上角"Plot"控制面板 x 轴的曲线。

在"File"→"Preference"→"PIKA XC2"中可以看到亮度值的量程为 4094。注意亮度值既不要太低，也不要过曝。

自动曝光后，可以在"Integration Time"中微调曝光时间。相机控制可在两个窗口中调节：工具面板"Tools Panel"中的"Camera"选项卡和"File"→"Preferences"菜单。

光线不足时解决方案：减小 Frame Rate（帧率）来增大最大积分时间。Frame Rate 为每秒捕获的图像数量，它限制了最大曝光时间（最大曝光时间 = 1.0÷帧率）。

要求同时保证较高的帧率和较强的信号（曝光时间）解决方案：手动增加 Gain 增益值。

Gain 值功能：增加信号强度，但会降低信噪比。除非必要，最好设置为默认值 0。每次自动曝光后，Gain 值会调 0（注：Pika NIR 相机无增益控制工具）。

注意：如果高速采集数据时观察到损坏或裂开的图像，可能需要减小数据采集速度，以解决这个问题。这些问题可能是由实验者的数据采集系统的一些缺点造成的，比如磁盘写入速度、芯片组、主板总线速度、以及 CPU 速度限制等。

(4) 平台（Stage）设置：点击"Spectronon Pro"工具栏上的"Jog Stage"按钮，来手动移动平台，这些按钮可以控制在任意方向上的移动。移动平台到中间，使其位于成像光谱仪的下面。

点击工具面板"Tools Panel"上的"Stage"或者"File"→"Preferences"→"Stage"选项卡可以进一步控制平台。

"Speed Units"用于设置不同类型的平台。

"Linear"用于标准的线性移动平台，大多数台式系统都安装此平台。

"Rotation"用于三脚架安装的旋转扫描平台，通常用于野外测量。

"Motor"显示速度为"motor pulses per second"（电机脉冲每秒）。

"Stepping Mode"可以控制平台相对成像仪的移动方式。

选中"stepping mode"，平台和成像仪在扫描时连续运行。

未选中"stepping mode"，平台间断移动，停止时采集图形，然后移动，再停止时采集图形。此模式适用于以下几种采集情况：①扫描速度很慢；②积分时间很长；③采集图形时需要保证没有动态模糊。

"Scanning Speed"是扫描过程中平台的线速度。如果选中了"Go Home After Scan"，平台会在每次扫描后回到起始位置。"Homing speed"可以控制平台返回起始位置的速度。"Jog speed"可以控制扫描工具栏中左右控制键"Jog Stage"的速度。

(5) 物镜调焦：将物镜对 Pika XC2 成像光谱仪聚焦。首先，点击"Spectronon Pro"工具栏中的"Focus"按钮，此时会显示来自成像仪相机的实时图像。图像的一条轴是目标物的空间（位置）轴，另一条轴是光谱（波长）轴。

将具有多个明暗特征的物体置于 Pika 成像光谱仪的视场中，也可以使用附带的有黑色线条的纸张（Focusing & Calibration Sheets）。如果是在野外远距离观测物体，可以将光谱仪对准具有多种特征的物体，如有许多分枝的树。镜头还没有聚焦的时候，会在"Spectronon Pro"的图像面板（Image Panel）中看到一系列模糊或者勉强可辨的线条。

要调节焦距，首先松开对焦调节器。对于 Schneider 镜头，使用六角扳手（5/64 英寸）

松开物镜上的金属锁环。

旋转物镜,直到目标物的黑色线条变得清晰,要使线条的清晰度最大化。

点击图像面板"Image Panel"中的"Inspector Tool"后,选择绘图窗口"Plots Window"的 X 选项卡,会显示图像横截面的谱图。通过这个谱图可以形象地查看聚焦的清晰度。点击缩放工具,然后点击 x 轴,可以进行放大。

完成聚焦后,重新拧紧对焦调节器的锁环。再次点击 Focus 工具,关闭相机实时取景。

(6)去除暗电流并设置反射参考:"Spectronon Pro"可以很方便地去除扫描中的平均暗电流噪声。点击"Spectronon Pro"工具栏中的"Dark Current"按钮,窗口会提示"遮挡物镜以阻挡光线进入光谱仪"。

用镜头帽遮盖镜头后,点击"OK"。"Spectronon Pro"会采集多个暗场,并利用这些值从测量中减掉暗电流噪声。暗场采集完后,工具栏中的"Dark Current"按钮会显示红色的对勾。此时,可以打开物镜。

测量物体的绝对反射率,需要对照明条件进行校正。点击"Spectronon Pro"工具栏中的"Response Correction Cube"按钮。窗口会提示将参照物质放置在成像仪的视野中。参照物质在成像仪的整个视场中应该是均一的。可以使用 Spectralon® 或 Teflon 白片作为参照物。

放置好参照物后,点击"OK",会触发对参照物的快速扫描。完成后,"Response Correction Cube"按钮会显示红色的对勾,表示所采集的数据将会根据参照物质进行反射率的调整,包括平场校正以补偿照明的空间变化。

注意:"Dark Current"按钮和"Response Correction Cube"按钮在实时影像模式下是不可用的。可以点击"Focus"工具来切换相机的实时成像。

完成暗电流和反射率参考校正后,成像仪将保持校准状态,直到关闭仪器。如果用户在校准后改变了积分时间,参照物的信号将会相应地调整。手动去除反射参考,点击"Spectrometer→Remove Dark Current Cube"和"Spectrometer→Remove Response Correction Cube"。

(7)调节宽高比:要扫描图像,在扫描按钮"Scan Button"左侧的窗口可以输入想要扫描的行数。初始值可以选择 200,然后点击扫描按钮。"Spectronon Pro"的图像面板中会显示类似瀑布的图像。可以随意增加或减少扫描的行数。图像扫描完成后,可以在图像上使用"Spectronon"的所有查看和分析工具(注:可以再次点击扫描按钮来停止扫描)。

将仪器附带的面积较大的正方形/圆形参照物(野外测量),置于 Pika 成像光谱仪的视场中,扫描足够多的行数,保证能看到完整的参照物。

观察影像宽高比是否为 1:1。如果影像在扫描方向发生变形,可以通过工具面板 Stage 选项卡调节扫描速度来达到平衡。如果图像沿扫描方向被拉长了,表明扫描仪步长太小,要增大速度;如果图像沿扫描方向被压缩,需要减小扫描速度。调节步长后重新采集图像,观察图像失真是否有所改变。重复这个过程,直到图像不发生变形。

(8)扫描和保存数据立方体:要采集高光谱数据立方体(图像),在扫描按钮(Scan Button)左侧窗口中输入想要扫描的行数,然后点击扫描按钮进行数据采集。

"Spectronon Pro"的图像面板中会显示类似瀑布的图像,"Resource Tree"中会出现一个标记为"Current Scan"的新条目。要保存扫描数据(图像),用鼠标选中"Current Scan",点击右键或者选择菜单"Datacube Save"→"Cube"。这时会打开一个新窗口,可以对数据立方体命名并选择保存路径。

四、注意事项

①"Dark Current"按钮和"Response Correction Cube"按钮在实时影像模式下是不可用的。点击"Focus"工具来切换相机的实时成像。

②完成暗电流和反射率参考校正后,成像仪将保持校准状态,直到用户关闭仪器。如果在校准后用户改变了积分时间,参照物的信号将被相应地调整,手动去除反射参考,点击"Spectrometer > Remove Dark Current Cube"和"Spectrometer> Remove Response Correction Cube"。

实验二十四　利用高光谱成像系统对叶片进行室内线性扫描

一、实验原理

高光谱成像技术融合了图像处理与光谱分析的各自优势。它能够获得所测样品的三维超立体数据块(x,y,λ),其中包含了光谱信息和图像信息。图像信息中用 x、y 表示每个单元的二维数据,用 λ 表示光谱的波长,将图像的二维信息和光谱波长结合,从而形成三维图像,得到被测物每个单元的空间信息。通过对三维图像分析,能够得到被测物的内部特征与外部特征,其光谱分辨率一般可达 2~3nm。

二、实验材料及仪器

(1)实验材料:园艺植物叶片。
(2)实验仪器:Resonon 高光谱成像系统。

三、实验步骤

①连接塔与线性运动平台。取下塔底部四个螺母,安装塔到线性运动平台相应的位置。

②安装照明系统到塔上。连接 T 型螺母与照明系统;借助 T 型螺母将照明系统固定在塔上适当的位置;红黑橡胶插头插入稳压电源相应的接口。

③安装 Pika 高光谱成像仪到塔上。将两根柱状螺母(Posts)安装到成像仪侧面;安装把手(adjustable post holder)到塔适当的位置;将两根螺母插入把手对应的位置,并通过把手上螺母固定高光谱成像仪。

④连接成像仪和平台的电源线,以及将成像仪和平台连接至计算机的通信线。

⑤安装控制软件。

软件打开后仪器操作步骤同 2.2.3 高光谱成像系统中 2.2.3.3 的具体流程。

四、注意事项

①参考白板使用时要保证洁净干燥、轻拿轻放，可用干净橡皮进行轻轻擦拭。

②相关参数的调节：Binning（合并）用于将多个相邻像素的数据组合成一个数据点。能够减小数据量，增加信噪比，但是会降低分辨率（SNR）。Binning 可在空间和光谱两维上进行。有两种类型的合并，一种是软件上的合并，使用 Spectronon 进行操作；另一种是硬件合并，只能在 Pika XC（或 XC2）上使用。Spatial Bin 选项是合并的空间通道数，当成像目标物是较均一的物体时，这个选项通常很有用。除了能减小数据量，增大信噪比以外，当在光谱维度上使用硬件合并，还能增加最大帧率。

实验二十五 多光谱荧光成像系统分析番茄叶片在灰霉病侵染下荧光参数的变化

一、实验原理

在叶绿素分子激发能的去向中，用于发射荧光的能量与用于光化学反应的能量之间呈竞争关系。光能转化的效率越高，叶绿素荧光量子产量越低；反之亦然。对于健康的、暗适应的植物，当光合效率达到最大值的时候，叶绿素荧光光量子产量达到最小值（$F0$）。施以饱和光脉冲照射，可瞬间阻断光合电子传递链，光化学转换速率为零，荧光达到最大值（FM）。

当植物受到外界胁迫时，其叶绿素荧光光量子产量会随着变化，而通过测量其叶绿素荧光光量子产量可以反应出植物的健康状况。

二、实验材料及仪器

（1）实验材料：番茄幼苗。

（2）实验仪器：FluorCam 大型版开放式多光谱荧光成像系统。

（3）实验病菌：灰霉病。

三、实验步骤

1. 样品前处理

取被灰霉病处理的番茄幼苗叶片，将叶片放在暗室或暗核中进行黑暗处理，同时保证暗室或暗盒的温度和湿度，黑暗处理 20min。

2. 测量

①点击"Protocol Menu"左侧的"Fv/Fm"按键，点击"OK"。

②仅开启"Flashes"，调整"Shutter"和"Sensitivity"，使样品的荧光值在 500 左右。"Shutter"和"Sensitivity"应互相对应调整，"Shutter"值为 1，"Sensitivity"值为 65%。

③点击上方"Start Experiment"按钮开始实验。

3. 实验数据分析

导出数据，根据 $F0$、FM、FV/FM 的数据及荧光成像分析不同番茄品种在灰霉病侵染下的生长情况。

四、注意事项

①开机时，先打开主机电源，再打开仪器电源和计算机。
②样品暗处理时间不能少于15min。
③"Shutter"的设置值不能大于2。
④尽量快速测量，如果长时间测量，可能会因为测量时间过长而引起样品失水。

参考文献

布都会，朱建楚，高莉，等，2004. Li-6400光合作用测定仪在小麦上应用的商榷[J]. 麦类作物学报（1）：94-96.

何斌，陈亚宁，李卫红，等，2007. 塔里木河下游地区胡杨、柽柳液流变化研究——以英苏断面为例[J]. 干旱区资源与环境，21(7)：135-140.

何勇，彭继宇，刘飞，等，2015. 基于光谱和成像技术的作物养分生理信息快速检测研究进展[J]. 农业工程学报，31(3)：174-189.

林思寒，2018. 基于高光谱成像技术的翠冠梨机械损伤和外部缺陷无损检测方法研究[D]. 南昌：江西农业大学.

卢劲竹，蒋焕煜，崔笛，2014. 荧光成像技术在植物病害检测的应用研究进展[J]. 农业机械学报，45(4)：244-252.

马淏，2015. 光谱及高光谱成像技术在作物特征信息提取中的应用研究[D]. 北京：中国农业大学.

潘立刚，张缙，陆安祥，2008. 农产品质量无损检测技术研究进展与应用[J]. 农业工程学报，24：325-330.

潘瑞炽，董愚得，1995. 植物生理学[M]. 北京：高等教育出版社.

王文萃，栾美生，于彤彦，2009. 红外甲烷气体检测仪的设计以及干扰分析[J]. 红外技术，31(8)：458-460，466.

王秀伟，毛子军，2009. 7个光响应曲线模型对不同植物种的实用性[J]. 植物研究（1）：43-48.

王忠，2001. 植物生理学[M]. 北京：高等教育出版社.

许大全，2006. 光合作用测定及研究中一些值得注意的问题[J]. 植物生理学报，42(6)：1163-1167.

张国彬，汪万福，薛平，等，2009. 敦煌莫高窟典型洞窟空气交换速率的对比分析[J]. 敦煌研究（6）：100-104.

张守仁，1999. 叶绿素荧光动力学参数的意义及讨论[J]. 植物学通报，16(4)：444-448.

ALINIAEIFARD S, VAN MEETEREN U, 2016. Stomatal characteristics and desiccation response of leaves of cut chrysanthemum (*Chrysanthemum morifolium*) flowers grown at high air humidity[J]. Entia horticulturae, 205：84-89.

BELGIO E, KAPITONOVA E, CHMELIOV J, et al., 2014. Economic photoprotection in photosystem II that retains a complete light-harvesting system with slow energy traps[J]. Nature communications, 5：4433-4441.

BENEDIKTSSON J A, PALMASON J A, SVEINSSON J R, 2005. Classification of hyperspectral data from urban areas based on extended morphological profiles[J]. Ieee transactions on geoscience and remote sensing, 43(3): 480-491.

BENSON S L, MAHESWARAN P, WARE M A, et al., 2015. An intact light harvesting complex I antenna system is required for complete state transitions in *Arabidopsis*[J]. Nature plants, 1: 15176-15186.

BIOUCAS-DIAS J M, PLAZA A, CAMPS-VALLS G, et al., 2013. Hyperspectral remote sensing data analysis and future challenges[J]. Ieee geoscience and remote sensing magazine, 1(2): 6-36.

BIOUCAS-DIAS J M, PLAZA A, DOBIGEON N, et al., 2012. Hyperspectral unmixing overview: geometrical, statistical, and sparse regression-based approaches[J]. Ieee journal of selected topics in applied earth observations and remote sensing, 5(2): 354-379.

CAMPS-VALLS G, GOMEZ-CHOVA L, MUNOZ-MARI J, et al., 2006. Composite kernels for hyperspectral image classification[J]. Ieee geoscience and remote sensing letters, 3(1): 93-97.

CHEN Y, LIN Z, ZHAO X, et al., 2014. Deep learning-based classification of hyperspectral data[J]. IEEE journal of selected topics in applied earth observations and remote sensing, 7(6): 2094-2107.

CHEN Y, NASRABADI N M, TRAN T D, 2011. Hyperspectral image classification using dictionary-based sparse representation[J]. Ieee transactions on geoscience and remote sensing, 49(10): 3973-3985.

CISZAK K, KULASEK M, BARCZAK A, et al., 2015. PsbS is required for systemic acquired acclimation and post-excess-light-stress optimization of chlorophyll fluorescence decay times in *Arabidopsis*[J]. Plant signaling & behavior, 10(1): e982018-1-e982018-8.

DENG C N, ZHANG D Y, PAN XL, 2014. Toxic effects of erythromycin on photosystem I and II in *Microcystis aeruginosa*[J]. Photosynthetica, 52(4): 574-580.

EWA SURóWKA, MICHAŁ DZIURKA, KOCUREK M, et al., 2016. Effects of exogenously applied hydrogen peroxide on antioxidant and osmoprotectant profiles and the C3-CAM shift in the halophyte *Mesembryanthemum crystallinum*[J]. Journal of plant physiology, 200: 102-110.

FAUVEL M, TARABALKA Y, BENEDIKTSSON J A, et al., 2013. Advances in spectral-spatial classification of hyperspectral images[J]. Proceedings of the ieee, 101(3): 652-675.

GAO Z, LI D, MENG C, et al., 2013. Survival and proliferation characteristics of the microalga *Chlamydomonas* sp. ICE-L after hypergravitational stress pretreatment[J]. Icarus, 226(1): 971-979.

GAO Z, XU D, MENG C, et al., 2014. The green tide-forming macroalga ulva linza outcompetes the red macroalga *Gracilaria lemaneiformis* via allelopathy and fast nutrients uptake[J]. Aquatic ecology, 48(1): 53-62.

GOWEN A A, O'DONNELL CP, Cullen PJ, et al., 2007. Hyperspectral imaging-An emerging process analytical tool for food quality and safety control[J]. Trends in food science & technology, 18(12): 590-598.

HABOUDANE D, MILLER JR, PATTEY E, et al., 2004. Hyperspectral vegetation indices and novel algorithms for predicting green LAI of crop canopies: Modeling and validation in the context of precision agriculture[J]. Remote sensing of environment, 90(3): 337-352.

HARSANYI J C, CHANG C I, 1994. Hyperspectral image classification and dimensionality reduction-an orthogonal subspace projection approach[J]. Ieee transactions on geoscience and remote sensing, 32(4): 779-785.

HEINZ D C, CHANG C I, 2001. Fully constrained least squares linear spectral mixture analysis method for material quantification in hyperspectral imagery[J]. Ieee transactions on geoscience and remote sensing, 39(3): 529-545.

HUANG W, FU P L, JIANG Y J, et al., 2013. Differences in the responses of photosystem I and photosystem Ⅱ of three tree species *Cleistanthus sumatranus*, *Celtis philippensis* and *Pistacia weinmannifolia* exposed to a prolonged drought in a tropical limestone forest[J]. Tree physiology, 33(2): 211-220.

IWAI M, YOKONO M, KONO M, et al., 2015. Light-harvesting complex Lhcb9 confers a green alga-type photosystem I supercomplex to the moss *Physcomitrella patens*[J]. Nature plants, 1(2): 14008-14015.

JIANG Y P, HUANG L F, CHENG F, et al., 2013. Brassinosteroids accelerate recovery of photosynthetic apparatus from cold stress by balancing the electron partitioning, carboxylation and rredox homeostasis in cucumber [J]. Physiologia plantarum, 148(1): 133-145.

LAVIALE M, FRANKENBACH S, JOÃO SERÔDIO., 2016. The importance of being fast: comparative kinetics of vertical migration and non-photochemical quenching of benthic diatoms under light stress[J]. Marine biology, 163: 10.

LEI YB, ZHENG Y L, DAI K J, et al., 2014. Different responses of photosystem Ⅰ and photosystem Ⅱ in three tropical oilseed crops exposed to chilling stress and subsequent recovery[J]. Trees, 28(3): 923-933.

LI D D, XIA X L, YIN W L, et al., 2013. Two poplar calcineurin B-like proteins confer enhanced tolerance to abiotic stresses in transgenic *Arabidopsis thaliana*[J]. Biologia plantarum, 57(1): 70-78.

LIN A P, WANG G C, ZHOU W Q, 2013. Simultaneous measurements of H^+ and O^2 fluxes in *Zostera marina* and its physiological implications[J]. Plant physiology, 148(4): 582-589.

LU Y, SAEYS W, KIM M, et al., 2020. Hyperspectral imaging technology for quality and safety evaluation of horticultural products: A review and celebration of the past 20-year progress[J]. Postharvest biology and technology, 170: 170-189.

MARIAM A, ARIANNA N, FAJKUS JI, et al., 2016. High-Throughput non-destructive phenotyping of traits that contribute to salinity tolerance in *Arabidopsis thaliana*[J]. Frontiers in plant science, 7: 1414-1429.

MARTINA PICHRTOVÁ, TOMÁ HÁJEK, ELSTER J, 2016. Annual development of mat - forming conjugating green algae *Zygnema* spp. in hydro-terrestrial habitats in the Arctic[J]. Polar biology, 39(9): 1-10.

MELGANI F, BRUZZONE L, 2004. Classification of hyperspectral remote sensing images with support vector machines[J]. Ieee transactions on geoscience and remote sensing, 42(8): 1778-1790.

MOU S, ZHANG X, DONG M, et al., 2013. Photoprotection in the green tidal alga plva prolifera: role of LHCSR and PsbS proteins in response to high light stress[J]. Plant biology, 15(6): 1033-1039.

NASCIMENTO J MP, DIAS JMB, 2005. Vertex component analysis. A fast algorithm to unmix hyperspectral data[J]. Ieee transactions on geoscience and remote sensing, 43(4): 898-910.

PERIN G, CIMETTA E, MONETTI F, et al., 2016. Novel micro-photobioreactor design and monitoring method for assessing microalgae response to light intensity[J]. Algal research(19): 69-76.

PIARULLI S, SCIUTTO G, OLIVERI P, et al., 2020. Rapid and direct detection of small microplastics in aquatic samples by a new near infrared hyperspectral imaging (NIR - HSI) method[J]. Chemosphere, 260: 127655.

PIETRZYKOWSKA M, SUORSA M, SEMCHONOK D A, et al., 2014. The light-harvesting chlorophyll a/b binding proteins Lhcb1 and Lhcb2 play complementary roles during state transitions in *Arabidopsis*[J]. The plant cell, 26(9): 3646-3660.

PINNOLA A, CAZZANIGA S, ALBORESI A, et al., 2015. Light - harvesting complex stress - related proteins catalyze excess energy dissipation in both photosystems of *Physcomitrella patens*[J]. The plant cell, 27(11): 3213-3227.

PINNOLA A, DALL'OSTO L, GEROTTO C, et al., 2013. Zeaxanthin binds to light-harvesting complex stress-related protein to enhance nonphotochemical quenching in *Physcomitrella patens*[J]. The plant cell, 25(9): 3519-3534.

QI M, LIU Y, LI T, 2013. Nano-TiO_2 improve the photosynthesis of tomato leaves under mild heat stress[J]. Biological trace element research, 156(1-3): 323-328.

SABOORI A, GHASSEMIAN H, 2020. Robust transfer joint matching distributions in semi-supervised domain adaptation for hyperspectral images classification[J]. International journal of remote sensing, 41(23): 9283-9307.

SHAO N, BOCK D R, 2013. A mediator of minglet oxygen responses in *Chlamydomonas reinhardtii* and *Arabidopsis* identified by a luciferase-based genetic screen in algal cells[J]. The plant cell online, 25(10): 4209-4226.

SUKHOV V, SUROVA L, SHERSTNEVA O, et al., 2014. Influence of variation potential on resistance of the photosynthetic machinery to heating in pea[J]. Physiologia plantarum, 152(4): 773-783.

THALMANN M, PAZMINO D, SEUNG D, et al., 2016. Regulation of leaf starch degradation by abscisic acid is important for osmotic stress tolerance in plants[J]. The plant cell, 28(8): 1860-1878.

VOJTAP, et al., 2016. Whole transcriptome analysis of transgenic barley with altered cytokinin homeostasis and increased tolerance to drought stress[J]. New biotechnology, 33(5), PartB, 676-691.

WANG J H, LI S C, SUN M, et al., 2013. Differences in the stimulation of cyclic electron flow in two tropical ferns under water stress are related to leaf anatomy[J]. Physiologia plantarum, 147(9999): 283-295.

WANNATHONG T, WATERHOUSE J C, YOUNG R E B, et al., 2016. New tools for chloroplast genetic engineering allow the synthesis of human growth hormone in the green alga *Chlamydomonas reinhardtii*[J]. Applied microbiology and biotechnology, 100(12): 5467-5477.

WEI L, LI X, YI J, et al., 2013. A simple approach for the efficient production of hydrogen from taihu lake *Microcystis* spp. blooms[J]. Bioresource technology, 139: 136-140.

XU D, WANG Y, FAN X, et al., 2014. Long-term experiment on physiological responses to synergetic effects of ocean acidification and photoperiod in the antarctic sea ice algae *Chlamydomonas* sp. ICE-L[J]. Environmental science & technology, 48(14): 7738-7746.

YUAN X, GUO P, QI X, et al., 2013. Safety of herbicide Sigma Broad on *Radix Isatidis* (*Isatis indigotica* Fort.) seedlings and their photosynthetic physiological responses[J]. Pesticide biochemistry & physiology, 106(1-2): 45-50.

ZHANG J, GAO F, ZHAO J, et al., 2014. NdhP is an exclusive subunit of large complex of NADPH dehydrogenase essential to stabilize the complex in *Synechocystis* sp. strain PCC 6803[J]. Journal of biological chemistry, 289(27): 18770-18781.

ZHANG X, YE N, MOU S, et al., 2013. Occurrence of the PsbS and LhcSR products in the green alga *Ulva linza* and their correlation with excitation pressure[J]. Plant physiology & biochemistry Ppb, 70: 336-341.

ZHAO J, GAO F, ZHANG J, et al., 2014. NdhO, a subunit of NADPH dehydrogenase, destabilizes medium size complex of the enzyme in Synechocystis sp. Strain PCC 6803[J]. Journal of biological chemistry, 289(39): 26669-26676.

3 植物组织（营养）品质及理化性质分析仪器与实验

植物组织（营养）品质及理化性质分析主要包括果蔬质构参数、内部营养成分、酶活性分析及植物和生长环境（土壤、水、肥料、农药）中的大量元素、微量元素、重金属的检测等。应用现代科学技术对农产品组织（营养）品质及理化性质的研究，可为减少农药、化肥投入，缓解土壤、大气、水体环境的污染，为农业生产中物质的高效良性利用提供重要的科学依据，使农业生产达到最大的经济效益、社会效益和生态效益。

本章较为系统地对目前通用的几类植物品质及理化性质分析相关仪器的基本原理、结构组成、仪器操作方法、注意事项及应用等进行了详细阐述。

3.1 植物组织理化性质分析仪器

3.1.1 连续流动分析仪

连续流动化学分析技术的设计理念是1957年提出的。连续流动分析仪（continuous flow analysis，CFA）能快速分析多个检测项目（全氮、铵态氮、硝态氮、亚硝态氮、总磷、磷酸盐、硅酸盐、硼、硫化物、氯离子、钾等），样品和试剂消耗量少（手工法的1/10），适用范围广。

3.1.1.1 基本原理

流动分析技术的基本原理是通过蠕动泵采用连续流动的方法将样品和试剂定量地吸入特定的分析模块中，经过混合、稀释、加热等反应形成有色化合物，通过检测器比色，最后由计算机数据处理系统自动计算得出结果。流动分析仪目前有两种类型，主要根据设计的原理来区分，通常把需要加气泡的叫作气泡隔断式连续流动分析仪，而把不需要加气泡的叫作流动注射分析仪。

流动注射技术（FIA）没有空气气泡，利用扩散将样品和试剂混合，但对于反应过程较为复杂或要求反应时间较长的化学参数测量而言具有致命的弱点，在准确度、稳定性、重复性上与隔断流动技术有很大的距离。

隔断流动技术（SFA）是一种微量、快速、灵敏、准确、平稳和操作简单的自动分析方法，特别适用于大批量常规样品的分析，可实现多组分的同时测定。

3.1.1.2 结构组成

连续流动分析仪主要由自动进样器、触摸式液晶显示屏、蠕动泵、检测系统、分析模块和数据系统组成。

附件包括 M410 型火焰光度计和 DS2520 型消化炉。火焰光度计用于全钾的测定,消化炉采用井式电加热方式,使样品在井式电加热炉内加热取得较佳热效应,提高消煮速度。

3.1.1.3 仪器操作方法

下文以 Systea Flowsys 连续流动化学分析仪(图 3-1)为例,介绍仪器操作方法。

图 3-1　Systea Flowsys 连续流动化学分析仪

①开启所有仪器部件及配套设施:电源→"Flowdata"→取样器→分析通道(根据流路图连接相应通道,整理泵管并合紧泵盖)→计算机。

②双击桌面图标"SLYZER.EXE",等待分析通道与 PC 软件连接,泵入清洗液,放入合适滤光片。

③待基线稳定,调节灯值,再次等基线稳定为一直线,调节基线至 5%。

④将所有的试剂管放入各自的试剂中。检查所有的试剂管泵液是否正常,并检查 OD 读数,待基线稳定,记录其在泵试剂时的值,再次调节基线至 5%。

⑤调节增益　将标准曲线液的最高浓度标准液置于取样器位置 1,输入进样时间(sanmple time)、冲洗时间(wash time),进行手动取样,等待峰的出现并趋于稳定时记录最大 OD 值,点回车键,等待数值回落至基线,若基线值高于 5%,则重新调整基线。

⑥样品预测试　采用手动取样随机测定一两个待测样品,样品放在哪个位置,就在"sample position"中输入对应序列号,观察样品出峰是否正常,如果样品超标,记录 OD 值,将消煮液稀释后再测。

⑦编辑样品盘　将消煮过滤好的样品按以下顺序摆放(从 1 号位开始):标准曲线(浓度从高到低)→"wash"(超纯水)→"sample"(样品)。每个样品管装 10mL 左右。开始编辑样品盘:标准曲线(仪器默认从 1 号位开始,标线有几个点就点到几),点"wash",点"sample"输入样品名称、样品个数。

每隔 10 个样粘贴一个"wash",样品盘编辑完成。

若基线不在 5%,调节基线,待基线稳定,修改第一个出峰时间为 0。

点"operation"→"analysis"点击"worklist"再次确认样品摆放与样品盘序号是否一致,点"Start"启动分析。

⑧分析结束后,仪器自动保存数据,文件名默认按时间保存。用去离子水冲洗管路至

少30min。

⑨关闭所有仪器部件及配套设施　取样器(关闭泵并拧开泵螺丝)→分析通道(打开泵盖并松开泵管)→"Flowdata"→计算机→电源。

⑩导出数据。

3.1.1.4　注意事项

①运行检测的前提是所有因素(基线、温度、消解、蒸馏等)均处于方法规定的状态。

②运行过程中切勿移动流通池,以免偏移检测器的光路影响检测。

③检查试剂及水的供应是否充足(根据每小时检测样品数、需检测样品数及各种试剂对应泵管的流速进行判断)。

④检测过程中泵速必须为正常速度(切勿使用快速),使用快速泵可能会导致错误的实验结果。

⑤当泵管内存在强酸强碱或有机试剂时,切勿使用快速泵,泵入过强酸强碱的泵管清洗时应以正常的泵速用大量的水进行润洗。

⑥每次更换泵管(包括进样管),将方法设定中的"化学延迟时间(first peak lag time)"重新设置为0。

⑦每次更换标准液后,建议用最高浓度的标准液再次进行增益的调整。

⑧运行一段时间后,应参照新管对旧泵管进行检查(泵管的弹性、长度及磨损情况),如有必要,则一一对应进行更换。

⑨每次运行结束后,建议将泵管从卡位上松开,以延长泵管使用寿命。并对管路进行清洗,清洗时间=出峰时间+15min。

⑩仪器运行一段时间后,根据管路及流通池的污染程度,建议对泵管进行特殊清洗,即根据每根泵管泵进试剂的不同,用盐酸(0.5~1mol/L)或氢氧化钠溶液(0.5~1mol/L)进行清洗(在泵入酸、碱时,不建议使用快速泵)。对于易长菌的泵管,建议使用1∶10的次氯酸盐进行清洗,防止管路长菌;进行特殊清洗后的管路,再用大量的超纯水(加润滑剂)进行清洗(清洗时需将加热器关闭)。

3.1.2　原子吸收光谱仪

原子吸收光谱法(atomic absorption spectroscopy,AAS),又称原子分光光度法,因其具有灵敏、准确、简便等特点,现已广泛应用于冶金、地质、采矿、石油、轻工、农业、医药、卫生、食品及环境监测等方面的常量及微量元素分析。

3.1.2.1　基本原理

原子吸收是指呈气态的原子对由同类原子辐射出的特征谱线所具有的吸收现象。当辐射投射到原子蒸气上时,如果辐射波长相应的能量等于原子由基态跃迁到激发态所需要的能量时,则会引起原子对辐射的吸收,产生吸收光谱。基态原子吸收了能量,最外层的电子产生跃迁,从低能态跃迁到激发态。

原子吸收光谱根据朗伯-比尔定律来确定样品中化合物的含量。已知所需样品元素的吸收光谱和摩尔吸光度,以及每种元素都将优先吸收特定波长的光,因为每种元素需要消耗一定的能量使其从基态变成激发态。检测过程中，基态原子吸收特征辐射，通过测定基态原子对特征辐射的吸收程度，从而测量待测元素含量。

3.1.2.2 结构组成

原子吸收光谱仪由光源、原子化系统、分光系统和检测系统组成。

作为光源，要求发射的待测元素的锐线光谱有足够的强度、背景小、稳定性好。一般采用空心阴极灯和无极放电灯。

原子化器可分为预混合型火焰原子化器、石墨炉原子化器、石英炉原子化器、阴极溅射原子化器。

分光系统由凹面反射镜、狭缝和色散元件组成。色散元件为棱镜或衍射光栅。

检测系统由检测器（光电倍增管）、放大器、对数转换器和计算机组成。

3.1.2.3 仪器操作方法

下文以 Hitachi ZA3000 原子吸收光谱仪（图 3-2）为例，介绍仪器操作方法。

（1）火焰法操作部分

①检查水、气、电是否正常，安装测试元素的空心阴极灯。

②先打开计算机电源，5s 后再打开主机电源，并打开通风设备的电源。

③启动原子吸收程序，连接主机。

④编辑测定条件，包括测定模式、测定元素、主机条件、分析条件、标准曲线表、样品表、QC 条件等的设定。

⑤执行条件设定，点击"确定"按钮，进入监测模式。

⑥打开燃气，冷却水，火焰点火。

⑦开始测量 吸入 5min 超纯水，执行自动调零，按"Rearty"，开始测量按"Start"，依次测量标准样品后自动生成工作曲线（自己检查工作曲线符合分析要求继续，不符合分析要求按"Stop"后返回"Rearty"重新测量），依次测量未知样品结束后按"End"，仪器吸入 15min 超纯水清洗机器，结束测定。

⑧保存结果。

⑨关闭燃气、空气和冷却水，计算机退出 ZA3000 系统，关闭主机和计算机，关闭实验室水源及通风设备。

（2）石墨法操作部分

①检查水、气、电是否正常，安装测试元素的空心阴极灯。

②先打开主机电源，5s 后再打开计算机电源，并打开通风设备的电源。

③启动原子吸收程序，连接主机。

④编辑测定条件，包括测定模式、测定元素、主机条件、分析条件、标准曲线表、样品表等的设定。

⑤执行条件设定，点击"确定"按钮，进入监测模式。

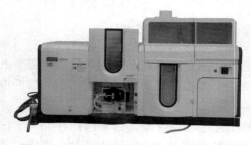

图 3-2 Hitachi ZA3000 原子吸收光谱仪

⑥放置样品,打开氩气和冷却水。清除石墨管内的残留,调整光学温度控制器,调整自动进样器,调零。

⑦开始测量 依次测量标准样品后自动生成工作曲线(自己检查工作曲线符合分析要求继续,不符合分析要求按"Stop"返回后重新测量),依次测量未知样品结束后按"End",结束测定。

⑧保存结果。

⑨关闭氩气和冷却水,用无水酒精棉球清洗石墨炉,计算机退出 ZA3000 系统,关闭主机和计算机,关闭实验室水源、通风设备和电源。

3.1.2.4 注意事项

(1)点火前的注意事项

①水充满排水容器前,不要点燃火焰。燃烧前请不要直接用手触摸火焰防护装置。

②不要用常规燃烧器点燃乙炔-氧化亚氮火焰。不要将手指放在灯架、点火器、火焰检测装置前。不要将任何异物放入灯座内。不要直接用手触摸雾化器毛细管末端清洗线。

(2)点火时的注意事项

①当按下点火按钮时,不要把脸和手放在燃烧器室内。不要从燃烧室顶上观看,不要将手放在燃烧室的上方。在点燃之前,确定关闭火焰防护罩(燃烧室门)。

②燃烧器红热时,请不要触摸。氘灯红热时,请不要触摸。

③火焰熄灭 20min 之内不要直接用手触摸火焰防护装置。不要在火焰上放任何物质。除了分析,不要将火焰挪为他用。

(3)原子吸收分光光度计的使用环境

保持实验室的卫生及实验室的环境,做到定期打扫实验室,保证镜子面清洁,以不影响光的透过降低能量。实验后要将试验用品收拾干净,使酸性物品远离仪器,并保持仪器室内湿度,以免酸气腐蚀光学器件及发霉。

(4)定期检查

检查废液管并及时倾倒废液。废液管积液到达雾化桶下面后会使测量极其不稳定,所以要随时检查废液管是否畅通,定时倾倒废液。

(5)火焰原子化器的保养和维护

每次样品测定工作结束后,在火焰点燃状态下,用去离子水喷雾 5~10min,清洗残留在雾化室中的样品溶液。然后停止清洗喷雾,等水分烘干后,关闭乙炔气。

(6)石墨炉原子化器的保养

石墨锥内部因测试样品的复杂程度不同会产生不同程度的残留物,通过洗耳球将可吹掉的杂质清除,使用酒精棉进行擦拭,将其清理干净,自然风干后加入石墨管空烧即可。

3.1.3 总有机碳分析仪

3.1.3.1 基本原理

总有机碳分析仪采用高温催化燃烧-非色散红外分析法(high temperature catalytic combustion-nondispersive infrared analysis，NDIR)。该方法是一种广泛使用的 TOC(total organic carbon)测量方法，其不仅可以有效地氧化易分解低分子量有机化合物，而且也能氧化难以分解的不溶性及大分子有机化合物。

总有机碳测定常用方法如下：

(1) 差减法(TC-IC 法)

样品分别注入到装有催化剂的 TC 燃烧管和 IC 管中。TC 燃烧管加热至 680℃，样品在燃烧管内燃烧，使有机化合物和无机碳酸盐中的碳氧化为二氧化碳；注入到 IC 管中的样品通入磷酸，无机碳分解为二氧化碳。两次生成的二氧化碳依次导入非色散红外(NDIR)二氧化碳气体检测器中，分别测出样品中总碳(TC)和无机碳(IC)的值，它们之间的差，即为样品的总有机碳的值(TOC)。

(2) 直接法

直接法，又称为 NPOC(not purgeable organic carbon)法。将样品用盐酸酸化后曝气，使各种碳酸盐、碳酸氢盐分解生成二氧化碳被驱除后，再注入高温燃烧管中，可直接测定总有机碳。但由于在曝气过程中会造成水样中可吹除有机物的损失(POC)，因此，其测定结果只是不可吹除的有机碳值(NPOC)。应当注意当样品中 IC 和 TC 的值接近或者 IC 大于 TC 时，不能用差减法，只能采用直接法进行测定。由于清洁地表水、地下水、天然水、公共用水和纯净水等中只有少量的可吹除有机物，因此，一般可以将 NPOC 含量当作 TOC 含量，采用该方法进行测定。

3.1.3.2 结构组成

总有机碳分析仪主要由液体自动进样器(ASI-L)、固体进样器(SSM-5000A)和 TN 单元(TNM-L)组成，附件包括样品舟、进样瓶等。

3.1.3.3 仪器操作方法

下文以 Shimadzu TOC-L 总有机碳分析仪(图 3-3)为例，介绍仪器操作方法。

(1) 标准溶液的制备及保存

①TC 标准溶液的制备

a. 将邻苯二甲酸氢钾(分析纯)置于 105~120℃环境下经过 1h 左右干燥后，精确称量 2.125g。

b. 将其放入 1L 容量瓶中，用零水溶解。添加零水到 1L 刻度处，然后把溶液混合均匀。该溶液碳浓度为 1000mg/L。

c. 零水稀释后的标准储备溶液可以制备有相应浓度要求的标准溶液(TC 标液不一定用邻苯二甲酸氢钾，可视情况使用其他物质，如蔗糖或葡萄糖)。

②IC 标准溶液的制备

a. 准确称量碳酸氢钠 3.497g 和碳酸钠 4.412g。

b. 将称量好的以上物质放入到 1L

图 3-3 Shimadzu TOC-L 总有机碳分析仪

容量瓶中。添加零水到 1L 刻度处，将溶液混合均匀。此溶液浓度为 1000mg/L（1000 个 C 单位）。之后步骤和 TC 标准溶液相同，根据需要进行梯度稀释。

③TN 标准溶液的制备

a. 精确称量 7.219g 在 105~110℃下经过 3h 干燥处理并且在干燥器中冷却过的硝酸钾（分析纯）。

b. 将称量好的物质放入 1L 容量瓶中。添加零水到 1L 刻度处，将溶液混合均匀。此处，1000mg/L 的氮浓度可表示成 1000mgN/L。

④TC/TN 混合标准溶液的制备步骤　如果要同时进行 TC（或 NPOC）和 TN 的分析，则需要制备一份 TC/TN 混合标准溶液。以 100mg/L TC/100mg/L TN 混合标准溶液的制备为例说明。

a. 按照上述方法制备 1L 1000mg/L TC 标准溶液。

b. 按照上述方法制备 1L 1000mg/L TN 标准溶液。

c. 取制备好的两种标准溶液各 100mL，转移到 1L 容量瓶中。

d. 添加 50mL 1mol/L 盐酸到容量瓶中。

e. 添加零水至 1L 刻度处，把溶液混合均匀（稀释后的盐酸浓度在 0.5mol/L 左右）。

标准溶液的保存：标准溶液的浓度容易发生变化，尤其是低浓度标准溶液，即使较短时间也会发生变化。高浓度标准储备溶液应保存在密封容器中，放在阴凉处。用玻璃瓶保存，每次使用前再稀释储备液。1000mgC/L 标准溶液冷藏密封保存，期限为 2 个月。稀释后如 100mgC/L 标准溶液保存期限仅为 1 周。

(2) 冲洗水的准备

准备并补充进样器与主机左侧的冲洗水（装入的冲洗水量一定要超过冲洗桶上 2L 刻度线位置）。如图 3-4 所示插入冲洗管。将岛津提供的环形管箍从冲洗管末端滑到瓶盖处，此时约有 200mm 长的冲洗管伸入到冲洗桶中。确保冲洗管末端刚好伸入到瓶底之上的位置。

(3) 液体样品测定操作流程

样品瓶选择：有 9mL 和 40mL 两种规格液体进样样品瓶可以选择。多数情况下样品瓶无需封口就可以进行分析（若样品中易吸收大气中 CO_2 或 TOC 成分易挥发则需要加盖）。

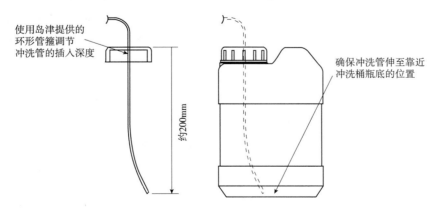

图 3-4　冲洗管插入冲洗桶位置示意图

液体进样仪器操作步骤如下：

①开机前检查　检查冲洗桶、加湿器水位，更换稀释水，检查盐酸和磷酸含量，简称"三水两酸"。确认燃烧管正常（确认废液管插入"Y"型接口）。

清空废液桶且实验中要及时清理废液桶，确保与仪器右侧废液排放口相连的排放管不要接触废液液面（减少负压，以防渗液）。

②总载气压力和流量的设定　打开氧气瓶总开关，调节输出压力表指针在300kPa。启动ASI-L液体自动进样器。

打开TOC-L主机右上部的主电源开关。打开主机左前方电源开关（电源开关亮绿灯，仪器启动，仪器启动后即可连接PC）。

③打开软件，创建样品表　启动Windows开始菜单中的"TOC-Control L"软件。

打开"样品表编辑器"，点击样品表选项卡内的"新建"，选择使用的硬件（TOC-L 40mL），然后选择表类型的"标准"。新的样品表创建完毕，并在样品编辑器中打开。

④标准曲线的设定　点击文件浏览器"标准曲线"选项卡内的"新建"。屏幕上出现"标准曲线向导硬件信息"页面。选择"硬件"，然后点击"下一步"。

在"标准曲线向导标准曲线类型"页面选择"常规"；在"标准曲线向导分析信息"页面选择"分析类型"，并把"零点位移"一项选中。

在"文件名"中输入标准曲线文件的名称。在"标准曲线向导标准曲线测量参数"页面选择"单位"，然后点击"下一步"。

屏幕上出现"标准曲线向导标准点列表"页面，点击"添加"。

屏幕上出现"编辑标准点参数"窗口。在"标准点浓度"的空格中输入标准点浓度，然后点击"确定"。

重复添加标准点步骤，完成所有标准点的设定工作，然后点击"下一步"。

屏幕上出现"标准曲线向导其他设置"页面。点击"完成"，完成标准曲线的设置。

⑤编辑样品表，输入样品瓶号　选择"插入多个样品"，将用相同分析条件（标准曲线相同或方法相同）的多个样品插入到表中（分析样品）。

运行已创建标准曲线。将文件浏览器"标准曲线"选项卡内的标准曲线文件拖放到表中。

在"样品瓶设置"窗口选择样品瓶放置的真实位置。在样品瓶列的某个单元格内输入编号，然后点击单元格右下部分，向下拖动后，就可以一次性输入一系列样品瓶编号。

⑥联机，样品分析　打开要使用的样品表，点击"联机"。仪器的准备完毕状态显示在工具栏右端。电炉加热和基线稳定需要30~40min。

打开要使用的样品表，点击"开始"。分析步骤开始执行。出现峰后，打开"样品窗口"，在此窗口中检查每一个分析的样品的出峰情况。

⑦结果输出　点击"Sample Report-All"可以把分析结果报告打印出来。或通过点击"文件—ASCⅡ输出—&Normal（Meas Data Only）"，以文本格式输出样品表中的内容。输出的文件可以用TXT或Microsoft Excel打开。

⑧结束分析　在软件上选择"关机"后，关闭氧气瓶总阀，将压力值调至0。等待30min后，关闭TOC-L主机右上方电源。最后关闭ASI-L自动进样器开关。

(4) 固体样品测定操作流程

① 样品前处理　应用于泥土、植物组织等样品。干燥、研磨样品后，使用网眼大小合适的筛子进行初步筛选。重复研磨未穿过筛子的样品块，使用圆锥四分法或格槽分样器进一步减小样品颗粒，直至获得可以通过0.25mm筛子的最终样品。

碱性、大颗粒，IC含量大于TOC含量的样品需酸化预处理以清除IC后，才能进行测量。

② 开机前检查项、总载气压力和流量的设定同液体进样过程。

③ 开启仪器　打开TOC-L主机右上部的主电源。开启主机左前方电源。打开SSM-5000A的电源开关。注意：打开SSM-5000A的电源开关之前，确保样品舟推杆旋钮位于"SAMPLE CHANGE"位置。

④ 工作气压和流量设定　打开SSM-5000A右前方的流量控制器，使用载气压力调节旋钮将载气压力设置为200kPa。使用载气流量调节旋钮将载气流量设置为500mL/min。

⑤ 打开软件，创建样品表　启动Windows开始菜单中的"TOC-Control L"软件。点击"样品表编辑器"按钮，选择硬件"SSM-5000A"，然后选择"表类型"的"标准"。点击"确定"，新的样品表创建完毕，并在样品编辑器中打开。

⑥ 编辑样品表　选择"插入多个样品"，将用相同分析条件（标曲相同或方法相同）的多个样品插入到表中（分析样品）。

⑦ 联机，分析样品　打开要使用的样品表，点击联机键。仪器的准备完毕状态显示在工具栏右端。电炉加热和基线稳定需要30~40min。

打开要使用的样品表，点击"开始"。分析步骤开始执行，显示"输入样品量"对话框。

TC测量：称取约50mg待测样品加入样品舟，在"输入样品量"对话框中输入精确的样品质量。打开TC样品口盖，用小镊子夹取样品舟放到传送板上，拧紧样品盖，等待1.5~2min，然后单击"输入样品量"对话框"开始"键，以避免产生空气CO_2峰。根据"SSM测量"窗口提示，再将样品舟从"准备位置"推至"测量位置"。

IC测量：称取约50mg待测样品加入样品舟，在"输入样品量"对话框中输入精确的样品质量。打开IC样品口盖，用小镊子夹取样品舟放到传送板上，拧紧样品盖，等待1.5~2min后，手动加入磷酸，然后单击"开始"，再将样品舟推入测量位置。

在"样品窗口"中监控每一个分析样品的出峰情况。

测量完成后，"SSM测量"窗口再次显示，根据提示，将样品舟移至"冷却"或"准备位置"。

⑧ 结束分析　在软件上选择"关机"后，关闭氧气瓶总阀，将压力值调至0。等待30min，关闭TOC-L主机右上方电源。等待SSM-5000A TC测量电炉温度降至400℃以下，关闭SSM-5000A右后方总电源。

3.1.3.4　注意事项

① 开机前务必检查"三水两酸"（确认冲洗桶、加湿器水位，更换稀释水，检查盐酸和磷酸），确认燃烧管正常（确认废液管插入"Y"型接口）。

② 清空废液桶且实验中及时清理废液桶，确保与仪器右侧废液排放口相连的排放管不

要接触废液液面(减少负压,防止渗液)。

③开机前先打开氧气总阀,检查载气气压和气流是否调到指定位置。为了防止高灵敏度的催化剂上浮至燃烧管顶部,在加热电炉时请确保一直有载气通过。

④联机后等待30~40min,使电炉温度和基线稳定后才可开始测定样品。

⑤仪器使用完毕后,先在TOC-Control L软件上选择"关机",将先关闭电炉,30min后再关闭TOC-L主机右上方总电源,这种关机过程可以减少不必要的损耗,延长进样口部件的使用寿命。

⑥使用SSM-5000A测量固体时由于TC和IC样品口的气流路是串通的,因此,分析期间应确保两个端口均完全封闭。

⑦使用SSM-5000A进行固体样品TC及IC测量时,为避免更换样品舟时带入进样口的空气在测量时产生空气CO_2峰,关紧样品盖后等待1.5~2min,使载气流动吹走带入进样器中空气后,再单击"开始"进行测量。IC测量时,等待1.5~2min后,注入磷酸,然后单击"开始",并立即将样品插入炉中进行测量。

⑧关闭软件后,依次关闭氧气、主机等后,需等待SSM-5000A燃烧炉温度降至400℃左右后,才能关闭固体进样器总电源。

⑨样品舟使用完后,先用清水清洗干净,再放在2mol/L硫酸或盐酸中浸泡约10min,使用自来水清洗后,再使用蒸馏水冲洗,烘干备用。

⑩自动进样器"先开后关"(先于TOC-L主机打开之前打开,在TOC-L主机关闭后方能关闭)。

⑪测量液体时,为了用纯净水彻底清洗进样针和喷射针,每次测量正式样品前先用同样的分析参数进3~5次纯净水。

3.1.4 液相色谱-原子荧光光度计

3.1.4.1 基本原理

原子荧光光度计(atomic fluorescence spectrometer,AFS)是利用硼氢化钾或硼氢化钠作为还原剂,将样品溶液中的待分析元素还原为挥发性共价气态氢化物(或原子蒸气),然后借助载气将其导入原子化器,在氩-氢火焰中原子化而形成基态原子。基态原子吸收光源的能量而变成激发态,激发态原子在去活化过程中将吸收的能量以荧光的形式释放出来,此荧光信号的强弱与样品中待测元素的含量呈线性关系,通过测量荧光强度就可以确定样品中被测元素的含量。

3.1.4.2 结构组成

原子荧光光度计由光源、蒸气发生系统(断续流动和自动进样)、原子化系统、检测系统四部分组成。

原子荧光光度计可以从方法上分为氢化法原子荧光光度计和火焰法原子荧光光度计两种。氢化法原子荧光光度计是指通过氢化物发生(或蒸气发生)的方式将含被测元素的气态组分传输至原子化器,并在氩氢火焰中原子化后进行检测的方法,简称为氢化法。火焰法原子荧光光度计是指利用雾化器将含被测元素的样品溶液雾化形成气溶胶后,与燃气混合传输至原子化器并在燃气火焰中原子化后进行检测的方法，简称为火焰法。

原子荧光光度计可以从进样方式上分为传统进样方式与连续流动进样方式。传统进样方式是指被测样品溶液进入样品管后，通过载流（空白）将样品带入氢化物发生器的方式，也称为断续进样，包括间歇进样和顺序注射。此种进样方式是由手动进样方式改进而成的自动进样方式，其信号采集是从反应开始到反应结束，对峰面积进行积分。连续流动进样方式是指被测样品溶液直接进入氢化物发生器的方式，其信号采集是测试信号达到最大值时连续采集峰高的平均值。

3.1.4.3 仪器操作方法

下文以 AFS-8530 液相色谱-原子荧光光度计（图 3-5）为例，介绍仪器操作方法。

（1）总量部分操作规程

①依次打开稳压器电源、计算机、主机电源、自动进样器电源。

②双击 AFS 系列操作软件，打开操作软件，在软件界面左下部选择元素灯工作方式，选择好后，点击回车确认，点击点火按钮，仪器预热 0.5h 以上。

③将泵卡子卡紧，将载流倒入载流槽中，将标准溶液和样品溶液放入样品盘中。

图 3-5　AFS-8530 液相色谱-原子荧光光度计

注意：当用标准系列多点测定时需要在样品盘 1~9 的位置上放置标准系列；当用单点配置标准曲线测定时需要在样品盘 BLK1 或 BLK2 的位置上放置标准系列最大点浓度的溶液（以具体放置为准）。

④将进样针与进样管路连接好，将还原剂管放入还原剂瓶中，将补充载流管放入载流瓶中。

⑤打开氩气，调节输出压力为 0.3MPa 左右。

⑥开始测试　测试分标准系列测定和单点配置标准曲线测定两种方式。

标准系列测定：

a. 在方法条件设置界面设定测试条件。

b. 在样品测量界面中的标准测量页面下输入标准系列浓度。

c. 在样品测量界面中的未知样品测量页面下，点击页面左侧样品设置页面输入样品信息。

d. 点击全自动按钮进行本次测量。

单点配置标准曲线测定：

a. 在方法条件设置界面设定测试条件。

b. 点击测量条件设置，在测量条件页面下，选择是否自动配置标准曲线为 YES；在自动进样器设置页面下，将自动配标位置更改为 BLK1 或 BLK2（以具体放置为准），点击页面左侧保存设置后，关闭该页面。

c. 在样品测量界面中的标准测量页面下输入需要配置的标准系列浓度。

d. 在样品测量界面中的未知样品测量页面下,点击页面左侧样品设置输入样品信息。
　　e. 点击全自动进行本次测量。
　⑦测定完成后,点击"清洗",清洗三遍后,点击"停止"。
　⑧将进样针与进样管路断开,将还原剂管从还原剂瓶中取出,点击"清洗",直至无废液排出,点击"停止"。
　⑨点击"熄火",松开泵卡子,关闭氩气。
　⑩关闭软件,待气表归零后关闭主机电源和自动进样器电源,关闭计算机。
　⑪清理样品管和仪器台后,用仪器罩将仪器遮盖。
　(2)形态部分操作规程
　①打开原子荧光及液相模块电源,检查主机上空心阴极灯是否点亮,检查光斑位置。
　②自检结束后,双击打开"液相色谱原子荧光联用仪"软件,点击"联机",进入软件。
　③在软件上点击"点火关"按钮,指示图标变亮,则表示点火启动;从荧光主机上检查炉丝是否变红(如果未变红,可能是炉丝烧断,需要更换)。
　④将载流管、还原剂管、氧化剂管放入水中(如果需要使用紫外消解模式,将紫外消解阀转动到 UV 状态,将氧化剂管路放入水中;如果不使用紫外消解模式,将紫外消解阀转动到非 UV 状态,将氧化剂管路放入空气),打开气源,分压调节至 0.3MPa,在软件上点击"气体关",打开气源,调节液相模块右侧的气体流量计,使浮子显示位置在 500 处。
　⑤将液相泵输液管放入纯水中,点击"泵 A 排气",根据软件提示,打开 A 泵排空阀,点击"确定",排空 A 泵管路中的气泡及溶液,至少 2min 后停止排空,关闭排空阀。
　⑥在软件上依次点击"蠕动泵关""液相泵关""柱温关",使蠕动泵、液相泵、柱温开始运行,在液相模块面板上设定柱温箱温度(建议设定为 35℃即可);如果需要使用紫外消解模式,需要打开紫外灯。
　⑦运行 30min,停止液相泵,将流动相管路放入需要的流动相中,再次排空后继续运行;将载流管、还原剂管放入对应的试剂中,平衡系统。
　⑧在软件左列"分析方法"中,新建分析方法,或调入原有分析方法,可以适当修改"原子荧光光谱仪"和"液相高压输液泵"中的参数,每次修改完成后点击"应用",最后点击"保存"。
　⑨点击"数据采集",观察基线,待基线稳定后,使用标液进样,观察出峰,待出峰结束后,记录时间。点击"停止采集",停止单针运行。
　⑩在软件左列"样品测量"中,点击"批量添加行",分别选择需要的分析方法和数据保存路径,先设置标样测试信息(样品属性中选择标样);完成后重复操作,设置样品信息(样品属性中选择未知样);分析时间必须大于⑨中的最后一个峰的停止时间。
　⑪设置完成后,点击软件上行中"数据采集",根据测试序列中的顺序,依次进样;每次运行过程中,待峰全部检查完,即可进下一针;整个序列运行结束,软件自动停止采集。
　⑫在软件左列"数据分析"中,先调入需要建立校正曲线的数据文件,检查每个数据中的积分参数、结果数据是否正常,可以通过"删除峰""添加峰"等工具优化图谱,完成后保存结果。

⑬在软件左列"标准曲线"中，点击"添加数据文件"，调用需要建立标准曲线的数据文件，在结果表中，查看出峰时间偏差；如果时间偏差较大，点击"校正配置"，增大"最大峰偏移"时间，确保校正曲线中校正峰的统一；在"组分名称"中对相应峰进行命名；点击"生成校准曲线"，在数据表中分别点击不同组分，在右侧自动显示对应的校正曲线及方程；点击"保存"，命名需要保存的校正文件。

⑭在软件左列"数据分析"中，调入需要分析的样品出数据，可以通过"删除峰""添加峰"等工具优化图谱；点击"校正文件"，选择需要的校正文件，软件自动计算结果。

若需要处理的样品数据较多，可同时调入，对每个数据结果根据实际积分进行优化；选择任一数据文件，调用校正文件；在当前文件名称栏右击，选择"将当前选择的校正文件应用到所有文件"，对打开的数据文件统一校正。

若个别样品的时间偏移较大而不能校正，修改⑬操作中"最大峰偏移"保存校正曲线，之后对所有结果进行重新校正。

⑮点击"分析报告设置"，选择报告中需要输出的信息；点击"分析报告"，打印报告；批量打印时，选中当前文件名称栏并右击，选择"批量设置"和"批量打印"。

⑯分析结束后，色谱柱分别用纯水冲洗 30min，用 10% 甲醇水溶液冲洗 30min；其他管路用纯水冲洗，最后用空气将管路中的液体排空即可。

3.1.4.4 注意事项

①更换元素灯时一定要关闭主机电源，要确保灯头插针和灯座插孔完全吻合。

②要定期在泵管及采样臂滑轨、臂升降等部位添加硅油。

③长期不使用时，需每周开机 1h。

④阴离子交换柱不耐受有机溶剂，使用过程中有机溶剂的比例不要大于 20%，建议保存柱子时使用 10% 的甲醇水溶液即可。

⑤C_{18} 柱不要使用纯水冲洗色谱柱。

⑥所有的溶剂在使用前都要经过 0.45μm 的滤膜过滤；每更换一次溶剂，都建议用 5mL/min 的流速排空 2min。

⑦对于不使用的管路，不要放置于水溶液或者盐溶液中，用甲醇进行排空后放置；对于存放水和盐溶液的溶剂瓶，每周用毛刷清洗，用甲醇润洗，使用前再用纯水清洗后方可直接使用。

3.1.5 多功能酶标仪

酶标仪，又称为微孔板检测系统(multiple-label multifunctional microplate reader)，自 20 世纪 50 年代设计出来后迅速应用到各个行业中，尤其在生物医药检测方面。其原理和分光光度计相似，不仅能够检测抗原抗体含量，也能检测微生物和其他物质。其优点是：能够快速、高精密度、强特异性地对目标样品进行检测；测定方法可靠，测定结果准确，且操作方法简便；样品微量，一次检测多个样品，能大大减少工作量，节约时间，适用于大批量样品测定。

3.1.5.1 基本原理

多功能酶标仪通常具有全波长光吸收、全波长荧光、全波长化学发光等检测功能。部分仪器还兼容了模块化升级功能，可升级至 Western Blot、细胞成像和带有注射器模式下的快速动力学检测等，如 SpectraMax i3x + MinMax 多功能酶标仪。

光吸收检测原理：每种物质有其特有的、固定的吸收光谱曲线，可根据吸收光谱上的某些特征波长处的吸光度的高低判别或测定该物质的含量，这就是分光光度定性和定量分析的基础。

荧光检测原理：许多有机化合物，特别是芳香族化合物，以及生化物质，如有机胺、维生素、激素、酶等，被一定强度和波长的光照射后，发射出较激发光波长要长的荧光。荧光强度与激发光强度和样品浓度呈正比。有些化合物虽然本身不产生荧光，但可以与发荧光物质反应后检测。

发光检测原理：某些生物或化学反应产生的能量转化为光能，酶标仪通过检测这些光能对样品进行定性定量分析。与荧光相比，发光不需要激发光，具有更低的背景，发光的灵敏度比荧光高 2~3 个数量级，按照反应原理不同，可分为化学放光和生物发光。

3.1.5.2 结构组成

酶标仪主要由光源系统、单色器系统、样品室、探测器和微处理器控制系统等组成。光源灯发出的光线经过滤光片或单色器后，成为一束单色光。该单色光束经过酶标板中的待测标本，被标本吸收一部分后，到达光电检测器。光电检测器将投照到上面的光信号的强弱转变成电信号的大小。此电信号经前置放大、对数放大、模数转换等处理后，送入微处理器进行数据处理和计算，最后再通过显示器和打印机输出测试结果。

3.1.5.3 仪器操作方法

下文以 SpectraMax i3x+ MinMax 多功能酶标仪（图 3-6）为例，介绍仪器操作方法。

（1）开机

打开位于仪器背面的主电源开关，仪器进行自检（约 3min），自检完成后触摸显示屏显示主界面并显示绿色竖杠。

①双击计算机桌面"SMP"软件图标，软件打开后，在"operations"菜单中点击"open/close"，弹出微孔板托架，将微孔板放入托架内，确定微孔板 A1 孔的位置位于仪器微孔板托架左上角（仪器内有标志）。

图 3-6 SpectraMax i3x + MinMax 多功能酶标仪

②检查仪器和计算机连接状态，如果连接不正常，可能是因为 USB 数据线未连接好，仪器未开机，或软件连接异常，需重新设置。设置具体操作步骤如下：单击"SpectraMax i3x"图标，软件会自动识别已连接的所有"Molecular Devices"酶标仪，相对应仪器型号（如 USB – SpectraMax i3x 或其他型号仪器 SpectraMax M5 等）会依次显示于"Available Instruments"的下拉菜单中，选择需要使用的仪器，点击"OK"键，即可建立连接。连接正常后，仪器显示绿色对勾。

（2）参数设置

①如果需要对仪器进行升温，在软件界面"Operations"菜单中点击"Temperature"，选择"ON"选项，输入所需温度，确定即可。升温过程微孔板托架必须弹回仪器内，否则仪器会报警。

②点击软件软件界面中的"Settings"，可设置检测模式（吸收光、荧光、化学发光及各种卡盒功能）、检测类型（终点法、动力学法、孔扫描、波长扫描）等。

（3）读数

参数设置完成后，把微孔板放入机器中，i3x 虽支持自由放置微孔板的方向，但为了便于数据显示与微孔板方向一致，建议将微孔板 A1 孔置于正对仪器左上角。然后点击"Read"，进行读数，如果需要终止读数过程，可以再次点击该按键终止检测过程。在进行动力学检测时，也可以点击"Append"以暂停读数，再次点击此按钮可继续读数。

（4）数据处理

数据收集完毕后，点击"Template Editor"可对收集数据进行分组（包括空白对照、标准品、样品等）。

此外，可以选择感兴趣的区域进行数据统计分析，通过鼠标拖拽方式在"Region of interest"下选择，最后每个孔中出现的结果为橘色方框内的实际情况。

最后的实验结果与数据分析结果，文档可以保存或另存为两种格式：一是 *.sda 格式，即数据格式，该文档含有包括参数设定、实验数据、结果分析等所有实验内容；二是 *.spr 格式，即模版格式，该文档含有参数设定、分析公式等实验设定内容，可以应用于多次重复实验而使用统一模版。

（5）关机

实验结束后关闭仪器并断开电源。关机顺序为：先关闭程序，再关闭计算机，最后关闭微孔板主机。

3.1.5.4 注意事项

①有良好的电源。

②保持避光和干净的室内环境，维持一定的湿度（以 30%～80%为宜）。

③维持室内比较恒定的温度，以 20～22℃为最适宜。

④适用 6～1536 孔板。96 孔微孔板内每孔可检测 100～300μL 溶液，最佳检测体积为 200μL。

⑤384 孔微孔板内每孔可检测 50～100μL 溶液，最佳检测体积为 80μL。

⑥检测后的微孔板不要长期置于仪器托盘中，检测完后即从仪器中取出，避免溶液蒸发腐蚀或损坏仪器内部光路系统。如果为有腐蚀性或挥发性溶液，需带盖检测。

⑦对于可见光吸收检测，使用全透明微孔板；紫外光吸收检测，使用紫外可透全透明微孔板；荧光强度和荧光偏振，使用黑色不透明板，需要检测底读的用黑色底透微孔板；化学发光和时间分辨荧光，使用白色不透明微孔板。

⑧在使用优质电源的情况下，保持仪器使用环境洁净、干燥；长期不使用的话，截断

电源后用防尘罩保护。

3.1.6 差示扫描量热仪

3.1.6.1 基本原理

差示扫描量热法(differential scanning calorimetry, DSC),是20世纪60年代出现的一种热分析方法。它是在差热分析(differential thermal analysis, DTA)的基础上发展起来的,是通过程序将温度控制在一定范围内,测定待测物和参照物之间的功率差和设定温度之间关系的一种技术。用于测定物质在加热或冷却过程中发生熔化、凝固、晶型转变、分解、化合、吸附、脱附等物理化学变化所产生的热效应。根据测量方法不同,分为两种类型:功率补偿型DSC和热流型DSC。

功率补偿型DSC的主要特点是试样和参比物分别具有独立的加热器和传感器,其结构如图3-7(a)所示。整个仪器由两个控制系统进行监护,其中一个系统控制温度,使试样和参比物在预定的速率下升温或降温;另一个系统用于补偿试样和参比物之间所产生的温差(这个温差是由试样的放热或吸热效应产生的),通过功率补偿使试样和参比物的温度保持相同,从补偿的功率直接求算热流率dH/dT。

热流型DSC是在程序温度(升温/降温/恒温及其组合)变化的过程中,通过热流传感器测量试样与参比物之间的热流差,以此表征所有与热效应有关的物理变化和化学变化。其主要特点是利用康铜盘把热量传输到试样和参比物,并且康铜盘还作为测量温度的热电偶结点的一部分,传输到试样和参比物的热流差通过试样和参比物平台下的热电偶进行监控[图3-7(b)]。

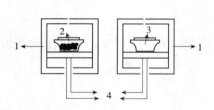 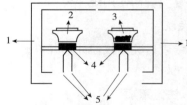

1.加热冷却装置 2.样品坩埚 3.空白坩埚 4.传感器　　1.加热冷却装置 2.空白坩埚 3.样品坩埚 4.热电偶 5.热传感器
　　　　　　　(a)　　　　　　　　　　　　　　　　　　　　(b)

图3-7 补偿型和热流型DSC工作原理示意图(李承花等,2015)
(a)功率补偿型DSC原理简易示意图　(b)热流型DSC原理简易示意图

TA Q2000差示扫描量热仪就是基于热流型DSC原理,测量输入到样品和参比物的热流差随温度(时间)产生的变化。该热流差能反映样品随温度或时间变化所发生的焓变:当样品吸收能量时,焓变为吸热;当样品释放能量时,焓变为放热。在DSC曲线中,对诸如熔融、结晶、固-固相转变和化学反应等的热效应呈峰形;对诸如玻璃化转变等的比热容变化,则呈台阶形(图3-8)。

DSC广泛应用于高分子聚合物材料的研发、性能检测与质量控制(如高聚物玻璃化转变温度、熔融温度、混合物和共聚物的组成、结晶度、反应动力学、反应热等);药物分析(如晶型稳定性、药品纯度检测等)及食品安全(如食品的干燥、谷物和淀粉的糊化、蛋

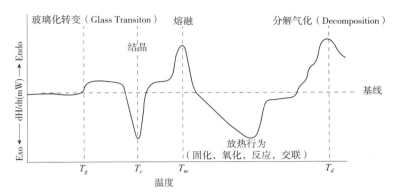

图 3-8　热力学曲线综合分析示意图

白质吸热变性、食用油及贵重食品的掺假鉴别、调味品的食用安全)等领域。固态、液态、黏稠样品都可测定，气体除外。

3.1.6.2　结构组成

DSC Q2000 测试系统由补气系统、制冷系统(RCS)、主机 TA(DSC Q2000)、计算机操作系统、专用封口机和十万分之一天平组成。

3.1.6.3　仪器操作方法

下文以 TA Q2000 差示扫描量热仪(图 3-9)为例，介绍仪器操作方法。

(1) 开机连接检查

开机前检查所有连接的气体管道，根据需要连接设置外部附件(净化气体、制冷附件等)。LNCS 用于常温以上快速制冷(如等温结晶等)，此时可将氮气作净化气。确保运行实验和校准系统采用相同的气体。依次打开各系统预热。

①打开氮气　打开氮气总阀门，调节输出气阀至压力为 0.06MPa。

②打开制冷　打开制冷机上方的按钮，使接通按钮达按下状态，此时灯亮。

③打开 TA 主机　打开主机背后的电源开关，仪器开始自检，等待约 2min，当 DSC 主机的显示屏上出现"TA"标志，打开主机完成。

④打开计算机。

(2) 打开软件及设计实验步骤

①双击打开 TA 控制软件图标，在打开的文件浏览器中点击"Control"中"Event"下的"On"。接着点击"Control"中的"Go To Standby Temp"，约 15min 后，开始实验或校正。

②选择坩埚和准备样锅　准备适当大小和重量的样品，按不同材料选择相应类型的坩埚，将样品均匀平铺皿底，加盖后在专用封口机上冲压成上机用样锅。

③编辑试验程序　首先点击"Summary"，选

图 3-9　TA Q2000 差示扫描量热仪

择"Standard"模式；Test 选择"Custom"；在"Sample Name"后输入待测样品名；在"Pan Type"选择待测样品盘类型；在 Sample 输入样品重量。点击"Date File Name"后的图标，输入数据保存路径，注意文件名不能是中文及特殊字符。

接着点击"Procedure"。Test 中选择"Custom"，点击"Editor"，会出现方法编辑器，点击右边的方法命令，命令将出现左边的程序栏中。编辑程序栏中的步骤，不用的步骤用红色叉删除。最后点击"OK"。

设置好测量程序。

(3) 加载样品、关闭炉盖

点击"Lid"，选择"Open"，样品炉炉盖自动打开，在炉子远端放置对照坩埚；近端放置测试样品。点击"Lid"，选择"Close"，盖好炉盖。此时差示扫描量热仪仪器上指示灯变为红色，可以开始实验。

(4) 开始实验

开始实验前再次检查确保已连接好 DSC 及控制器，且已通过仪器控制软件输入所有必要的信息。一旦开始实验，最好使用计算机的键盘进行操作。DSC 对运动非常敏感，当在仪器触摸屏上接触一个键引起振动时，它可能会拾取该信号。点击仪器控制软件上的绿色启动按钮，程序开始运行。

(5) 停止实验

当差示扫描量热仪仪器上指示灯变为绿色并闪烁，点击"Control"中"Event"下的"Off"。点击 Control 中的"Go To Standby Temp"。

待温度到 40℃ 时，点击"Control"中 Lid 下的"Open"，取出坩埚。点击"Control"中 Lid 下的"Close"，关闭炉子。

等待信号栏中"Flange Temperature"高于室温（房间实际温度）。点击"Control"中的"Shutdown Instrument"。

选择"Shutdown"，点击"Start"。

(6) 关闭仪器

关闭连接的各系统。

①待触摸屏提示可以关机后，关闭仪器背后的电源开关。
②关闭制冷机正面的电源开关。
③关闭氮气。
④关闭计算机。

(7) 校准 DSC 仪器

为获得最佳实验结果，无论何时更改了以下任一参数，都需要执行所有 DSC 校准。

第一次使用新炉子，更换了净化气体，更换了制冷设备或附件（FACS、LNCS、RCS 或快速制冷圆筒），基线超出漂移范围，热流选择更改（T4P、T4 等），压力（PDSC 实验中）更改。

①热焓（炉子）常数校准 该校准基于将标准金属（如铟）加热通过其熔化转变的运行，

将所计算的熔解热与理论值比较。炉子常数是这两个值之间的比率。理论上，标准样品应当在恒定温度处熔化。由于样品熔化并吸收了更多的热量，因此，样品与参比端热电偶之间的温度差异越来越大。

②温度校准　也是基于加热温度标准(如铟)通过其熔化转变的运行。通过比较该标准记录的熔化点的推断始点与已知熔化点，计算温度校准的差值。用于炉子常数校准的文件同样可以用于本校准。

此外，最多可以使用四个其他标准来校准温度。如果使用三个或更多个标准，则通过立方曲线逼近校正温度。

如果在宽广(>300℃)温度范围之上要求绝对温度测量，则多点温度校准比一点温度校准更为精确。

3.1.6.4　注意事项

(1)样品准备注意事项

①样品须用万分之一以上精密度的电子天平称重，质量一般要求<10mg，体积一般不超过坩埚容积的1/2。

②在准备样品时，必须考虑到可能的反应和样品的密度。样品和坩埚之间的良好接触是获得最佳实验结果的必要条件。

一般情况下，粉末状和片状样品可均匀地平铺于坩埚底部；块状和颗粒状样品，如橡胶或热塑型材料，先用解剖刀切成小薄片后铺于坩埚底部；薄膜状样品可用空心钻头钻取与坩埚底相吻合的圆片，同时为了增加样品与坩埚底部的接触，可将坩埚盖凸面向下并密封；纤维状样品可切成小段或者缠绕在小棒上后转移至坩埚内；对于液体状样品，可根据黏度的不同，使用细玻璃棒、注射器或者微量移液器将其滴入坩埚内。

③软件编程时考虑可能影响曲线或数据的因素，选择合适的变温速率以及动态吹扫气的速率。

(2)获得较好DSC图谱经验小结

①最好每半年对DSC仪器校正一次，保证基线的噪声在很小范围内，同时校正温度和灵敏度。

②样品质量适中，样品量大能提高灵敏度，但峰形较宽，峰值温度向高温偏移，相邻峰易叠加在一起，分离能力下降。样品量小可以减小样品内的温度梯度，测得特征温度不会漂移，相邻峰分离能力增强，但灵敏度有所降低。一般在灵敏度足够的情况下选择较小的样品量为佳。

③选择合适的升温速率，快速升温易产生反应滞后，样品内温度梯度增大，峰分离能力下降，基线漂移较大，但能提高灵敏度；慢速升温有利于相邻峰的分离，基线漂移较小，但灵敏度下降。在传感器灵敏度足够的情况下，一般以较慢的升温速率为佳。

④选择合适的吹扫气体和气流速率，根据实际需要选用惰性气体(氮气、氩气、氦气)和氧化性气体(氧气、空气)等，选择导热性较好的气体，有利于向反应体系提供更充分的热量，降低样品内部的温度梯度，反应温度不漂移。

⑤除了某些气固反应外，出于安全性考虑，坩埚均需加盖，若测试过程中有气体逸出

或溶剂挥发,应在封压坩埚前在盖上扎孔。加盖可改善坩埚内的温度分布,有效减少辐射效应,防止极轻的微细样品粉末的飞扬或随动态气氛飘散,并有效防止传感器收到污染(如样品的喷溅或泡沫的溢出)。

⑥对于高分子材料的熔融与玻璃化测试,在以相同的升温速率进行了第一次升温与冷却实验后,再以相同的升温速率进行第二次测试,往往有助于消除历史效应对曲线的干扰,如热/冷却历史、应力历史、形态历史等,更能反映样品的真实"面貌",并有助于具有相同热历史的不同样品间的比较。

3.2 植物组织品质分析仪器

3.2.1 质构仪

果实的质构是除色、香、味外的一种重要性质,是作物最重要的指标之一,但其很难定量控制和描述。质构仪(texture analyzer,TA)又称物性分析仪,是一种可以对食品或果蔬的品质做出客观评价的感官化测量仪器,能将产品的物性特点做出准确的数据化表述,具有客观性、易操作等优点,从而避免感官评价方法可能出现的主观性误差,广泛应用于食品及果蔬硬度(hardness)、脆性(fracturability)、黏附性(stringiness)、黏附力(adhesiveness)、弹性(springiness)、内聚性(cohesiveness)、咀嚼性(chewiness)、回复性(resilience)、胶黏性(gumminess)等物性参数的测定。

3.2.1.1 基本原理

FTC质构仪的实验方法包括全质构测试(texture profile analysis,TPA)、压缩实验、穿刺实验、挤出实验、剪切实验、弯曲实验和拉伸实验七种基本实验模式。

(1)全质构测试方法

全质构测试(TPA)又称二次咀嚼实验,是由Szczeniak等人于1963年确定的综合描述食品物性的质构分析法。TPA实验是目前在食品检测方面应用最为广泛的测试方法。测试时常选用圆柱或圆盘探头,一般会要求探头截面积大于被测样品的表面积。

通过TPA实验可以得到样品的多项物性指标,包括基本参数,即直接测试得到的质构指标,如硬度、脆性、黏附性、黏附力、黏附力做功、弹性等,以及二级指标内聚性、胶黏性、咀嚼性等。

(2)压缩实验

压缩测试是对样品整体进行挤压,在另外两个方向上不受约束。压缩实验时,探头常选用大直径的探头,如平底圆柱或圆盘,用于使固体或自支撑样品变形。如果要保持真正的压缩力,探头的表面积需大于样品的表面积。

通过压缩实验可以得到样品的多项物性指标,如硬度、脆性、黏附性、黏附力、黏附力做功、恢复性等。

(3)穿刺实验

挤压穿刺实验常选用小直径圆柱探头、球形探头或锥形探头。样品中产生的力取决于所用探头的几何形状。根据待测样品的形状和大小选择对应的探头。FTC 质构仪还包括一系列多针穿刺探头，如对于内部不均一的样品可选用多针探头。

穿刺实验主要应用于水果蔬菜类样品，如苹果、梨等表皮硬度、果肉硬度、成熟度或新鲜度的测定；番茄不同部位质地的差异；带馅料或夹层烘焙产品内部馅料或夹层的质地测定；夹心糖果表皮和馅料部分的质地比较等。

(4) 挤出实验

挤出测试在食品和其他行业中有许多应用，用于产品质地评估。该方法与半固体或黏性液体有关，其流变特性影响流体流动。挤出实验可分为正向挤压和反向挤压两类。正向挤压是指将测试样品放置在一个密闭容器中，然后通过底部的孔口或网格强制进行，对这种挤压的食物抗性进行测量，挤压过程中样品会从底部的孔口或栅格中流出，所选择的孔口或网格的大小取决于所测量的产品的特性；反向挤压通常是指被测量的产品放置在一个顶部敞开的容器中，一个直径小于圆柱体的活塞被压入样品中，其结果是，产品在活塞和圆筒所产生的空间之间流动，样品往往会从顶部溢出。

挤出实验常应用于酸奶、果酱、果胶等具有一定流变特性的产品中，用来分析此类产品的凝胶强度、破裂表皮力、黏附力、黏附性等质构特性。

(5) 剪切实验

剪切实验是一种适用于分析食品纹理的测试方法。该方法对产品进行切片或"剪切"，可模拟当食物被放入到嘴中前门牙的咬断作用。可用精密刀片和线材切割样品，根据刀片几何形状产生剪切、撕裂和压缩力的组合。根据样品选择不同的探头。FTC 剪切夹具包括与 USDA 一起开发的重型刀片、ISO 黄油剪切实验的高灵敏度线性切割以及各种单刀和多刀剪切探头。

剪切实验可应用于肉、火腿等肉制品的嫩度、韧性和新鲜度的测定；秸秆类蔬菜组织质地测定；面包、蛋糕等烘焙产品的表面硬度以及内部馅料、质地变化等。主要的物性指标有剪切力、硬度、做功(韧性)、黏附性等。

(6) 弯曲实验

弯曲实验通常用于对硬或脆的食物质地的分析。一些较软的产品有时也可使用这种方法进行测试，通常情况下，产品会受到压力，直至断裂，弯曲过程中的力量随位移变化被记录下来。弯曲可用于测量棒状或片型食品的断裂性质。样品通常是具有均匀结构的脆性固体。

弯曲实验主要应用于面包干、饼干、巧克力棒等烘焙产品的断裂强度、酥脆性等质构的测定；黄瓜、胡萝卜、芹菜、秸秆等蔬菜的新鲜度；腌制品的硬度和脆性等的测定；微型三点弯曲探头还可以对糖果、药片的硬度、脆性等进行测定。

(7) 拉伸实验

拉伸实验可测量产品的弹性和极限强度。这是一种测试食品或材料本身质地的过程，同时也与生产过程以及最终产品的质地特点有很大的关联。

拉伸实验主要用于面条的弹性模数、抗张强度以及伸展性测试；面团的拉伸阻力和拉伸距离的测定。条状口香糖的伸展性、拉伸强度的测试；一些材料样品的测试，如薄膜、牛奶纸盒的拉伸测试等。

3.2.1.2 结构组成

FTC质构仪由相应的力量感应元、主机、软件、探头、夹具和可升降的样品固定装置等部分组成。

3.2.1.3 仪器操作方法

下文以FTC TMS-Pilot质构仪(图3-10)为例，介绍仪器操作方法。

①安装相应的力量感应单元，打开电源。

②打开计算机，打开TL-Pro软件。选择"Programmed Testing"。

检查软件与设备是否连接成功。查看软件左侧"Control"部分的"Up/Down"是否变亮。变亮说明设备和软件连接正常，如果是灰色则说明设备与软件未能成功连接。此时，查看主机前面板电源指示灯是否亮起(4个绿灯)，如果灯亮则检查数据线是否连接正常，不正常的话重新连接；如数据线连接正常则检测软件与设备连接的端口是否选择正确。

③根据样品特性和所要测量的参数选择安装合适的探头，并处理样品。通过主机面板的上下调节按钮调节力量感应元的位置，安装探头和样品台。

④选择实验所用程序。在打开的软件主页界面(United-Texture Lab Pro)，点击"File"下面的"Load Library Program"选项。出现程序包文件夹，选择所需的实验程序，点击"确定"。

⑤在"参数"—"常规"中查看实验类型是否正确，设置力量限值(小于力量感应元的最大量程)。在"参数"—"图形"中选择 x、y 轴代表的变量。

⑥点击打开的程序界面左下方"Control"下方的"Start"键。在弹出的对话框中输入合适的清理样品台及安装探头的暂停时间。输入完成后点击"OK"。

接下来弹出的对话框中，依次输入"力量感应元的量程(最大为250N)""探头回升高度(要求略高于放置样品的高度)""形变量""检测速度""起始力"等一系列参数。

输入完毕，弹出放置样品对话框；放置好样品后点击打开的程序界面左下方"Control"下方的"Resume"键。

开始预实验。从输出的图形看是否需要降低图像采集率等。

结束后，接受实验设置，按"1"；修改参数，按"0"。

注意：实验过程中如果需要更换力量感应元时，必须在断开设备电源的情况下进行更换，更换后重新连接电源，点击工具中的"Reconnect"重新连接设备和软件。更换探头时无需断开电源，但需关闭软件，更换后重新打开软件(防止更换过程中误操作造成伤害)。

⑦保存程序和实验结果。点击"File"下拉菜单里的"Save as"选项，保存此次运行程序至一个文件里。点击程序运行界面"保存选项"按钮，保存每次实验的结果。

图3-10　FTC TMS-Pilot质构仪

⑧输出实验结果(至 Excel 或 pdf 文件里)。点击"Setup"下拉菜单里的"Report and Data Export"选项。

出现"Reporting and Data Exporting"界面,设置好输出的 Excel 表里所需保存的结果的格式;选择"Save as Defaults"选项,最后点击"确定"。

点击运行界面输出结果至 Excel 按钮,选中"Send results to Excel""Send raw data to Excel"及"All samples"等,点击"OK"。将实验结果导入 Excel 表中。

⑨清洗操作平台和探头,并且用纸巾擦干,准备下一个实验。

⑩关闭质构仪电源,关闭计算机电源。

3.2.1.4 注意事项

①安装力量感应元时,请在确定主机关机 2min 后,再插拔线头。

②安装主机与计算机的数据线时,请在确定主机关机 2min 后,主机前面板的电源指示灯灭后,再接线。

③开机前检查主机后面的行程保护螺母是否在。

④安装合适的探头,旋紧并固定好平台。

⑤运行速度最好不要超过 300mm/min。

⑥运行程序后,要密切注视实验的进程,如有紧急情况,需立即按主机前面板"Emergency Stop(紧急停止)"按键。

⑦开始实验后,请勿倚靠或晃动桌面,保持仪器平稳运行。

⑧实验结束后,请勿忘保存程序文件及实验结果。

⑨清洁台面,先用拧干的湿毛巾轻轻擦拭样品台和探头,再用纸巾擦拭干,收好探头。

3.2.2 近红外分析仪

近红外光谱分析技术与传统分析技术相比具有诸多优点,其可在几分钟内通过对被测样品的近红外光谱的采集,完成多项功能指标的测定,且测量时不需要对样品进行前处理,分析过程中无需消耗其他材料或破坏样品,分析结果重现性好,实验成本相对较低。

3.2.2.1 基本原理

近红外光谱分析技术(near infrared spectroscopy,NIRS)就是通过近红外图谱中蕴含的样品分子结构组成等信息,结合化学计量学和计算机软件技术等,对样品的物理性质以及化学组成进行定性或定量分析(图 3-11)。

近红外光谱仪获取高精度和包含丰富样品信息的光谱;近红外光谱产生于分子振动从基态向高能级跃迁的过程,通过对样品中含氢基团(C—H、S—H、P—H、N—H、O—H 等)的伸缩振动及各种频率下光谱的叠加吸收,获得稳定的图谱。不同基团形成

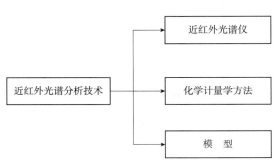

图 3-11 NIRS 技术组成模块

的光谱在吸收峰的强度和位置均有改变，当样品组分发生变化时，光谱特性也随即发生改变。

采用化学计量学方法分析并消除环境因素对光谱的干扰，建立起光谱与待测样品性质的关联关系，建立种类鉴别的定性模型或组分预测的定量模型；定性或定量模型建立后，需对模型进行不断的更新和维护，保证其具备更好的检测能力。

近红外光谱分析模型建立与验证的流程：

①确定采集数据对象，选择一定数量有代表的样品集作为校正集，用标准化学法测定其物理性质以及化学含量，得到校正集。

②通过预实验确定样品最佳扫描参数，使用近红外光谱仪对校正集中样品进行近红外光谱扫描，得到样品的近红外光谱数据。

③将光谱数据进行预处理，除去噪声、样品背景、无用信息等的干扰，删除异常光谱曲线；提取有用的谱图信息，提高运算效率。

④结合偏最小二乘法等化学计量学等方法建立校正模型。

⑤扫描验证集中未知样品的近红外光谱信息，代入校正模型中测定样品相关组分含量，完成模型验证。

NIRS 技术具有样品无损、不消耗试剂、无污染以及检测速度快、使用成本低、重复性好等多项优点，适用于快速无损地分析液体、膏状、粉状和整粒的物理和化学性质，如含水量、蛋白、脂肪、纤维、直链淀粉、油酸、亚油酸、赖氨酸含量等。

3.2.2.2 结构组成

近红外分析仪一般主要包括触摸屏、样品杯、旋转样品托架、卤钨灯和汞灯双光束、备用聚光灯、保险管等硬件组成部分，以及应用软件、模块化铟镓砷二极管阵列检测系统等软件组成部分。

3.2.2.3 仪器操作方法

下文以 Perten DA7200 近红外分析仪（图 3-12）为例，介绍仪器操作方法。

（1）开机，预热仪器

①连接好电源线，确认电压（220V+/-10V），启动仪器。

②等仪器启动后，在 Windows 界面，点击"DA7200"，打开 Simplicity 软件，仪器需要预热 30min。

③进入选择产品窗口后出现两个最基本的项目，即分析（预测）项目和数据采集项目。选择分析项目（红色按钮）可以对某产品进行分析。选择数据采集项目（蓝色按钮）可采集某产品的数据以建立该产品的校准曲线。

（2）对产品进行分析

①准备样品杯中的样品　样品可以是粉状、膏状、固体或液体等，确保样品具有代表性并充分混合。

②输入样品编号　选择要分析的产品，点击产品按钮，如分析的样品为玉米时，点击上图中产品"Corn（玉米）"按钮，

图 3-12　Perten DA7200
近红外分析仪

或按键盘上的"F4",在样品标识栏输入样品的编号。

③将样品装入样品杯　样品杯中的样品应该过量加入。分析粉末样品时要使样品表面平整,用直边的工具,如尺子,将多出的部分刮去。颗粒样品如小麦、大豆或类似物由于天然的原因没有平面。但仍然要用一致的方式使样品表面平整。同时要注意,在样品杯上方,内置的陶瓷参考板每隔一定的时间要自动弹出,要确保参考板能顺利地弹出。

④将样品杯放至圆形托架上　将样品杯(盛有样品)放到圆形托架上面,如图3-13所示。注意图中箭头所指托架的杆的位置。托架的杆用于大样品杯(杆在靠外边位置)或小样品杯(杆在靠内位置)的定位。

将大样品杯向前推　　　　　　　　　将小样品杯向后推

图3-13　样品杯放置位置

⑤分析样品　放置好样品杯后,立即点击"分析"按钮(注意:立即开始分析是非常重要的,以防止样品加热或水分丢失)。样品扫描后,将给出分析结果,其中含测量结果和样品光谱图。

⑥重复分析　在某些项目中,每个样品被要求进行多次分析,当测完第一次时,会弹出一个对话框,上面显示"请为下一次重装样做准备"。此时,软件将要求对样品盘进行重新装样并将其放回仪器上。分析完成后会给出重复分析结果。

⑦分析下一个样品　当完成一个样品的分析后,点击"分析扫描下一个样品",此时重新装好样品,输入样品编号,再点击"ANALYZE(分析)"即可。

⑧白板校准和基线扫描　在分析过程中可能会弹出参考板,进行基线扫描,这步操作仪器会自动进行,主要是进行环境校正和波长检查。如果扫描过程中出现参考板弹出的情况,最好将该样品重新分析或收集。

(3)创建一个新的分析项目(必须有正确的产品校准曲线)

①首先将校准曲线保存在固定目录下面:c:/pda7200/calibs(c盘pda7200文件夹calibs文件夹中);校准曲线共有.cdf(频道文件,连接校准曲线文件和校准曲线文件),.cal(校准曲线文件),.cdb(校准曲线初始化文件)三个文件,都要保存在固定的文件夹中。

注意:三个文件共同构成分析项目校准文件,缺一不可。另外,三个文件尽量取相同的文件名,并且与该目录中的其他文件不同名。建议对于新开发完的曲线要养成以"产品名称+创建日期"命名的习惯,以便区分和今后升级。

②点击"项目"菜单,选择创建新项目。项目类型对话框中选择"分析",并输入项目

名称，点击下一步。

③光谱引导程序设置　在光谱引导程序中，如果希望保存光谱，键入保存光谱数据的文件名。也可以选择 SPC 文件设置，在 SPC 中设置分辨率和分析波长。扩展名 .spc 会自动添加。

注意：不能一次选择多个分辨率，因为校准只能使用一个分辨率，且不同分辨率的校准文件不能同时使用。

设置好后，选择"下一步"继续定义项目。

④预测引导程序设置　在预测引导程序中，选择一个校准定义文件和一个保存预测结果的文件。校准定义文件将通过化学计量软件得到的校准模型连接到 Simplicity 在分析项目中使用的所有文件。

注意：在保存预测文件中，要点击文字前的小方框，将空格激活后添入文件名。所有输入的文件名不要有前后缀。

⑤光谱匹配(马氏距离/杠杆值)引导程序　为使用光谱的匹配特征，必须选择合适的检查框来激活该特征，并指定用于匹配的马氏距离(GRAMS 校准)或杠杆阈值(Unscrambler 校准)。

⑥斜率/截距引导程序　只要 NIR 仪器使用校准模型，校准模型就都需要进行调整或者微调。调整程序通常使用简单的截距调整或者混合的截距和斜率调整。如果预测值与参考值之间的差值在整个预测值范围内恒定时，可以进行截距调整。如果这个差值在预测范围内改变(例如，参考值较大时差值大，参考值较小时差值小)，那么就需要进行斜率和截距矫正。使用统计软件或数据表软件(如 Excel)，来计算斜率和截距。

斜率和截距值在斜率/截距引导程序中输入。选中目的单元格，键入新的数值。当完成所有预期的修改后，选择"下一步"确认修改。

注意：显示在斜率/截距引导程序中的成分名称为保存在 .cdf 文件中的名称。如果名称与用户所期望的名称不符，需确认是否选择了正确的 .cdf 文件。

⑦参数引导程序设置　在参数引导程序中，定义每个样品进行重测和样品重装样的次数。重复测量和样品重装样的目的是提高测量的准确度。将重测设为 x，那么样品杯会自动测量 x 遍；将重装样设为 y，程序会要求用户重装样品杯并将其重复放入仪器 y 次。

在确定装样参数时，重复装样和重复测量的次数主要是根据样品的均匀性来确定的，样品标识选择为必需样品 ID。

⑧固定 min/max 范围引导程序、变量 min/max 范围　选择引导程序，参考板分析设置、报表设置引导程序均按默认设置，点击"下一步"。

⑨项目快捷键的创建　打开"快捷方式编辑器"。屏幕上出现"针对用户的快捷方式编辑器"界面，把图中未使用项目方框中的新项目图标拖到上方"菜单中使用的项目文件"的方框中去。创建快捷键完毕，将会在上图所示的界面里面显示所创建的项目名称，并显示红色。

(4)改变一个存在的分析项目

要改变存在的项目，点击菜单栏上的"项目"——"编辑项目设置"，选定项目文件。一般来说，调整曲线只改变截距即可，点击标题里面的"斜率和截距"，就可以输入新的截距值了。

(5)创建一个新的数据采集项目(为开发新的校准曲线)

点击"项目"菜单,选择创建新项目。项目类型选择"数据采集",光谱引导程序中,输入保存光谱数据的文件名,选择"下一步"。

SPC 文件分辨率引导程序中,为采集的数据文件选择分辨率。

参数引导程序中,可以定义每个样品进行重测和样品重装样的次数。重复测量和样品重装样的目的是提高测量的准确度。也可以定义样品 ID 的输入方式:

——如果选择"必需样品 ID",输入 ID 后,用户才能分析样品。

——如果选择"不需要 ID",可于任何时候在"Next sample ID"中输入样品 ID。

——如果选择"自动增加 ID",那么用户需要设定一个初始样品 ID 或起始数(最好使用下划线"_")。例如,如果初始样品 ID 为"HRW96_ 001",那么下一个样品 ID 会自动设为"HRW96_ 002"(注意:除非特别说明,否则,第一个样品 ID 缺省值为 Sample#_ 0)。

完成预期的设定后,点击"下一步",出现标签引导程序设置界面,根据需要定义进行预测的成分名称。输入将要采集的成分名称(标签)。

(6)采集样品光谱数据和数据导出

①准备样品盘中的样品。

②选择产品进行分析。与上文(2)分析样品中的步骤相同,只是此步要输入样品测量参数的化学值。注意尽量缩短化学分析和近红外分析之间的时间差。

③其余步骤与上文(2)分析样品步骤相同。

(7)噪声检测

吸收噪声测试为一种诊断测试,提供关于 DA7200 整体系统性能的测试结果。基于 50 个内参的吸收测试,各种噪声源(DA7200 的响应中不希望出现的振动)可以被辨别和消除。这些噪声源包括检测器暗噪声、电子噪声、由于仪器的温度变化引起的响应的波动、光源的波动、在仪器的光学部件内部和附近的小的热变化、环境温度的变化和相对湿度变化引起的波动、DA7200 仪器附近的振动影响。

建议每个月做一次噪声诊断(一定要在某个项目下),该测试大概需时 3min,测试结束时会显示结果。如果准备继续运行在吸收噪声测试之前打开的项目,直接点击顾问提示窗口中的"确定"键即可。

3.2.2.4 注意事项

(1)运行环境注意事项

①温度 DA7200 是光机电结合的高精度近红外成分分析仪器,仪器的正常工作温度为 5~35℃。如果仪器内部的实际温度高于 40℃,将会产生较大的热噪声,同时,可能损坏仪器内部元件,减少使用寿命。

②湿度 仪器要求的环境湿度与温度密切相关,当最大湿度为 80%时,环境温度最高为 31℃;相对湿度降到 50%时,环境温度最高可为 40℃。仪器须放置在有抽湿功能空调的房间,且配置温湿度表来监测环境温湿度。仪器的通风主要依靠后面板中央的主风扇和仪

器底部的风扇，要保证后面风扇防尘网的清洁，并且保证风扇与墙板的距离(超过25cm)。

③灰尘　会使内部的电路或连接件发生连接障碍，轻则影响通信，重则烧毁元件。灰尘还可能堵塞光路和检测光纤，影响检测精度。同时也会污染标准参考白板，使已有的校准曲线不再适用。因此，要使仪器工作在较清洁的环境中，且须做好日常除尘清理。定期更换主风扇的防尘网和参考板的防尘刷。参考板脏后可以使用普通无香味的绘图橡皮轻轻擦拭干净，机器机身可以使用无腐蚀性计算机清洁剂擦干净，出光口的镜片使用镜头纸擦洗，可以使用少量蒸馏水。七个光纤探头可以使用洗耳球吹一下。仪器使用较长时间后，用户可以打开仪器的后面板，使用计算机用吸尘器对机器内部除尘，或者使用吹风机对仪器进行除尘。

④电压　电压不稳将影响仪器检测的重复性精度，因此需为仪器配备稳压电源(普通国产即可)。仪器非正常断电或关机将可能导致硬盘数据丢失，对于有条件的用户可以配置UPS稳压电源，同时保证仪器的正常关机：首先关闭Symplicity控制软件，然后关闭其他正在运行的程序，关闭Windows操作系统，最后关闭电源。

⑤震动　仪器的绝大部分结构都为固定元件，因而有一定的抗震性，但长期工作在震动环境下会影响仪器元件间的连接，因此，还要保证仪器的基座坚固平稳，远离震源。

(2)进样要求

①粉状样品　只需要使用普通塑料直尺或钢板尺刮平即可，注意刮平时保持尺子的垂直状态以免挤压样品，尺子的边缘应该保证平直，不要使用锯齿形塑料齿。粉碎样品的检测通常只需两次扫描、两次装样即可。

②颗粒状样品　对于小颗粒样品，如芝麻、油菜籽等，进样方式可以参照粉状样品的进样方式。对于大颗粒样品，如大豆、玉米、花生等，装满样后使用直尺适度刮平，可以用另外的样品盘底部压平，注意不要使样品高度高于样品盘高度，不要有大颗粒异物(如石子、土块等)混杂其间。通常情况下颗粒状样品的检测精度和重复性精度要略低于粉碎样品，这与样品自身的不均匀度有关，检测时可根据情况多设置几次扫描和重装。

③混合状样品　对于样品状态不均匀的样品，如某些粕类，在装样前应充分混合，装样时倒样品要快速，刮平时切忌压实样品。

④不规则样品　如棉籽等样品，既有一定的不实度，也存在棉绒间的黏合力，此时需要采用渐进式刮平方式，同时适度补充黏结掉的样品。有些样品，如脂酸酶和粉碎的麦麸等，自身质地松软，在旋转测量过程中会发生沉降，影响测量结果，所以即使类似样品的量足够多，也不推荐使用旋转测量方式。

3.3　应用实例

实验二十六　植物中总氮的测定

一、实验原理

全氮经凯氏消解后，其他形式的氮转化为铵态氮在碱性环境中以硝普钠作为催化剂，氨离子、水杨酸钠与活性氯发应生成靛酚蓝络合物，在660nm波长下比色测定。

二、实验材料、仪器及试剂

（1）实验材料：植物样品。
（2）实验仪器：Flowsys连续流动分析仪。
（3）实验试剂：硫酸（H_2SO_4）、过氧化氢（H_2O_2）、柠檬酸三钠、水杨酸钠、氢氧化钠、硫酸铵（以上均为分析纯），Brij-35*。

三、实验步骤

1. 样品前处理

将采集到的植物样品用自来水快速洗2~3次后，用去离子水快速冲洗2~3次至干净，甩干后将样品装进信封内，放入烘箱进行烘干，80℃下连续烘48h。如果是鲜样，应在105℃下杀青30min，然后在80℃下烘干至恒重，用高通量组织研磨仪粉碎均匀后装自封袋测定。

2. 样品消煮（消煮方法很多，以下列出常用的H_2SO_4-H_2O_2消煮法）

称取0.3~0.5g样品于消化管底部，每份样品做3个平行样，做好标记。加5mL浓硫酸，摇匀过夜。在消化炉上先小火加热（需放在通风橱中），待H_2SO_4发白烟后再升高温度，当溶液呈均匀的棕黑色时取下。稍冷后加入2mL H_2O_2，再加热至微沸，消煮7~10min，稍冷后重复加H_2O_2，再消煮。如此重复数次，每次添加的H_2O_2应逐次减少，H_2O_2总量为8~10mL。消煮至溶液呈无色或清亮后，再加热10min，除去剩余的H_2O_2。取下冷却后，用水将消煮液无损地转移入100mL容量瓶中，冷却至室温后定容。用无磷钾的干滤纸过滤，或放置澄清后吸取清液待测。在每批消煮的同时进行空白试验，以校正试剂和方法的误差。

3. 标准溶液及试剂的配制

（1）试剂的配制

①R1和R2缓冲溶液　称取柠檬酸三钠10g，加超纯水溶解并定容至250mL，加入4mL Brij-35（实验室有,不需配制,测样前加）并摇匀。此试剂保质期为1周（4℃冰箱保存）。

②R3水杨酸钠溶液　称取水杨酸钠4g、硝普钠0.1g（即亚硝基铁氰化钠），加超纯水溶解并定容至100mL。此试剂保质期为1周（4℃冰箱避光保存）。

③R4次氯酸钠溶液　称取氢氧化钠2g、次氯酸钠10mL，加超纯水溶解并定容至100mL。此试剂应每次现配。

④ R5　为超纯水。

（2）标准溶液的配制

称取硫酸铵0.4717g（称样前将标样约0.7g放在105℃下烘干2h），加超纯水溶解并定

---

* 专用试剂。

容至100mL，此溶液为标准储备液，含氮浓度为1000mg/L。依次吸取标准储备液2.5、1.5、1、0.5、0.25、0.1、0mL，并定容至100mL容量瓶，得到浓度为25、15、10、5、2.5、1、0mg/L的标准溶液。此标准溶液可保存1个月(4℃冰箱避光保存)。

4. 仪器条件

检测参数：全氮、清洗液为超纯水、模块为含加热器、滤光片为660nm、流通池为15mm×1.0mm。

5. 实验数据分析与讨论

利用外标法计算总氮含量。

根据标准品浓度及峰面积直接计算出各样品总氮含量(mg/g)。

植物总氮含量(mg/g)＝各样品氮含量(mg/L)×样品消煮定容体积(L)／样品重(g)

四、注意事项

①样品消煮后，消煮液需定容至100mL。
②为保证实验的准确性，需做2~3个空白消煮对照。
③仪器系精密贵重仪器，在未熟悉仪器的性能及操作方法之前，不得随意拨动主机的各个开关和旋钮。仪器在开、关机时必须严格按照操作方法进行。
④仪器运行环境需要保持清洁，不使用时需盖上防尘罩。

实验二十七　植物中总磷的测定

一、实验原理

全磷经凯氏消解后将其他形式的磷转化为正磷酸盐，正磷酸盐在酸性条件下与钼酸铵反应生成磷钼酸，磷钼酸经抗坏血酸还原成钼蓝，此反应是在酒石酸锑钾的催化条件下完成的。在880nm波长下测定吸光度。

二、实验材料、仪器及试剂

(1)实验材料：植物样品。
(2)实验仪器：Flowsys连续流动分析仪。
(3)实验试剂：硫酸、过氧化氢、钼酸铵、酒石酸锑钾、抗坏血酸、磷酸二氢钾、SDS溶液、氢氧化钠、2,4-二硝基酚(以上均为分析纯)。

三、实验步骤

1. 样品前处理

将采集到的植物样品用自来水快速洗2~3次后，用去离子水快速冲洗2~3次至干净，甩干后将样品装进信封内，放入烘箱进行烘干，80℃下连续烘48h。如果是鲜样，应在105℃下杀青30min，然后在80℃下烘干至恒重，用高通量组织研磨仪粉碎均匀后装自封袋测定。

2. 样品消煮(消煮方法很多,以下列出常用的 H_2SO_4-H_2O_2 消煮法)

称取 0.3~0.5g 样品置于消化管底部,每份样品做三个平行样,做好标记。加 5mL 浓 H_2SO_4,摇匀过夜。在消化炉上先小火加热(需放在通风橱中),待 H_2SO_4 发白烟后再升高温度,当溶液呈均匀的棕黑色时取下。稍冷后加入 2mL H_2O_2,再加热至微沸,消煮 7~10min,稍冷后重复加 H_2O_2,再消煮。如此重复数次,每次添加的 H_2O_2 应逐次减少,H_2O_2 总量为 8~10mL。消煮至溶液呈无色或清亮后,再加热 10min,除去剩余的 H_2O_2。取下冷却后,用水将消煮液无损地转移入 100mL 容量瓶中,冷却至室温后定容。用无磷钾的干滤纸过滤,或放置澄清后吸取清液待测。在每批消煮的同时进行空白试验,以校正试剂和方法的误差。

3. 标准溶液及试剂的配制

(1)试剂的配制

①钼酸铵储备液　称取钼酸铵 1.5g,加超纯水溶解并定容至 100mL。此试剂保质期为 3 周(4℃冰箱保存)。

②硫酸储备液　移取浓硫酸 13.5mL,缓慢倒入水中并用玻璃棒搅拌定容至 100mL。此试剂保质期为 4 周(4℃冰箱保存)。

③酒石酸锑钾储备液　称取酒石酸锑钾 0.34g,加超纯水溶解并定容至 250mL。此试剂保质期为 4 周(4℃冰箱保存)。

④R3 显色剂　分别移取钼酸铵储备液 25mL,硫酸储备液 62.5mL,酒石酸锑钾储备液 12.5mL,SDS 溶液 1mL,混匀。

⑤R4 还原试剂　称取抗坏血酸 1.35g,加超纯水溶解并定容至 50mL。此试剂保质期为 2d(4℃冰箱保存)。

(2)标准溶液的配制

称取磷酸二氢钾 0.4394g(称样前将约 0.7g 标样放在 105℃下烘干 2h),加超纯水溶解并定容至 100mL,此溶液为标准储备液,含磷浓度为 1000mg/L。吸取 10mL 磷一级母液定容至 100mL,得到磷二级母液,含磷浓度为 100mg/L。依次吸取磷二级母液 6、4、2、1、0.6、0mL,并定容至 100mL 容量瓶,得到浓度为 6、4、2、1、0.6、0mg/L 的标准溶液。此标准溶液可保存 1 个月(4℃冰箱避光保存)。

4. 仪器条件

检测参数:全磷、清洗液为超纯水、模块为含加热器、滤光片为 880nm、流通池为 15mm × 1.0mm。

5. 实验数据分析与讨论

利用外标法计算总磷含量。

根据标准品浓度及峰面积直接计算出各样品总磷含量(mg/g)。

植物总磷含量(mg/g)= 各样品磷含量(mg/L) × 样品消煮定容体积(L)/样品重(g)

四、注意事项

①样品消煮后，必须是澄清透明的，消煮液需定容至 100mL。
②为保证实验的准确性，需做 2~3 个空白消煮对照。
③样品测定之前，必须进行预实验，观察样品峰型是否正常，峰高是不是在检查范围内。
④磷钼蓝显色的适宜酸度 pH 为 3。按以下方法调节溶液 pH：吸取消煮液 8mL，加入 2,4-二硝基酚指示剂 2 滴，加入 4mol/L 氢氧化钠，变为黄色，再加入 1mol/L 硫酸，黄色刚刚褪去。调节溶液 pH 为 3，再测定。
⑤仪器系精密贵重仪器，在未熟悉仪器的性能及操作方法之前，不得随意拨动主机的各个开关和旋钮。仪器在开、关机时必须严格按照操作方法进行。
⑥检测结束，用超纯水冲洗管路 0.5h 后，若仍有蓝色就须继续冲洗直到透明为止；如果蓝色很重，也可以用 0.5mol/L 的氢氧化钠冲洗，然后再用超纯水冲洗直至管路透明。
⑦仪器运行环境需要保持清洁，不使用时需加盖防尘罩。

实验二十八　植物中总钾的测定

一、实验原理

火焰光度计是一种以发射光谱法为基本原理的分析仪器，以火焰作为激发光源，并应用光电检测系统来测量被激发元素由激发态回到基态时发射的辐射强度，根据其特征光谱及光波强度判断元素类别及其含量。火焰的温度比较低，因而只能激发少数的元素，而且所得的光谱比较简单，干扰较小。火焰光度法特别适用于较易激发的碱金属及碱土金属元素的测定。本实验采用火焰光度计测定植物中的钾离子。

二、实验材料、仪器及试剂

（1）实验材料：植物样品。
（2）实验仪器：Flowsys 连续流动分析仪。
（3）实验试剂：硫酸、过氧化氢、硫酸钾（以上均为分析纯）。

三、实验步骤

1. 样品前处理

将采集到的植物样品用自来水快速洗 2~3 次后，用去离子水快速冲洗 2~3 次至干净，甩干后将样品装进信封内，放入烘箱进行烘干，80℃下连续烘 48h。如果是鲜样，应在 105℃下杀青 30min，然后在 80℃下烘干至恒重，用高通量组织研磨仪粉碎均匀后装入自封袋测定。

2. 样品消煮(消煮方法很多,以下列出常用的 H_2SO_4-H_2O_2 消煮法)

称取 0.3~0.5g 样品置于消化管底部,每份样品做三个平行样,做好标记。加 5mL 浓 H_2SO_4,摇匀过夜。在消化炉上先小火加热(需放在通风橱中),待 H_2SO_4 冒白烟后再升高温度,当溶液呈均匀的棕黑色时取下。稍冷后加入 2mL H_2O_2,再加热至微沸,消煮 7~10min,稍冷后重复加 H_2O_2,再消煮。如此重复数次,每次添加的 H_2O_2 应逐次减少,H_2O_2 总量为 8~10mL。消煮至溶液呈无色或清亮后,再加热 10min,除去剩余的 H_2O_2。取下冷却后,用水将消煮液无损地转移入 100mL 容量瓶中,冷却至室温后定容。用无磷钾的干滤纸过滤,或放置澄清后吸取清液待测。在每批消煮的同时进行空白试验,以校正试剂和方法的误差。

3. 标准溶液及试剂的配制

(1) 试剂的配制:R1 为超纯水。

(2) 标准溶液的配制:称取 4.4565g 硫酸钾(称样前将标样放在 105℃下烘干 2h)溶于约 600mL 超纯水。用超纯水定容至 1000mL。此溶液为标准储备液,含钾浓度为 2000mg/L。依次吸取标准储备液 5、2.5、1、0.5、0mL,并定容至 100mL 容量瓶,得到钾浓度为 100、50、20、10、5、0mg/L 的标准溶液。此标准溶液可保存 1 个月(4℃冰箱避光保存)。

4. 仪器条件

检测参数:全钾、清洗液为超纯水、滤光片为 768nm。

5. 测定具体操作方法

① 开启所有仪器部件及配套设施 空气压缩机→丙烷→点火→Flowdata→取样器(检查取样针的螺丝是否松动,观察取样针及样品盘运行是否正常)→钾离子分析通道(整理泵管并合紧泵盖→计算机。

② 开启泵 等分析通道进入正常界面,与 PC 软件连接,泵开始运行,当管路运行正常,将火焰光度计雾化器的聚乙烯管连接到出样管上,泵入清洗液(超纯水)。

取样器泵入基线液(超纯水)。注意火焰光度计废液收集槽中要始终有水,有废液排出。

③ 进入分析界面,选择待分析参数,根据流路图连接相应通道;测样之前修改第一个出峰时间为 0,输入标准液浓度(固定的不能随意修改)。

等待 10min,确认气泡规律性,检查所有的管路是否正常泵入液体,待气泡有规律后,进行火焰光度计调零。

④ 设置空白(零点)

在做空白、校正和测量时,关闭火焰视镜窗口。

当基线走稳时,通过旋转"blank"按钮将软件 OD 值调到 000。

⑤ 调节增益 将标准曲线液的最高浓度标准液置于取样器位置 1,进行手工取样,进样针取液(最高浓度)约 60~99s,视不同参数而定,等待峰的出现并趋于稳定时调节增益(读数值 80%~90%),等待读数值回落至基线。若基线值高于原基线,则重新调整至 5%。

⑥ 编辑样品盘 样品盘编辑顺序为:标准曲线(浓度从高到低)→wash→样品→wash(wash 为同一杯,一般 10 个样加一个 wash),将消煮过滤好的样品按上述顺序摆放,启动分析。

⑦分析结束后，用超纯水冲洗管路至少 30min。
⑧数据导出　点击"file-open results"，在 syslyzer 文件夹中选择结果文件名（默认时间为文件名）打开就可以看见标准曲线，样品峰图和样品中钾含量，检测范围：0~100mg/L。
⑨关闭所有仪器部件及配套设施（先拔进样管，待管路水烧干）　丙烷→空气压缩机→关火→取样器（关闭泵并拧开泵螺丝）→钾分析通道（打开泵盖并松开泵管）→Flowdata→计算机。

6. 实验数据分析与讨论

利用外标法计算总钾含量。
根据标准品浓度及峰面积直接计算出各样品总钾含量（mg/g）。
植物总钾含量（mg/g）= 各样品钾含量（mg/L）× 样品消煮定容体积（L）/样品重（g）

四、注意事项

①样品消煮后，必须是澄清透明的，消煮液需定容至 100mL。
②为保证实验的准确性，需做 2~3 个空白消煮对照。
③样品测定之前，必须进行预实验，观察样品峰型是否正常，峰高是不是在检查范围内。
④仪器系精密贵重仪器，在未熟悉仪器的性能及操作方法之前，不得随意拨动主机的各个开关和旋钮。仪器在开、关机时必须严格按照操作方法进行。
⑤空气泵与检测器相连的管子运行一段时间，里面会有冷凝水，如果冷凝水比较多，需要把管子卸下来，清理干净里面的冷凝水。
⑥仪器运行环境需要保持清洁，不使用时需盖上防尘罩。

实验二十九　土壤中铵态氮的测定

一、实验原理

在碱性环境中以硝普钠作为催化剂，铵态氮、水杨酸钠与活性氯反应生成靛酚蓝络合物，在 660nm 波长下比色测定。

二、实验材料、仪器及试剂

（1）实验材料：土壤样品。
（2）实验仪器：Flowsys 连续流动分析仪。
（3）实验试剂：柠檬酸三钠、水杨酸钠、硝普钠（即亚硝基铁氰化钠）、氢氧化钠、次氯酸钠、氯化钾、硫酸铵、Brij-35（以上均为分析纯）。

三、实验步骤

1. 样品前处理

称取 5g 土样于 150mL 三角瓶中，加入 1mol/L 氯化钾 50mL 振荡 1h，过滤，滤液作为待测液。

2. 标准溶液及试剂的配制

（1）试剂的配制

①R1 和 R2 缓冲溶液　称取柠檬酸三钠 10g，加超纯水溶解并定容至 250mL，加入 0.4mL Brij-35 并摇匀。此试剂保质期为 1 周（4℃冰箱保存）。

②R3 水杨酸钠溶液　称取水杨酸钠 4g，硝普钠 0.1g，加超纯水溶解并定容至 100mL。此试剂保质期为 1 周（4℃冰箱避光保存）。

③R4 次氯酸钠溶液　称取氢氧化钠 2g，次氯酸钠 10mL，加超纯水溶解并定容至 100mL。此试剂每次新鲜配制。

④R5　为超纯水。

⑤基线液　1mol/L 氯化钾溶液。

（2）标准溶液的配制：称取硫酸铵 0.4717g（称样前将标样大概 0.7g 放在 105℃下烘干 2h），加 1mol/L 氯化钾溶液溶解并定容至 100mL，此溶液为标准储备液，含氮浓度为 1000mg/L。依次吸取标准储备液 2.5、1.5、1、0.5、0.25、0.1、0mL，并用 1mol/L 氯化钾溶液定容至 100mL，得到浓度为 25、15、10、5、2.5、1、0mg/L 的标准溶液。此标准溶液可保存 1 个月（4℃冰箱避光保存）。

3. 仪器条件

检测参数：铵态氮、清洗液为超纯水、基线液为 1mol/L 氯化钾溶液、模块为含加热器、滤光片为 660nm、流通池为 15mm×1.0mm。

4. 实验数据分析与讨论

利用外标法计算氨氮含量。

根据标准品浓度及峰面积直接计算出各土壤样品铵态氮含量（mg/L）。

土壤铵态氮含量（mg/g）= 各样品氨氮含量（mg/L）× 样品消煮定容体积（L）／样品重（g）

四、注意事项

①样品萃取液，上机测样前必须是无色澄清液体。

②仪器系精密贵重仪器，在未熟悉仪器的性能及操作方法之前，不得随意拨动主机的各个开关和旋钮。仪器在开、关机时必须严格按照操作方法进行。

③仪器运行环境需要保持清洁，不使用时需盖防尘罩。

实验三十　土壤中硝态氮的测定

一、实验原理

硝酸根离子通过硫酸肼被还原成亚硝酸根离子，在酸性条件下与对氨基苯磺酰胺发生重氮耦合反应生成重氮盐，再与 N-（1-萘基）-乙二胺二盐酸盐（$C_{12}H_{14}N_2 \cdot 2HCl$）耦联，生成粉红色的络合物，在 550nm 波长下比色测定。

二、实验材料、仪器及试剂

（1）实验材料：土壤样品。
（2）实验仪器：Flowsys 连续流动分析仪。
（3）实验试剂：硫酸铜、硫酸锌、硫酸肼、氢氧化钠、浓硫酸、磺胺、盐酸萘乙二胺、Brij-35（以上均为分析纯）。

三、实验步骤

1. 样品前处理

称取 5g 土壤样品置于 150mL 三角瓶中，加 1mol/L 氯化钾 50mL 振荡 1h，过滤，将滤液作为待测液。

2. 标准溶液及试剂的配制

（1）试剂的配制

①硫酸铜储备液　称取硫酸铜 0.1g，加超纯水溶解并定容至 100mL。此试剂保质期为 3 个月（4℃冰箱保存）。

硫酸锌储备液　称取硫酸锌 1g，加超纯水溶解并定容至 100mL。此试剂保质期为 3 个月（4℃冰箱避光保存）。

②R1 和 R2 缓冲溶液　称取氢氧化钠 1g，浓硫酸 0.05mL，Brij-35 0.2mL，加超纯水溶解并定容至 100mL。此试剂保质期为 3 个月（4℃冰箱避光保存）。

③R3 溶液　称取硫酸铜储备液 1mL，硫酸铜储备液 1mL，硫酸肼 0.2g，加超纯水溶解并定容至 100mL。此试剂保质期为 2 周（4℃冰箱保存）。

④ R5 溶液　称取磺胺 1g，盐酸萘乙二胺 0.05g，硫酸 6.66mL，加超纯水溶解并定容至 100mL。此试剂保质期为 1 周（4℃冰箱保存）。

⑤基线液　1mol/L 氯化钾溶液。

（2）标准溶液的配制

称取硝酸钾 0.7218g（称样前将标样大概 0.9 g 放在 105℃下烘干 2h），加 1mol/L 氯化钾溶液溶解并定容至 100mL，此溶液为标准储备液，含硝酸根离子浓度为 1000mg/L。依次吸取标准储备液 2.5、1.5、1、0.5、0.25、0.1、0mL，并用 1mol/L 氯化钾溶液定容至 100mL，得到浓度为 25、15、10、5、2.5、1、0mg/L 的标准溶液。此标准溶液可保存 1 个月（4℃冰箱避光保存）。

3. 仪器条件

检测参数：硝态氮、清洗液为超纯水、基线液为 1mol/L 氯化钾溶液、模块含加热器、滤光片为 550nm、流通池为 15mm × 1.0mm。

4. 实验数据分析与讨论

利用外标法计算硝态氮含量。

根据标准品浓度及峰面积直接计算出各样品硝态氮含量（mg/g）。

土壤硝态氮含量(mg/g)＝各样品硝态氮含量(mg/L)×样品消煮定容体积(L)／样品重(g)

四、注意事项

①样品萃取液，上机测样前必须是无色澄清液体。
②仪器系精密贵重仪器，在未熟悉仪器的性能及操作方法之前，不得随意拨动主机的各个开关和旋钮。仪器在开、关机时必须严格按照操作方法进行。
③仪器运行环境需要保持清洁，不使用时需盖上防尘罩。

实验三十一　土壤中速效钾的测定

一、实验原理

火焰光度计是一种以发射光谱法为基本原理的分析仪器，以火焰作为激发光源，并应用光电检测系统来测量被激发元素由激发态回到基态时发射的辐射强度，根据其特征光谱及光波强度判断元素类别及其含量。火焰的温度比较低，因而只能激发少数的元素，而且所得的光谱比较简单，干扰较小。火焰光度法特别适用于较易激发的碱金属及碱土金属元素的测定。本实验用火焰光度计测定植物中的钾离子。

二、实验材料、仪器及试剂

(1)实验材料：土壤样品。
(2)实验仪器：Flowsys 连续流动分析仪。
(3)实验试剂：硫酸钾、醋酸铵、溴百里酚蓝、醋酸、氨水(以上均为分析纯)。

三、实验步骤

1. 样品前处理

称取通过1mm筛孔的风干土5g置于100mL三角瓶或大试管中，加入1mol/L中性醋酸铵溶液50mL，塞紧橡皮塞，振荡30min，用干的普通定性滤纸过滤。滤液用作流动分析仪待测液。

2. 标准溶液及试剂的配制

①试剂的配制　R1 为超纯水。
②标准溶液的配制　称取将 4.4565g 硫酸钾(称样前将标样放在105℃下烘干2h)溶于1mol/L 中性醋酸铵(pH＝7)溶液，并用1mol/L 中性醋酸铵(pH＝7)溶液定容至1000mL。此溶液为标准储备液，含钾浓度为2000mg/L。依次吸取标准储备液5、2.5、1、0.5、0mL，并用1mol/L 中性醋酸铵(pH＝7)溶液定容至100mL 容量瓶，得到钾浓度为100、50、20、10、5、0mg/L 的标准溶液。此标准溶液可保存1个月(4℃冰箱避光保存)。

1mol/L 中性醋酸铵(pH＝7)溶液的配制：称取77.09g 分析纯醋酸铵加水稀释。定容至近1L。具体方法是：取出1mol/L 醋酸铵溶液50mL，用溴百里酚蓝作指示剂，以1∶1

稀醋酸或氨水调至绿色即 pH 为 7。根据 50mL 所用醋酸或氨水的用量(mL)，算出配制溶液大概所需量，最后调节 pH 至 7。

3. 仪器条件

检测参数：全钾、清洗液为 1mol/L 中性醋酸铵溶液(pH=7)、滤光片为 768nm。

4. 测定具体操作方法

①开启所有仪器部件及配套设施　空气压缩机→丙烷→点火→Flowdata→取样器(检查取样针的螺丝是否松动，观察取样针及样品盘运行是否正常)→钾离子分析通道(整理泵管并合紧泵盖)→计算机。

②开启泵　等分析通道进入正常界面，与 PC 软件连接，泵开始运行，当管路运行正常，将火焰光度计雾化器的聚乙烯管连接到出样管上，泵入清洗液(超纯水)。

取样器泵入基线液[1mol/L 中性醋酸铵溶液(pH=7)]。注意：火焰光度计废液收集槽中要始终有水，有废液排出。

进入分析界面，选择待分析参数，根据流路图连接相应通道；测样之前修改第一个出峰时间为 0，输入标准液浓度(固定的不能随意修改)。

等待 10min，确认气泡规律性，检查所有的管路是否正常泵入液体，待气泡有规律后，进行火焰光度计调零。

③设置空白(零点)

在做空白、校正和测量时，关闭火焰视镜窗口。

当基线走稳时，通过旋转"blank"钮将软件 OD 值调到 000。

④调节增益　将标准曲线液的最高浓度标准液置于取样器位置 1，进行手工取样，进样针取液(最高浓度)60~99s，视不同参数而定，等待峰的出现并趋于稳定时调节增益(读数值 80%~90%)，等待读数值回落至基线，若基线值高于原基线，则重新调整至 5%。

⑤编辑样品盘　样品盘编辑顺序：标准曲线(浓度从高到低)→wash→样品→wash(wash 为同一杯，一般 10 个样加一个 wash)，将消煮过滤好的样品按上述顺序摆放，启动分析。

分析结束后，用超纯水冲洗管路至少 30min。

⑥数据导出　点击"file open results"在 syslyzer 文件夹中选择结果文件名(默认时间为文件名)打开就可以看见标准曲线，样品峰图和样品中钾含量，检测范围为 0~100。

⑦关闭所有仪器部件及配套设施(先拔进样管，待管路水烧干)　乙炔→空气压缩机→关火→取样器(关闭泵并拧开泵螺丝)→钾分析通道(打开泵盖并松开泵管)→Flowdata→计算机。

5. 实验数据分析与讨论

利用外标法计算速效钾含量。

根据标准品浓度及峰面积直接计算出各样品速效钾含量(mg/g)。

土壤速效钾含量(mg/g)= 各样品速效钾含量(mg/L) × 样品消煮定容体积(L) / 样品重(g)

四、注意事项

①确保上机测定提取液是澄清透明的，无悬浮物，无杂质。

②为保证实验的准确性，需做2~3个空白对照。

③样品测定之前，必须进行预实验，观察样品峰型是否正常，峰高是不是在检查范围内。

④仪器系精密贵重仪器，在未熟悉仪器的性能及操作方法之前，不得随意拨动主机的各个开关和旋钮。仪器在开、关机时必须严格按照操作方法进行。

⑤空气泵与检测器相连的管子运行一段时间，里面会有冷凝水，如果冷凝水比较多，就需要把管子卸下来，清理干净里面的冷凝水。

⑥仪器运行环境需要保持清洁，不使用时需盖上防尘罩。

实验三十二　土壤中铜含量的测定（火焰法）

一、实验原理

土壤中铜的测定，样品制备大都采用全量消解法。由于农田土壤中有机质和植物纤维的影响，消解往往不完全，待测成分易损失，试剂消耗量大及酸气对操作人员有害等缺点，本实验采用10%硝酸浸泡、超声波提取的办法，测定土壤中的铜含量，该方法较为简便可靠。

火焰原子化法是在无机微量元素定量分析中应用最广泛的一种分析方法。它可以将溶液雾化蒸发为分子蒸气，再从分子蒸气解离成基态原子。基态原子吸收从光源辐射出待测元素的特征光波，根据辐射光波强度减弱的程度，可以求出样品中待测元素的含量。

二、实验材料、仪器及试剂

(1) 实验样品：土壤样品。
(2) 实验仪器：ZA3000原子吸收光谱仪。
(3) 实验试剂：硝酸（优级纯）、铜标准液（购于国家标准物质中心）。

三、实验步骤

1. 样品的处理

称取烘干后的土壤样品10g于50mL具塞比色管中，加入10%硝酸溶液定容，加塞密封后置于超声波清洗器中，调电流为250mA使超声波发生功率为55W，浸提上清液于离心机中离心后备用。

2. 标准溶液的配制

依次吸取铜原液（1000mg/L）3、2.5、1.5、1、0.5、0.1、0mL于100mL容量瓶中，以0.1%~0.5%硝酸溶液定容，此溶液每升含铜为30、25、15、10、5、1、0mg。

3. 仪器工作条件

灯电流值为7.5mA，波长为324.8nm，狭缝为1.3nm，燃烧头的标准燃烧器高度为7.5mm，火焰为空气—乙炔，助燃气体压力为160kPa，燃料气体流量为2.2L/min。

4. 结果分析

利用外标法计算铜含量。根据标准品浓度及峰面积直接计算出各样品铜含量(mg/g)。

土壤铜含量(mg/g)= 各样品铜含量(mg/L)× 样品提取体积(50mL)／样品重(g)

四、注意事项

①测定上限浓度大约是 30mg/L。

②在分析上使用的标准液是用超纯水将原液稀释而调制出来的。在这个时候添加少量硝酸,把标准液做成酸性的。调制液要是长期保存的话其浓度会发生变化,应在每次使用时调制。

③样品如果不添加酸的话会生成氢氧化物,原子吸收灵敏度会降低,为此需要添加一定量的酸。

实验三十三 土壤中铜含量的测定(石墨炉法)

一、实验原理

石墨炉原子吸收光谱法是利用石墨材料制成管、杯等形状的原子化器,用电流加热原子化进行原子吸收分析的方法。由于样品全部参与原子化,并且避免了原子浓度在火焰气体中的稀释,分析灵敏度得到了显著的提高。该法用于测定痕量金属元素,在性能上比其他许多方法好,并能用于少量样品的分析和固体样品直接分析。

二、实验材料、仪器及试剂

(1)实验材料:土壤样品。

(2)实验仪器:ZA3000 原子吸收光谱仪。

(3)实验试剂:硝酸(优级纯)、铜标准液(购于国家标准物质中心)。

三、实验步骤

1. 样品的处理

称取烘干后的土壤样品 0.1g 于 50mL 具塞比色管中,加入 10%硝酸溶液定容,加塞密封后置于超声波清洗器中,调电流为 250mA 使超声波发生功率为 55W,浸提上清液于离心机中离心后备用。

2. 标准溶液的配置

一级母液:吸取铜原液(1000mg/L)1mL 于 100mL 容量瓶中,以 0.1%~0.5%硝酸溶液定容,此溶液每升含铜为 10mg/L。

二级母液:吸取铜一级母液 10mL 于 100mL 容量瓶中,以 0.1%~0.5%硝酸溶液定容,此溶液每升含铜为 1mg。

工作曲线的配制：吸取铜二级母液0、0.5、1、2、3、4mL于100mL容量瓶中，以0.1%~0.5%硝酸溶液定容，此溶液每升含铜为0、5、10、20、30、40μg。

3. 仪器工作条件

①灯电流值为7.5mA，波长为324.8nm，狭缝为1.3nm，石墨管为耐高温石墨管HR，气体流量原子化时为30mL/min，样品量为20μL，加热方式为光温度控制。
②温度程序
第一阶段：干燥温度80~140℃，时间40s；
第二阶段：灰化温度600℃，时间20s；
第三阶段：原子化2400℃，时间5s。

4. 结果分析

利用外标法计算铜含量。根据标准品浓度及峰面积直接计算出各样品铜含量(mg/g)：
土壤铜含量(mg/g) = 各样品铜含量(mg/L) × 样品提取体积(0.05L)/样品重(g)

四、注意事项

①工作曲线的直线范围大约是在40μg/L(吸光度0.4)就能够得到。可以测定的范围是1~40μg/L。
②在分析上使用的标准液是用超纯水将原液稀释而调制出来的。在这个时候添加少量硝酸，把标准液做成酸性的。调制液要是长期保存的话其浓度会发生变化，应在每次使用时调制。
③样品如果不添加酸的话会生成氢氧化物，原子吸收灵敏度会降低。为此需要添加一定量的酸。
④在参数的设定上请注意以下两点：灰化温度在800℃以下；原子化温度在2400~2600℃。

实验三十四　DSC三步法对液压油比热容的测定

一、实验原理

1. 热容和比热容概念

热容(heat capacity)是物质温度升高或降低时所吸收或释放的能量。

比热容(specific heat capacity)，又称为比热容量(specific heat)，则是单位质量物质改变单位温度时所吸收或释放的能量[J/(kg·K)]，简称比热。比热是表征物质热性质的物理量，其体现了分子的运动能力，提供材料物理特性随温度变化的信息，是十分重要的热力学参数。

设有一质量为m的物体，在某一过程中吸收(或放出)热量ΔQ时，温度升高(或降低)ΔT，则$\Delta Q/\Delta T$称为物体在此过程中的热容量(简称热容)，用大写C表示，即$C = \Delta Q/\Delta T$。

用热容除以质量，即得比热容 $c=C/m=\Delta Q/m\times\Delta T$。

2. DSC 三步法测比热原理

DSC 三步法测定比热时，需要进行三次实验（相同的升温速率），来补偿热焓校正误差、基线弯曲、无绝对热流信号。

①基线　在参比端与样品端各放置一个同样的空白坩埚。
②标样　样品坩埚中放入蓝宝石标样，参比端放置空白坩埚。
③样品　样品坩埚中放入待测样品，参比端放置空白坩埚。

得到三条热流曲线：一条基线、一条蓝宝石比热标样和一条样品热流曲线，由于标准物的比热已知，扫描速率恒定，故经过简单的比例关系，即可求得被测样品的比热。

设 q_B、q_S、q_R 分别表示基线热流、被测样品热流和标准物质热流，则有：

$$q_R - q_B = m_R c_R \beta$$

$$q_S - q_B = m_S c_S \beta$$

式中 m 表示质量；c 表示比热；β 表示升温速率；下标 R 和 S 分别表示标准物质和被测样品，进而可得：

$$c_R = (q_S - q_B / q_R - q_B) \times (m_R / m_S) \times c_S$$

DSC 三步法用于精确的比热测量和理论分析，误差可控制在 0.1% 之内。但要注意的是，采用 DSC 三步法测定比热时，只有热流平稳段的数据是有效数据，两端靠近等温程序的非稳定区的热流数据不能用于比热计算。为了确保试验数据的有效性，每一个样品做三个平行样。由于在降温冻结过程中受到冷却环境的限制，这会给相变区的比热数据带来一定的误差，因此，一般都采用升温过程的数据来计算比热。

二、实验材料及仪器

（1）实验材料：液压油、花生油等样品。
（2）实验仪器：TA Q2000 差示扫描量热仪（供气源为氮气）、十万分之一分析天平、移液枪等。

三、实验步骤

1. 上样准备

三步法测比热容时，需要三次上样，并用相同的实验程序运行，之后利用 DSC 数据分析软件和动力学软件对获取的数据进行分析，求得样品比热。

第一次上样：空坩埚 2 个，加液体盖后无需冲压密封，分别放置参比端和样品端，获得空白基线热流曲线。

第二次上样：由于测试样品为油状液体，均选用液体盖，样品坩埚中放入密封盘（hermetic pan）用蓝宝石标样（小号透明，比热容专用），参比端放置空白坩埚，无需冲压密封，获得蓝宝石标样热流曲线。

第三次上样：精确称取 10.00mg 的样品于铝制坩埚中，加液体密封盖，并在专用封口机上冲压成上机用样坩，用空坩埚加液体密封盖作为空白对照，获得样品热流曲线。

每步准备好样品后,就可开始上机实验步骤。

2. 仪器操作流程

①打开氮气　打开氮气总阀门,调整到0.06MPa,设置流速为50mL/min。

②打开制冷　开制冷机上方的按钮,使接通按钮达"按下"状态,此时灯亮。

③打开TA主机　打开主机背后的电源开关,仪器开始自检,等待约2min,当DSC主机的显示屏上出现"TA"标志,开主机完成。

④点击计算机显示屏上TA控制软件图标,双击打开仪器图标。

打开的文件浏览器中点击"Control"中"Event"下的"On"。接着点击"Control"中的"Go To Standby Temp",约15min后,可以开始实验或校正。

⑤编辑实验程序　首先点击"Summary",Mode选择"Standard",test选择"Custom",在"Sample Name"后输入待测样品名,在Pan Type选择待测样品盘类型,在Sample中输入样品质量。点击"Date File Name"后的图标,输入数据保存路径,注意文件名不能是中文及特殊字符。

接着点击"Procedure"。在"Test"中选择"Custom",点击"Editor",会出现方法编辑器,点击右边的方法命令,命令将出现左边的程序栏中。编辑程序栏中的步骤,不用的步骤用红色叉删除。

设置测试程序为:

Equilibrate at −10℃(起始温度−10℃开始平衡);

Isothermal for 5min(等温5min);

Ramp 10℃/min to 60℃(以每分钟10℃升至60℃);

Isothermal for 5min(等温5min),最后点击"OK"。

⑥加载样品,关闭炉盖,开始实验　点击"Control"中"Lid"下的"Open",炉盖打开后放入样品坩埚,远端放置对照坩埚,近端放置测试样品。选择"Lid"下的"Close",盖好炉盖,点击"OK"键,此时差示扫描量热仪仪器上指示灯变为红色,点击仪器控制软件上的绿色启动按钮,程序开始运行。

⑦停止实验　实验结束,点击"Control"中"Event"下的"Off"。点击"Control"中的"Go To Standby Temp"。

待温度(Temperature)到40℃时,点击"Control"中"Lid"下的"Open",取出坩埚。点击"Control"中"Lid"下的"Close",关闭炉子。

⑧数据分析　打开空白坩埚、蓝宝石标样、样品三个实验结果。

将蓝宝石、样品曲线分别扣除空白基线,注意单位均为mW,分别在蓝宝石、标样界面点击Tools→Baseline File(选中空白基线)。点击"OK"即得到扣除空白后的热流曲线。

将扣除基线后的蓝宝石、样品热流值导出:分别在蓝宝石、标样界面点击View→Data Table→Spreadsheet;在跳出的界面输入要计算比热的起始温度、终止温度、温度增量;点击"OK"后即可直接将蓝宝石、标样热流值导出到Excel表格里。

根据公式即可计算得到各温度下样品的比热。

⑨关闭仪器　等待信号栏中"Flange Temperature"高于室温(实际房间温度)。点击Control中的"Shutdown Instrument"。

关闭连接的各系统：待触摸屏提示可以关机后，关闭仪器背后的电源开关→关闭制冷机正面的电源开关→关闭氮气→关闭计算机。

四、结果与分析

利用 DSC 三步法测得的液压油的热流曲线和比热数据如图 3-14 所示，从热流曲线可以看出在上述测试程序下不同类型液压油均未发生相变，热流曲线平缓，适合做比热分析。

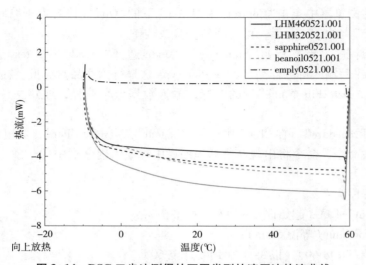

图 3-14　DSC 三步法测得的不同类型的液压油热流曲线

五、注意事项

①起始温度最少要比所需比热温度低 30℃。
②恒温时间为 2~10min。
③测试温度范围最好不超过 200℃，温度范围较宽时最好分段测试。
④采用相对高的升温速率（>10℃/min）及大样品量（>10mg），可以达到较高的准确度和精确度。
⑤样品在整个测试温度范围内不发生物理化学变化。
⑥测试前后样品质量差不超过 0.3%。
⑦样品坩埚与参照坩埚质量相当（偏差<0.1mg）。
⑧测试时，先通气体，再开制冷附件。实验结束时，等"Flange Temperature"回到室温后，才能关气体。
⑨采集数据过程中应避免仪器周围有明显振动，严禁打开上盖，同时，不能在实验过程中调整样品净化气体流量，因为气体流量的轻微改变就会对 DSC 热流曲线产生明显影响。

实验三十五　六水氯化钙/EG 复合相变材料的相变温度、相变潜热和比热容测定

一、实验原理

相变蓄热技术利用相变材料(phase change materials，PCM)的相变潜热来实现能量的蓄存和利用，具有储热密度高、相变过程恒温等特点，是缓解能量供需不平衡的有效方式，在太阳能集热器、太阳能热泵、温室储能等太阳能低温储热领域应用广泛。

六水氯化钙的相变潜热较大(190J/g)，相变温度为 29.92℃，价格低廉，是一种较理想的太阳能相变蓄热材料。但六水氯化钙存在过冷度大和导热系数偏低两大缺点。为解决这些问题，目前许多研究以其为相变材料、添加膨胀石墨(expanded graphite，EG)等组成复合相变材料，来降低其过冷度、增加导热系数。本实验以膨胀石墨为载体，以六水氯化锶为成核剂，采用物理吸附法制备六水氯化钙/EG 复合相变材料，研究其热物理特性。

二、实验材料及仪器

(1)实验材料：六水氯化钙、膨胀石墨(50目)、六水氯化锶。
(2)实验仪器：TA Q2000 差示扫描量热仪、供气源为氮气、微波炉、十万分之一分析天平、水浴锅等。

三、实验步骤

1. 复合相变材料的制备

采用微波膨胀法制备膨胀石墨，将膨胀石墨粉置于 80℃ 真空干燥箱中干燥 12h，取干燥后的膨胀石墨粉均匀铺在烧杯底部。随后将烧杯置于微波炉中，微波功率设置为 800W，膨胀 20s 即可得到膨胀石墨。称取一定量六水氯化钙置于烧杯中，在 50℃ 恒温水浴中搅拌至融化完全熔化。随后加入成核剂六水氯化锶并分散均匀。然后将膨胀石墨加入混合液中并滴入少量去离子水，在 50℃ 恒温水浴中连续搅拌至均匀。最后将混合物置于真空干燥箱中，在 35℃ 下干燥 60min，得到复合相变材料，将复合相变材料转移至纸杯中，用保鲜膜密封后放入冰箱中凝固保存。

2. 实验步骤

精确称取 5.00mg 的复合相变材料样品于铝制坩埚中，并用固体坩埚盖密封，加盖后在专用封口机上冲压成上机用样埚。用空固体坩埚作为空白对照。

①打开氮气　打开氮气总阀门，调整到 0.06MPa，设置流速为 50mL/min。
②打开制冷　开制冷机上方的按钮，使接通按钮达"按下"状态，此时灯亮。
③打开 TA 主机　打开主机背后的电源开关，仪器开始自检，等待约 2min，当 DSC 主机的显示屏上出现"TA"标志，开主机完成。
④点击计算机显示屏上 TA 控制软件图标，双击打开仪器图标：打开的文件浏览器中

点击"Control"中"Event"下的"On"。接着点击"Control"中的"Go To Standby Temp",约15min后,可以开始实验或校正。

⑤编辑实验程序　首先点击"Summary",Mode选择"Standard",test选择"Custom",在Sample Name后输入待测样品名,在"Pan Type"选择待测样品盘类型,在"Sample"中输入样品质量。点击"Date File Name"后的图标,输入数据保存路径,注意文件名不能是中文及特殊字符。

测试程序为:

Equilibrate at 0℃(起始温度0℃开始平衡);

Isothermal for 2min(等温2min);

Ramp 2℃/min to 50℃(以每分钟2℃升至50℃);

Isothermal for 2 min(等温2min),最后点击"OK"。

⑥加载样品,关闭炉盖,开始实验　点击Control中Lid下的"Open",炉盖打开后放入样品坩埚,远端放置对照坩埚,近端放置测试样品。选择Lid下的"Close",盖好炉盖,点击"OK"键,此时差示扫描量热仪仪器上指示灯变为红色,点击仪器控制软件上的绿色启动按钮,程序开始运行。

⑦停止实验　实验结束,点击"Control"中Event下的"Off"。点击"Control"中的"Go To Standby Temp"。待温度到40℃时,点击"Control"中"Lid"下的"Open",取出坩埚。点击"Control"中"Lid"下的"Close",关闭炉子。

⑧结果分析和数据保存

分析数据:点击"Evaluation Window",出现蓝色按钮,打开该对话框,从"File"中选择"Open curve",选择样品名称对应的曲线进行分析。

保存数据:点击保存按钮或在"File"中选择"Save evaluation as…"保存分析好的图片。

导出数据:在"File"中选择"Import/Export"按钮,然后选"Export other format",保存数据格式为png和txt格式,其中,png为图片,txt为数据。

⑨关闭仪器:等待信号栏中"Flange Temperature"高于室温(房间实际温度)。点击"Control"中的"Shutdown Instrument"。

关闭连接的各系统:待触摸屏提示可以关机后,关闭仪器背后的电源开关→关闭制冷机正面的电源开关→关闭氮气→关闭计算机。

四、结果与分析

图3-15(a)所示为六水氯化钙及六水氯化钙/EG复合相变材料的DSC曲线。Hf为热流。纯六水氯化钙的固-液相变潜热为179.0J/g,相变温度为29.16℃,与理论相变潜热190J/g和相变温度29.92℃接近。复合相变材料的固-液相变潜热为151.6J/g,这与质量分数为88%的六水氯化钙的潜热接近,相变温度为29.01℃,略低于纯六水氯化钙的相变温度。

六水氯化钙/EG复合相变材料比热容与温度的对应曲线如图3-15(b)所示,c为比热容。材料在温度低于28℃和高于32℃时的平均比热容为2.73J/(g·℃)。在相变温度范围内,有效热容包含显热和潜热两部分,材料的有效比热容迅速增长,28~32℃下的平均比热容为49.94J/(g·℃),最高值达到88J/(g·℃)。

结论：以六水氯化钙为相变材料、EG 为吸附基质、六水氯化锶为成核剂，采用物理吸附法制备的六水氯化钙/EG 复合相变材料导热系数、传热均优于纯六水氯化钙，适合在太阳能低温储热领域中应用。

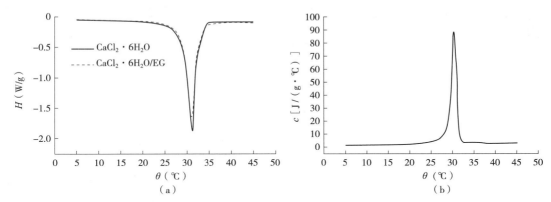

图 3-15　六水氯化钙和六水氯化钙/EG DSC 曲线及复合相变材料比热容曲线图
(a) 六水氯化钙和六水氯化钙/EG 的 DSC 曲线　(b) 复合相变材料比热容曲线

五、注意事项

①测试样品前应对样品的性质有大概了解，样品在测试温度范围内不能发生热分解，与金属铝不起反应，无腐蚀。被测量的试样若在升温过程中能产生大量气体，或能引起爆炸的不能使用该仪器。

②试验中，若选择铝坩埚为样品皿，试验的最高温度不可超过 550℃，若实验中最高温度超过 550℃，则应选用陶瓷坩埚。

③实验室室温控制在 20~30℃，在温度较为恒定的情况下实验结果精确度和重复性较高。在室温较高的情况下需开空调以保证环境温度在短期内相对恒温。

④为确保试验结果的准确性，使用仪器时应先空烧(不放入任何样品和参照物) 30min 左右。

⑤制备 DSC 样品时，不要把样品洒在坩埚边缘，以免污染传感器，破坏仪器。坩埚的底部及所有外表面上均不能沾附样品及杂质，以免影响实验结果。

⑥测试时，先通气体，再开制冷附件。实验结束时，先关制冷附件，等"Flange Temperature"回到室温后，才能关气体。

⑦采集数据过程中应避免仪器周围有明显的振动，严禁打开上盖，同时，不能在实验过程中调整样品净化气体的流量，因为气体流量的轻微改变就会对 DSC 热流曲线产生明显的影响。

实验三十六　质构仪对桃果实质地的全质构测试

一、实验原理

全质构测试(texture profile analysis，TPA)模式主要通过模拟人的口腔咀嚼运动，利用力学测试方法模拟食物的质地感觉,全面测定食品的硬度、黏附性、弹性、内聚性和咀嚼性等参数,可减小通过人口腔主观评价带来的差异,是一种综合描述食品物性的质构分析方法。

本实验主要从以下几个指标对桃果肉质地给予评定,典型的全质构(TPA)测试质构曲线如图 3-16 所示。

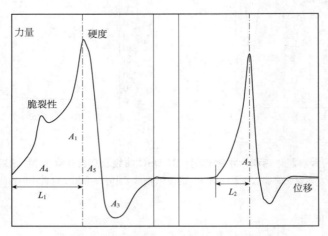

图 3-16　全质构(TPA)测试质构曲线图

1. 基本参数

硬度(hardness):样品达到一定变性时所必须的力。硬度值指第一次挤压循环的最大力量峰值。

弹性(springiness):形变样品在去除变性力后恢复到变性前的条件下的高度或体积的比率。它的量度是第一次挤压结束后第二次挤压开始前样品恢复的高度(L_2 或 L_2/L_1)。

黏附性(adhesiveness):克服食品表面同其他物质表面接触之间的吸引力所需要的能量,在质构曲线上是指第一次挤压的负峰面积(A_3),是探头脱离样品表面所做的功(必须确保探头完全同样品脱离开)。

内聚性(cohesiveness):样品内部的收缩力(数值越大,内聚性越强)。它的量度是第二次挤压循环的正峰面积同第一次挤压循环的正峰面积的比值(A_2/A_1)。

2. 二级参数

二级参数是样品特性研究的一个延伸,反映了样品的一些流变学特性,主要包括:

脆裂性(fracturability):样品出现折断时的力,指第一次挤压循环时出现的第一个破裂力。

胶黏性(gumminess):吞咽前破碎半固体食品时需要的能量,计算值=硬度值×内聚性。

咀嚼度或适口度(chewiness):咀嚼固体样品时需要的能量,计算值=胶黏性 × 弹性。

二、实验材料及仪器

(1)实验材料:桃果实。

（2）实验仪器：FTC 质构仪。

三、实验步骤

1. 样品前处理

采集新鲜桃果实，选取果实缝合线两侧去皮果肉部分进行测定，将果肉切成长、宽、高均为 1cm 左右的正方体方块。

2. 仪器条件

探头：选择圆盘形挤压探头；探头下降速度为 60mm/min；形变量为 30%。采用完全随机设计，每次测试选 10 个果实，每个果实测定 2~4 次。

3. 操作流程

①打开质构仪电源，启动计算机，打开软件。

②安装好探头，并处理样品。根据样品高度，通过主机面板上的上、下调节按钮调节力量感应元至合适的位置。

③在打开的软件主界面（"United"→"Texture Lab Pro"（Force）），点击"File"下面的"Load Library Program"选项，出现程序包文件夹，选择"TPA→250N"程序，点击"确定"。

④点击打开的程序界面左下方"Control"下方的"Start"键，在弹出的对话框中输入合适的清理样品台及安装探头的暂停时间，输入完成后点击"OK"。

接下来弹出的对话框中，依次输入"力量感应元的量程（最大为 250N）""探头回升高度（15mm）""形变量（30%）""检测速度（60mm/min）""起始力（0.2N）"等一系列测试参数。

⑤输入完毕，弹出放置样品对话框，放置好样品后点击打开的程序界面左下方"Control"下方的"Resume"键。

开始预实验。

结束后，接受实验设置，按"1"；修改参数，按"0"。

⑥实验结束后，清洗操作平台和探头，并且用纸巾擦干，准备下一个实验。

⑦关闭质构仪电源，关闭计算机电源。

四、结果与分析

本实验中，桃果肉硬度为 8.47N，弹性为 2.6mm，黏附性为 1.273mJ，内聚性为 0.331，胶黏性为 2.804N，咀嚼度为 7.29mJ。

桃果肉 TPA 质构曲线如图 3-17 所示。

五、注意事项

①安装力量感应元时，请确定主机关机 2min 后，再插拔线头。

②安装主机与计算机的数据线时，需确定主机关机 2min 后与主机前面板的电源指示灯灭后，再接线。

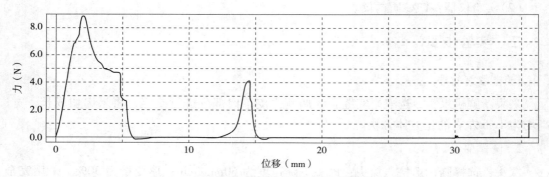

图 3-17 桃果肉 TPA 质构曲线

③安装合适的探头，并且旋紧，固定好平台。

④尽量选取桃果实缝合线两侧相同位置的果肉进行重复实验，保证重复数据的精确性。

⑤运行程序后，要密切注视实验的进程，如有紧急情况，请立即按下主机前面板的"Emergency Stop（紧急停止）"按键。

⑥开始实验后，请勿倚靠或晃动桌面，保持仪器平稳运行。

⑦清洁台面，用拧干的湿毛巾轻轻擦拭样品台和探头后，再用纸巾擦干，收好探头。

实验三十七　质构仪整果穿刺法评价苹果果实质地参数

一、实验原理

质构仪的工作原理是模拟人的触感，分析检测在力作用下果蔬、食品物理性质。在主机的机械臂和测试探头连接处有一个力量感应元，能够感应食品物料对探头的反作用力，将这种力学信号传递给计算机，并转变为数字记录和图形表达，快速直观地描述样品的受力情况。样品测试之前，通过计算机程序控制，设计合适的机械臂移动速度，当传感器与被测物体接触达到设定触发力或设定触发深度时，计算机以设定的速度进行记录，并在直角坐标系中绘图表示，时间位移可以自由转换，并可计算出被测物体的应力与应变关系。

质构仪的测试探头有多种，有锥形、柱形、针形、球形、盘形探头等，也有满足特殊测试需求的延伸测试装备、抗拉测试装置、轻型刀片测试装备等，可以根据实际情况，考虑测试要求和要检测的质构特性，选择不同的测试探头及测试附件。其中，果实质构分析主要包括果肉多面分析（TPA）和穿刺测验（puncture test）两种方法，得出果实质地量化指标。

本实验主要应用整果穿刺法测定完整苹果果皮硬度、果肉硬度、脆性、黏着性等质地参数。

果皮强度：第一峰的力值，即果皮破碎时的力。

果皮脆性：第一峰的力值与运行距离的比值。

果肉硬度：第二峰的力值。
果肉黏着性：负峰面积。

二、实验材料及仪器

（1）实验材料：7~12月从不同品种果树上采集不同成熟度的果实，每个品种果实分别取自3株树，各自混合后，每组各取6~8个果实，每果取最大横径处阴、阳面2个部位测定质地参数。

（2）实验仪器：FTC质构仪。

三、实验步骤

①打开质构仪电源，打开计算机电源，打开软件。

②选择果实穿刺适用的直径为5mm的圆柱形探头，安装好探头后处理样品。根据样品高度，通过主机面板上的上、下调节按钮调节力量感应元至合适的位置。

③在打开的软件主界面["United"→"Texture Lab Pro"(Force)]，点击"File"下面的"Load Library Program"选项；出现程序包文件夹，选择"穿刺-250N"程序，点击"确定"。

④点击程序界面"Control"下方的"Start"键。输入最大量程250N后，弹出"2秒后探头运行寻找位移零点"提示框，2s后探头缓慢下降至贴近样品台表面，此即位移调零过程，将样品平台设置为位移零点。

在接下来弹出的对话框中，依次输入本次实验测试参数：起始力（0.2N）、实验检测速度（60mm/min）、穿刺距离（11mm）、回程速度（60mm/min）、回程距离（80mm）等。

⑤实验结束后，按照前文3.2.1.3节内容（质构仪仪器操作方法），依次保存和输出实验结果。

四、结果与分析

本实验中，苹果果皮硬度为28.85N，脆性为6.45N/m，弹性为11mm，果肉硬度为31.07N，黏附性为2.29mJ。

完整的苹果果实穿刺测试质构曲线如图3-18所示。

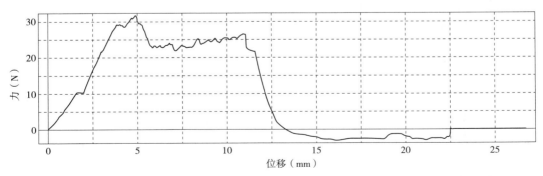

图3-18 苹果果实穿刺测试质构曲线

五、注意事项

①预实验运行速度不要超过300mm/min,根据实验结果及时调整实验参数。

②尽量选取果实最大直径处两侧相同的位置进行重复实验,以保证重复数据的精确性。

③运行程序后,要密切关注实验进程,如有紧急情况,立即按下主机前面板的"EmergencyStop(紧急停止)"按键。

④开始实验后,请勿倚靠或晃动桌面,保持仪器平稳运行。

⑤实验结束后,清洁台面,用拧干的湿毛巾轻轻擦拭样品台和探头后,再用纸巾擦干,收好探头。

实验三十八　TOC-L总有机碳分析仪测定土壤中总有机碳含量

一、实验原理

总有机碳(TOC)是土壤和沉积物中一个重要的组成成分,对土壤的性质及有机污染物在土壤中的迁移和转化都会产生很大的影响。土壤有机碳有着多变性,其总量会随着农业管理、土壤干湿交替、轮作、耕作、施肥等而不断变化。另外,土壤有机碳的分布具有非均匀性,不同粒级的土壤颗粒中会有不同含量,微团聚体数量增加会明显提高土壤颗粒有机碳含量。

目前,评价土壤有机质含量和监测土壤有机质动态变化的需求使土壤有机碳的测定显得越来越重要,已成为植物生产上重要的常规测定项目。与常规化学方法比较,TOC有机碳分析仪的测定结果准确、稳定,省工省时,节约人力,是现代土壤碳素分析的重要手段。

二、实验材料、仪器及试剂

(1)实验材料:陕西省低、中、高3种肥力土壤样品。
(2)实验仪器:TOC-L$_{CPH}$总有机碳测定仪。
(3)实验试剂:25%磷酸、优级纯葡萄糖、碳酸氢钠。

三、实验步骤

1. 土壤样品前处理

(1)风干处理:将野外取回新鲜湿土样平铺于干净的纸上,弄成碎块,摊成薄层(厚约2cm),放在室内阴凉通风处自行干燥(40℃烘干)。切忌阳光直接暴晒和酸、碱、蒸汽以及尘埃等污染。

(2)磨细和过筛:挑出自然风干土样内的植物残体,使土体充分混匀,称取土样约500g放在研钵内研磨。

磨细的土壤先用孔径为 1mm(18 号筛)的土筛过筛,用作颗粒分析土样(国际制通过 2mm 筛孔)。反复研磨,使<1mm 的细土全部过筛。粒径>1mm 的未过筛石砾,称重(计算石砾百分率)后遗弃。

将<1mm 的土样混匀后铺成薄层,划成若干小格,用骨匙从每一方格中取出少量土样,总量约 50g。仔细拣出土样中的植物残体和细根后,将其置于研钵中反复研磨,使其全部通过孔径 0.25mm(60 号筛)的土筛,然后混合均匀。经处理的土样,分别装入广口瓶,贴上标签。

2. 标准品处理方法

TC 标准物葡萄糖 105℃烘 2h 后放入干燥器中冷却存放。IC 标准物碳酸钠 270℃烘 3h 后放入干燥器中冷却存放。

3. 仪器条件

载气为高纯氧气,压力为 200kPa,流速为 500mL/min。

进样温度:TC 900℃,IC 200℃。

进样方式:手动自动进样。

取样量:50~80mg。

4. 实验流程

具体实验流程同前文 3.1.3.3 节(总有机碳分析仪操作方法)中固体进样操作步骤,实验结束后按照相应流程关机。

四、注意事项

①开仪器前先打开氧气总阀,检查载气气压和气流是否调到指定位置。为了防止高灵敏度的催化剂上浮至燃烧管顶部,加热电炉时请确保一直有载气通过。

②联机后等待 30~40min,使电炉温度和基线稳定后才可开始测定样品。

③使用 SSM-5000A 测量固体时由于 TC 和 IC 样品口的气体流路是串通的,因此,分析期间应确保两个端口均完全封闭。

④使用 SSM-5000A 进行固体样品 TC 及 IC 测量时,为避免更换样品舟时带入进样口的空气在测量时产生空气 CO_2 峰,关紧样品盖后需等待约 2min,使载气流动吹走带入进样器中空气后,再单击"开始",进行测量。IC 测量时,等待约 2min 后,注入磷酸(注射磷酸用量和样品的总体积不能超过 0.5mL)并立即将样品插入炉中进行测量。

⑤使用葡萄糖作为标准品绘制 TC 标准曲线时,样品表面必须覆盖一层陶瓷纤维,以防止样品在燃烧过程中飞溅而污染仪器及产生误差。

⑥仪器使用完毕后,先在 TOC-Control L 软件上选择"关机"(电炉将先关闭),30min 后再关闭 TOC-L 主机右上方总电源,这种关机过程可以减少不必要的损耗,延长 TC 进样口部件的使用寿命。

⑦样品舟使用完毕后先用清水清洗干净,再放在 2mol/L 硫酸或盐酸中浸泡约 10min,使用自来水清洗后,最后使用蒸馏水冲洗,烘干备用。

实验三十九　TOC-L 总有机碳分析仪测定土壤微生物生物量碳含量

一、实验原理

土壤微生物生物量碳，简称土壤微生物量碳（soil microbial biomass carbon，SMB-C）是指土壤中体积<$5×10^3 \mu m^3$的活的和死的微生物（主要包括细菌、真菌、藻类和原生动物等）体内碳的总和。

土壤微生物生物量碳在土壤碳库中所占比例很小，一般只占土壤有机碳总量的 1%~4%，但对土壤有效养分而言，却是一个很大的供给源和库存，是土壤活性大小的标志。其不仅对土壤有机质和养分的循环起着主要作用，同时是一个重要活性养分库，直接调控着土壤养分（如氮、磷和硫等）的保持和释放及其植物有效利用性。近 40 年来，土壤微生物生物量的研究已成为土壤学研究热点之一。微生物对有机碳的利用率是一项反映土壤质量的重要特性，利用率越高，维持相同微生物量所需的能源越少，说明土壤环境更有利于土壤微生物的生长，质量越高。

测定土壤微生物量碳的主要方法为熏蒸提取法（fumigation extraction，FE）。氯仿熏蒸-硫酸钾提取法测定微生物碳的基本原理是：氯仿熏蒸土壤时，微生物的细胞膜被氯仿破坏而杀死，微生物中部分组分的成分特别是细胞质在酶的作用下自溶和转化为硫酸钾溶液可提取成分。采用总有机碳分析仪测定提取液中的碳含量，以熏蒸与不熏蒸土壤中提取碳增量（熏蒸-不熏蒸）除以转换系数 K_{EC}（0.45）来估计土壤微生物量碳含量。

二、实验材料、仪器及试剂

（1）实验材料：新鲜土壤样品。
（2）实验仪器：TOC-L$_{CPH}$总有机碳测定仪。
（3）实验试剂：1mol/L 盐酸、25%磷酸、优级纯葡萄糖、碳酸氢钠、0.5mol/L 硫酸钾溶液、去乙醇氯仿。

三、实验步骤

1. 土样前处理

新鲜土壤应立即处理或保存于 0~4℃ 冰箱中，测定前仔细除去土样中可见植物残体（如根、茎和叶）及土壤动物（蚯蚓等），过筛（孔径 2mm），彻底混匀。处理过程应尽量避免破坏土壤结构，土壤含水量过高应在室内适当风干，以手感湿润疏松但不结块为宜（约为饱和持水量的 40%）。土壤湿度不够可以用蒸馏水调节至饱和持水量的 40%。此样品即可用于土壤实时测定。

开展其他研究（如培养试验）可将土壤置于密闭的大塑料桶内培养 7~15d，桶内应有适量水以保持湿度，内放一小杯 1mol/L 氢氧化钠溶液吸收土壤呼吸产生的 CO_2，培养温度为 25℃。经过前培养的土壤应立即分析。如果需要保留，应将其置于 4℃ 的冷藏箱中，下次使用前需要在上述条件下至少培养 24h。这些过程可以消除土壤水分限制对微生物的影响，以及植物残体组织对测定的干扰。

2. 试剂配制

1mol/L 盐酸溶液：用 5 倍量的纯水将高浓度盐酸稀释为 1mol/L 盐酸溶液。

25%磷酸：用纯水将 117.65mL 85%磷酸稀释到 400mL。

总碳（TC）标准储备液：准确称取邻苯二甲酸氢钾（分析纯，预先在 105~120℃ 干燥 1h 至恒重）2.125g 置于 1L 容量瓶中，添加零水到 1L 刻度处，混匀（该溶液的碳浓度为 1000mg C/L）。

无机碳（IC）标准储备液：准确称取无水碳酸氢钠（分析纯）3.497g 和碳酸钠 4.412g 置于1L容量瓶中，添加零水到 1L 刻度处，混匀（该溶液碳浓度为 1000mg C/L）。

0.5mol/L 硫酸钾溶液配置：取 871.25g 硫酸钾（分析纯）溶解于蒸馏水中，定溶至 10L。由于硫酸钾较难溶解，配制时可用 20L 塑料桶密闭后置于苗床上（60~100r/min）12h 即可完全溶解。

去乙醇氯仿制备：在通风橱中，将氯仿（分析纯）与蒸馏水按 1∶2（$V∶V$）加入分液漏斗中，充分摇动 1min，慢慢放出底层氯仿于烧杯中。如此洗 3 次。得到的纯氯仿用无水氯化钙除去氯仿中的水分，于试剂瓶中在低温（4℃）黑暗状态可保存 2 周左右。

3. 标准曲线的绘制

分别准确吸取 10mL TC、IC 标准储备液（1000mgC/L）于 100mL 容量瓶中，用零水稀释至标线，混匀分别配制成 100mgC/L TC、IC 使用液，利用仪器自动稀释功能，得到 5~80mgC/L 的系列标准溶液，根据峰面积绘制标准曲线。

4. 测定参数

选取液体自动进样模式。

电炉温度为 680℃，喷射器流量为 80mL，喷射时间为 90s，加酸量为 1.5%，进样体积为 50μL，载气为高纯氧气，载气压力与流速分别为 200kPa，150mL/min。

进样量及方式：50μL，自动进样。

5. 操作流程

具体仪器操作流程同前文 3.1.3.3 节（总有机碳分析仪操作方法）中液体进样操作步骤，实验结束后按照相应流程关机。

四、注意事项

①开机前务必检查"三水两酸"（确认冲洗桶，加湿器水位，更换稀释水，检查盐酸和磷酸），确认燃烧管正常（确认废液管插入"Y"型接口）。

②清空废液桶且实验中及时清理废液桶，确保与仪器右侧废液排放口相连的排放管不要接触废液液面（减少负压）。

③开仪器前先打开氧气总阀，检查载气气压和气流是否调到指定位置。为了防止高灵敏度的催化剂上浮至燃烧管顶部，在加热电炉时要确保一直有载气通过。

④自动进样器"先开后关"（先于 TOC-L 主机打开之前打开，在 TOC-L 主机关闭后方

能关闭)。

⑤联机后等待30~40min，使电炉温度和基线稳定后才可开始测定样品。

⑥仪器使用完毕后，先在TOC-Control L软件上选择"关机"（电炉将先关闭），30min后再关闭TOC-L主机右上方总电源，这种关机过程可以减少不必要的损耗，延长TC进样口部件的使用寿命。

实验四十　NPOC法测定天然水样中总有机碳含量

一、实验原理

总有机碳(total organic carbon，TOC)是反映水质是否受到有机物污染的水质指标之一。日常检测中，一般水体的总有机碳或溶解性有机碳变化不会太大，如果有突发性的增加，则表示水质可能受到了污染。

总有机碳是以碳含量表示水体中有机物质总量的综合指标，它是指水体中溶解性和悬浮性有机物含碳的总量。由于水中有机物种类众多且不能完全分离，而TOC的测定通常采用燃烧法，这种方法能将水样中有机物全部完全氧化，比生化需氧量(biochemical oxygen demand，BOD)或化学需氧量(chemical oxygen demand，COD)更能直观表示有机物的总量，所以TOC可作为评价水体中有机物污染程度的一项重要参考指标。

一般可采取两种方法测量水体中TOC含量：差减法(TC-IC法)和直接法(NPOC法)。

NPOC法测定TOC值的原理：将水样用硫酸(或磷酸)酸化后曝气，使各种碳酸盐分解生成CO_2被驱除后，再注入高温燃烧管中，可直接测定总有机碳。但由于在曝气过程中会造成水样中可吹除有机物的损失(POC)，因此，其测定结果只是不可吹除的有机碳值(NPOC)。

清洁地表水、地下水、天然水、制药用水和纯净水等中只有少量的可吹除有机物，可采用NPOC法直接测量这些水样中TOC含量。

二、实验材料、仪器及试剂

(1)实验材料：水样。
(2)实验仪器：总有机碳分析仪(TOC-L_{CPH})、万分之一分析天平、干燥箱。
(3)实验试剂：分析纯邻苯二甲酸氢钾、浓盐酸(12mol/L)、85%磷酸。

三、实验步骤

1. 天然水样采集及前处理

水样采集后立即经0.45μm过滤器(Whatman GF/F)过滤[测量溶解有机碳(DOC)]，加入硫酸或磷酸，使其pH≤2，4℃(可保存7d)或-20℃(约保存1个月)条件保存备用。

2. 试剂配制

1mol/L盐酸溶液：用550mL的纯水将高浓度盐酸稀释为600mL 1mol/L的盐酸溶液。

25%磷酸：用纯水将117.65mL 85%磷酸稀释到400mL。

TC标准溶液：准确称取分析纯邻苯二甲酸氢钾（预先在105~120℃干燥1h至恒重）2.125g置于1L容量瓶中，添加零水到1L刻度处，混匀（该溶液碳浓度为1000mgC/L）。

3. 测定参数

电炉温度为680℃，喷射器流量为80mL，喷射时间为90s，加酸量为1.5%，进样体积为80μL，载气为高纯氧气，载气压力与流速分别为200kPa、150mL/min。

进样量及方式：50μL，自动进样。

标准曲线的绘制：分别准确吸取10mL TC标准储备液（1000mgC/L）于100mL容量瓶中，用零水稀释至标线，混匀配制成100mgC/L使用液，利用仪器自动稀释功能，得到5~80mgC/L的系列标准溶液，根据峰面积绘制标准曲线。

4. 操作流程

具体仪器操作流程同前文3.1.3.3节（总有机碳分析仪操作方法）中液体进样操作步骤，实验结束后按照相应流程关机。

四、注意事项

①开机前务必检查"三水两酸"（确认冲洗桶、加湿器水位，更换稀释水，检查盐酸和磷酸），确认燃烧管正常（确认废液管插入"Y"型接口）。

②清空废液桶，且实验中及时清理废液桶，确保与仪器右侧废液排放口相连的排放管不要接触废液液面（减少负压，以防渗液）。

③开仪器前先打开氧气总阀，检查载气气压和气流是否调到指定位置。为防止高灵敏度的催化剂上浮至燃烧管顶部，加热电炉时请确保一直有载气通过。

④为减少负压，确保与仪器右侧废液排放口相连的排放管不要接触废液液面。外部管道的高度始终低于排水口的高度。

⑤联机后等待30~40min，使电炉温度和基线稳定后才可测定样品。

⑥仪器使用完毕后，先在TOC-Control L软件上选择"关机"（电炉将先关闭），30min后再关闭TOC-L主机右上方总电源，这种关机过程可以减少不必要的损耗，延长TC进样口部件的使用寿命。

实验四十一 TOC-L总有机碳分析仪测定植物根、茎、叶等不同组织的TOC含量

一、实验原理

样品分别放入高温燃烧腔和低温反应腔中，高温燃烧腔的样品经900℃燃烧，所含有机碳及无机碳氧化生成CO_2；低温反应腔中的样品加入磷酸后，在200℃条件下促进无机碳酸盐分解生成CO_2。将以上两种情况所产生的CO_2分别导入非色散式红外线分析仪（NDIR）光谱定量检测出TC、IC，由差减式TC减IC得出TOC含量。

二、实验材料、仪器及试剂

（1）实验材料：马尾松等乔木的叶、枝、皮、根及林下灌木和草本的根、茎、叶、凋落物等。

（2）实验仪器：万分之一分析天平、干燥箱、TOC-L$_{CPH}$总有机碳分析仪。

（3）实验试剂：25%磷酸、优级纯葡萄糖、碳酸氢钠。

三、实验步骤

1. 样品前处理

植物样品在65℃烘箱中烘干至恒重，干燥冷却后粉碎过60目筛。TC标准物葡萄糖105℃烘2h后放入干燥器中冷却存放。

IC标准物碳酸钠200℃烘3h后放入干燥器中冷却存放。

2. 标准曲线绘制

分别称量5、10、20、30、50mg的葡萄糖粉末于样品舟中，样品表面覆盖少许陶瓷纤维，待仪器准备就绪后，将样品放入仪器中分别测出相应的信号响应值，得到TC的标准曲线。

分别称量5、10、20、30、40mg的无水碳酸钠固体于样品舟中，测量过程中通过酸加样器手动加入25%磷酸反应液0.4mL，分别测出相应信号响应值，绘制出IC标准曲线。

3. 仪器条件

载气为高纯氧气，压力为200kPa，流速为500mL/min。

进样温度：TC 900℃，IC 200℃。

进样方式：手动自动进样。

4. 操作流程

具体仪器操作流程同前文3.1.3.3节（总有机碳分析仪操作方法）中固体进样操作步骤，实验结束后按照相应顺序关机。

四、注意事项

①开仪器前先打开氧气总阀，检查载气气压和气流是否调到指定位置。为了防止高灵敏度的催化剂上浮至燃烧管顶部，在加热电炉时需确保一直有载气通过。

②联机后等待30~40min，使电炉温度和基线稳定后才可测定样品。

③使用SSM-5000A测量固体时，由于TC和IC样品口的气流路是串通的，因此，分析期间应确保两个端口均完全封闭。

④使用SSM-5000A进行固体样品TC及IC测量时，为避免更换样品舟时带入进样口的空气在测量时产生空气CO_2峰，关紧样品盖后需等待1.5~2min，使载气流动吹走带入进样器中空气后，再单击"开始"，进行测量。IC测量时，等待1.5~2min后，注入磷酸，并立即将样品插入炉中进行测量。

⑤仪器使用完毕后，先在 TOC-Control L 软件上选择"关机"（电炉将先关闭），30min 后再关闭 TOC-L 主机右上方总电源，这种关机过程可以减少不必要的损耗，延长 TC 进样口部件的使用寿命。

⑥样品舟使用完后先用清水清洗干净，再放在 2mol/L 硫酸或盐酸中浸泡大约 10min，自来水清洗后，最后使用蒸馏水冲洗，烘干备用。

实验四十二　TOC 分析仪总氮测定单元（TNM-L）测定环境水样中总氮

一、实验原理

环境水体中的总氮是水环境质量的重要指标之一。采用总有机碳分析仪（TOC-L）的总氮单元（TNM-L）测定水样中的总氮，不需要对样品进行复杂的处理就可以直接进样，操作简便。

样品注入 TOC/TNM 分析仪，TN 在含 Pt 催化剂的燃烧管（720℃）转化成 NO，NO 被臭氧（O_3）（由 TNM-1 中的臭氧发生器使用电火花在 50℃ 从作为载气的空气中产生）激发成 NO_2，当 NO_2 返回到基态时，将发射出光（590~2500nm），由化学发光检测器（硅光二极管检测器）测定。为了安全起见，NO_x 和臭氧分别用 NO_x 吸收器（碱石灰）和臭氧处理单元（含有二氧化锰）除去。

二、实验材料、仪器及试剂

（1）实验材料：分别采集市环境监测总站常规监测的水库、水厂（地下水）、污水及南水北调泵站的水样，密封后保存备用。

（2）实验仪器：TOC-L_{CPH} 总有机碳分析仪、万分之一分析天平、干燥箱。

（3）实验试剂：硝酸钾（分析纯）。

三、实验步骤

1. 标品准备

将硝酸钾在 105~110℃ 烘干 3h，冷却后准确称量 7.219g，溶于 1L 零水中得到 1000mg/L 的总氮标准储备液。

2. 标曲制作

标准曲线的制作：利用 TOC 分析仪总氮分析单元（TNM-L）将 1000mg/L 总氮标准储备液自动稀释，建立高、低浓度两条标准曲线。低浓度标准溶液总氮质量浓度分别设为 0.2、0.5、2.0、5.0、10.0mg/L，高浓度标准溶液总氮质量浓度设为 2、5、10、25、50mg/L。按以上分析条件进样，测定峰面积。

3. 仪器条件

选择 TOC/TN 系统（硬件配置为 TNM-L），更换 TOC/TN 催化剂，更换成 NO_x 吸收器，TOC-L 主机氧气压力与流速分别为 200kPa、150mL/min，燃烧炉温度为 720℃，载气为高纯氧气，TNM-L 单元臭氧空气压力与流速分别为 200kPa，150mL/min。

进样量及方式：50~70μL，自动进样。

4. 操作流程

具体仪器操作流程同前文 3.1.3.3 节（总有机碳分析仪操作方法）中液体进样操作步骤，实验结束后按照相应顺序关机。

四、注意事项

①开机前务必检查"三水两酸"（确认冲洗桶，加湿器水位，更换稀释水，检查盐酸和磷酸），确认燃烧管正常（确认废液管插入"Y"型接口）。

②清空废液桶且实验中及时清理废液桶，确保与仪器右侧废液排放口相连的排放管不要接触废液液面（减少负压）。

③测量 TN 前，必须先将 TOC 测定使用的 TOC 催化剂更换成 TOC/TN 催化剂。

④开机前先打开氧气总阀，检查载气气压和气流是否调到指定位置。为防止高灵敏度的催化剂上浮至燃烧管顶部，加热电炉时应确保一直有载气通过。

⑤联机后检查 TNM-L 臭氧空气压力和流量（200kPa，150mL/min），等待 30~40min，使电炉温度和基线稳定后才可以开始测定样品。

⑥仪器使用完毕后，先在 TOC-Control L 软件上选择"关机"（电炉将先关闭），30min 后再关闭 TOC-L 主机右上方总电源，这种关机过程可以减少不必要的损耗，延长 TC 进样口部件的使用寿命。

实验四十三　利用近红外仪快速检测苹果品质

一、实验原理

采用近红外光谱技术，连续采集近红外区域（700~1700nm）的光谱数据，恰好涵盖了最具有穿透力的短波近红外区和信号较丰富的长波近红外区域的主要部分，利用有机化学物质在近红外光谱区的光学特性，快速估测样品中的一种或者多种化学成分含量。适用于快速无损分析样品的物理和化学特性，如水分、蛋白、脂肪、淀粉、必需氨基酸、干物质、硬度等。

二、实验材料及仪器

(1)实验材料：苹果鲜果样品共 80 份。
(2)实验仪器：DA7200 近红外分析仪。

三、实验步骤

1. 样品预处理

采用近红外光谱仪扫描样品时，样品无需任何前处理。在旋转样品盘上，分别对每个样品进行 4 次扫描（每扫描 2 次后重新装样一次），扫描时输入参考数值。这样可以收集到最丰富的产品信息，减小取样不均匀对定标结果的影响。DA7200 采用二极管阵列检测技术并处理所有波长信息，一次扫描在 3s 内即可完成，所有光谱数据及参考数值实时储存入收集数据库。

2. 光谱数据预处理

利用近红外反射原理对样品进行分析时，光的分散度同时取决于颗粒度和波长，因此，为减小不同波长下光谱分散度不同对检测结果的影响，解决光谱吸光度与样品性状间的非线性即吸收非线性问题，本实验分别采用不同的光谱预处理方法对样品收集光谱进行处理，并根据定标模型的预测效果选择出最合适的前处理方法。

3. 定标模型的建立

采用偏最小二乘法（partial least squares，PLS）对经过预处理的光谱进行分析。并以交互验证的标准偏差（SECV）和所建模型的相关系数（R2）为衡量曲线预测效果的主要参数，根据马氏距离、主因素分析图及光谱残差图及浓度残差图等分析结果剔除特异样品。最后，分别选择水分、总糖、总酸和蛋白的最佳预测效果，确定定标模型。

4. 检验模型

定标模型建立后，每天取苹果样品进行化学分析，对所建立的定标模型进行检验，经过反复验证定标模型，得出统计学检验结果数据。

5. 操作流程

①打开软件后，等仪器预热 30min。

②光谱采集 输入样品的编号后，将样品杯放到圆形托架上面，注意大小盘的位置。光谱采集条件为：温度 40℃，分辨率 4cm，扫描次数为 32 次，光谱扫描时间约为 15s，以空气为背景，流通池光程设为 5mm。

③点击"分析"按钮，则开始分析。分析过后显示测量的结果和样品的光谱图（在打开光谱浏览器的情况下）。

④调整截距 点击"项目"菜单，选择编辑项目设置。然后选择需要编辑的项目，点击标题里面的"斜率和截距"，输入新的截距值。

采用偏最小二乘法（PLS 法）建立酸价和过氧化值定量模型。光谱预处理方法选择基线校正、多元散射校正（MSC）、标准正交变换（SNV）、Norris 导数平滑（NF）、Savitzky→Golay 平滑（SF）、一阶求导、二阶求导等。模型的评价指标选择相关系数、校正标准偏差（RMSEC）和预测标准偏差（RMSEP）。

⑤盲样验证分析 从市场收集不同种类和等级苹果样品 40 个，采集光谱利用相应模型预测总糖、总酸、蛋白等值；依照 GB/T 5009.37—2003 测定所有盲样的总糖、总酸和蛋白含量等，对预测值和实测值进行比较分析。

四、注意事项

①环境温度在 20~25℃ 恒温工作；湿度为 30%~70%。

②最好有稳压功能的 UPS 电源，功率在 1000W 左右。
③样品槽分里档和外档，用不同的样品杯时要选择样品槽。
④光学窗口的清洁　灰尘用无麻的软组织擦掉，勿用眼镜布。
⑤白板(弹出的那块板)用橡皮擦擦干净。
⑥要定时清洁机箱后面的风扇。
⑦其他样品　对于液体样品、黏度较大的膏状样品、吸湿性强的样品，需另外提供专用的测量系统附件。

实验四十四　茶叶中总硒的测定

一、实验原理

在酸性介质中以硼氢化钾作为还原剂，将样品溶液中的硒还原为硒化氢(SeH_4)，借助载气(氩气)将其导入原子化器，在氩-氢火焰中原子化而形成基态原子。在硒特制空心阴极灯照射下，基态硒原子被激发至高能态，在去活化回到基态时，发射出特征波长的荧光，在一定浓度范围内硒的荧光强度与含量呈正比，因此，通过测量荧光强度就可以计算出相应硒元素的含量。

二、实验材料、仪器及试剂

(1)实验材料：茶叶。
(2)实验仪器：AFS-8530 原子荧光光度计。
(3)实验试剂：硼氢化钾、氢氧化钠、硒国标溶液(以上试剂均为分析纯)，盐酸(优级纯)、硝酸(优级纯)、超纯水(电阻率≥18MΩ·cm)、氩气(≥99.99%)。

三、实验步骤

1. 样品前处理(微波消解)

称取固体试样 0.2~0.8g(精确至 0.001g)或准确移取液体试样 1.00~3.00mL，置于消化管中，加 6mL 硝酸，振摇混合均匀，于微波消解仪中消化(可根据不同的仪器自行设定消解条件)。消解结束开始赶酸，将消解管放置于电热板上 160℃加热直至溶液变为清亮无色并伴有白烟出现，继续加热至近干，约留 2~3mL 透明无色溶液，切不可蒸干冷却，转移至 10mL 容量瓶中，用水定容，混匀待测，同时做试剂空白试验。

2. 标准溶液及试剂的配制

(1)标准溶液的配制
①硒一级标准储备液的配制　取 100mL 容量瓶 1 个，准确量取 1.00mL 硒国标溶液(母液 100μg/mL)，用2%硝酸溶液定容至刻度，摇匀，放置 10min 后备用。此溶液浓度为 1.0μg/mL。
②硒二级标准储备液的配制　取 100mL 容量瓶 1 个，准确量取 10.00mL 硒一级标准

储备液加入容量瓶中,用2%硝酸溶液定容至刻度,摇匀,放置10min后备用。此溶液浓度为100ng/mL。

③硒标准系列的配制

硒标准介质:20%盐酸溶液。取100mL烧杯,先加入约70mL超纯水,再加入20.00mL盐酸,搅拌均匀后加纯水至刻度线(具体配制体积根据实际情况选择)。

硒标准系列的配制:取5个100mL容量瓶,分别准确加入0、1.00、2.00、4.00、8.00、10.00mL硒二级标准储备液,用标准介质定容,摇匀,放置10min即可使用。此标准系列的浓度为:0、1.00、2.00、4.00、8.00、10.00ng/mL。

(2)还原剂的配制

2%硼氢化钾—0.5%氢氧化钠溶液。在100mL超纯水中加入0.5g氢氧化钠,搅拌溶解,再加入2g硼氢化钾,搅拌溶解即可(具体配制体积根据实际情况选择)。

(3)载流的配制

5%盐酸溶液。取5.00mL盐酸用超纯水定容至100mL,搅拌均匀,即可(具体配制体积根据实际情况选择)。

3. 仪器条件(根据仪器性能调至最佳状态)

主阴极电流为80mA、辅助阴极电流为40mA、载气流量为600mL/min、屏蔽气流量为800mL/min、负高压为400V、泵速为60r/min、原子化方式为火焰法、原子化器高度为8mm。

4. 实验数据分析与讨论

利用外标法计算硒含量。根据标准品浓度及峰面积直接计算出各样品硒含量(mg/g)。

四、注意事项

①将泵管拉直再压,否则没有卡好,容易压裂甬管,造成漏液。

②配置标准曲线时,硒最高点浓度不超过30ng/mL,荧光强度不超过5000,可以通过降低负高压和灯电流,来降低灵敏度。

③酸介质要求 配置标准曲线时用盐酸稀释,硒价态多,硝酸具有氧化性。酸介质浓度要求不小于20%,酸浓度小,标准曲线放置时间一长元素不稳定,影响结果准确性。载流酸度小于5%。

④硼氢化钾为固体时比较稳定,遇水不稳,加氢氧化钠会减缓失效速度。最好随用随配。

⑤为减少仪器漂移对数据的影响,建议每测50~80个样品,重测标准曲线进行校准。

⑥测定时,标准空白溶液跟配置标准曲线时保持一致,样品空白与所有样品处理完全一致。标准空白荧光强度硒100左右。基线强度为200~300。

⑦测样完成需用稀盐酸清洗10次,用水洗3~5次,并排空。

实验四十五 茶叶中硒形态的测定

一、实验原理

植物样品提取液在流动相携带下通过色谱柱可以实现五种常见形态硒{硒代胱氨酸

[(SeCys)$_2$]、甲基硒代半胱氨酸(SeMeCys)、亚硒酸根离子[Se(Ⅳ)]、硒代蛋氨酸(SeMet)和硒酸根离子[Se(Ⅵ)]}的分离,柱后在硼氢化钾和碘化钾辅助下通过紫外消解器消解,将各形态硒转化为适用于检测的四价后,进入氢化物发生—原子荧光光度计响应,以外标法实现各形态硒的定量检测。

二、实验材料、仪器及试剂

(1)实验材料:茶叶。
(2)实验仪器:AFS-8530原子荧光光度计。
(3)实验试剂:硼氢化钾、氢氧化钾、磷酸二氢钾、氯化钾、碘化钾、硒代胱氨酸、甲基硒代半胱氨酸、硒代蛋氨酸、硒酸盐、亚硒酸盐(以上试剂均为分析纯)、盐酸(优级纯)、甲醇(色谱纯)、超纯水(电阻率≥18MΩ·cm)、氩气(≥99.99%)。

三、实验步骤

1. 样品前处理

纯水浸提法:样品提取方法很多,有酶解法、甲醇提取法和盐酸提取法等,以下列出常用的纯水浸提法。

准确称取3g茶样于茶杯中,加入80℃纯净水150mL浸泡2h,用0.45μm水系滤膜的针头滤器过滤茶汤,用100μL注射器注入液相色谱—原子荧光联用仪,检测硒形态。

2. 标准溶液及试剂的配置

(1)标准曲线的制作

将硒代胱氨酸、甲基硒代半胱氨酸、硒代蛋氨酸、亚硒酸根、硒酸根标准使用液,用流动相稀释至所需的浓度,将五种形态硒梯度混合标准溶液注入原子荧光光度计中,测定各形态硒元素的信号响应值,各形态硒以浓度为横坐标,响应信号值为纵坐标,绘制标准曲线。

(2)流动相配制

称取5.44g磷酸二氢钾和1.49g氯化钾于烧杯中,加入约900mL超纯水,搅拌溶解。用1mol/L氢氧化钾溶液调节pH至6.0,用超纯水定容至1000mL,制成含20mmol/L氯化钾的40mmol/L磷酸盐缓冲液。

用0.45μm水系膜过滤,然后置于超声波清洗器中,真空泵辅助脱气30min。

(3)硼氢化钾和盐酸溶液的配制

硼氢化钾溶液(35g/L):称取35.0g硼氢化钾,溶于1000mL 5g/L氢氧化钾溶液中,搅拌均匀。此溶液现用现配。

20%盐酸溶液:移取200mL浓盐酸,用超纯水定容至1000mL,搅拌均匀。

0.15%碘化钾消解液:称取0.50g氢氧化钾,1.50g碘化钾,溶于1000mL超纯水中,混匀。

3. 仪器条件

（1）色谱分离条件

分离组分（出峰顺序）：硒代胱氨酸、甲基硒代半胱氨酸、亚硒酸根离子、硒代蛋氨酸、硒酸根离子。

色谱柱型号：Hamilton PRP-X100；柱温：25℃；平衡时间：30min；进样体积：100μL；流动相：40mmol/mL 磷酸二氢钾+20mmol/mL 氯化钾（pH 6.0）；流动相流速：1.0mL/min。

（2）原子荧光检测条件

原子化方式（火焰法），主阴极电流为 80mA、辅助阴极电流为 40mA、屏蔽气流量为 800mL/min、负高压为 400V、泵速为 60r/min、原子化器高度为 8mm、消解液为 0.15% 碘化钾+0.05%氢氧化钾、盐酸浓度为 20%、KBH_4 浓度为 3.5%（含 0.5%氢氧化钾）。

注意：以上条件仅供参考，可根据样品含量适当调整负高压和灯电流。

4. 实验数据分析与讨论

定性：各形态硒的确定，通过与混合标准溶液的检测图谱保留时间对照获得。

定量：利用外标法计算各形态硒含量。根据标准品浓度及峰面积直接计算出各样品硒含量（mg/g）。

四、注意事项

①硒标曲最高点浓度不超过 30ng/mL，荧光强度不超过 5000，可以通过降低负高压和灯电流，来降低灵敏度。

②硼氢化钾为固体时比较稳定，遇水不稳，加氢氧化钠会减缓失效速度。最好随用随配。

③测定时，标准空白溶液跟配置标曲时保持一致，样品空白与所有样品处理完全一致。标准空白荧光强度硒 100 左右。基线强度为 200~300。

④更换元素灯时一定要关闭主机电源，要确保灯头插针和灯座插孔完全吻合。

⑤硒在提取过程中，不同形态的硒很容易受到提取溶液或介质的影响而发生形态转变或损失，故准确获得食品中硒的形态及其含量的关键在于提取前后硒的形态不发生任何改变，同时要降低硒的损失率。

⑥测样完成请用稀盐酸清洗 10 次，用水洗 3~5 次，并排空。

⑦阴离子交换柱不耐受有机溶剂，使用过程中有机溶剂的比例不要大于 20%，建议保存柱子时使用 10%的甲醇水溶液即可；色谱柱一个月不用，用 10%甲醇冲洗保存。

⑧C_{18} 柱不要使用纯水冲洗色谱柱。

⑨所有的溶剂在使用前都要经过 0.45μm 的滤膜过滤；每更换一次溶剂，都建议用 5mL/min 的流速，排空 2min。

⑩不使用的管路，不要置于水溶液或者盐溶液，用甲醇进行排空后放置；对于存放水和盐溶液的溶剂瓶，每周用毛刷清洗，用甲醇润洗，使用前再用纯水清洗后可直接使用。

实验四十六　用酶标仪光吸收检测技术测定黄瓜果实中超氧化物歧化酶活性

一、实验原理

超氧化物歧化酶（superoxide dismutase，SOD）是一类广泛存在于动物、植物、微生物中的金属酶，是生物体防御氧化损伤的一种十分重要的生物酶，能催化超氧化物自由基的歧化反应，具有清除超氧化物阴离子（$O_2^-\cdot$）的能力。因此，SOD 能治疗由自由基引发的疾病，能延缓衰老和提高免疫能力。当黄瓜果实处于受冷害的临界低温时，SOD 活性会受低温影响而降低，而适宜的低温（13℃）可诱导 SOD 活性明显升高，抗冷能力增强。

本实验将新鲜黄瓜果实于 25℃、13℃和 4℃不同温度条件下处理 24h，采用微波加热法获得 SOD 提取液，用多功能微孔板检测系统测试其 SOD 并进行对比分析。

二、实验材料、仪器及试剂

（1）实验材料：新鲜的黄瓜果实。
（2）实验仪器：I3X 多功能酶标仪。
（3）实验试剂：超氧化物歧化酶试剂盒。

三、实验步骤

1. 样品前处理

将黄瓜果实于 25℃、13℃和 4℃不同温度条件下处理 24h，采取微波加热法获得 SOD 提取液，具体操作为用组织捣碎机将黄瓜捣碎，取 5mL 的黄瓜细胞液于微波加热 5s 后，加入等体积去离子水，混匀。再缓慢地加入 0.25 倍体积的 95%乙醇（4℃）和 0.15 倍体积氯仿（4℃）搅拌均匀，静置 20min，收集上清液，得到 SOD 提取液。

2. 参数设置

读板模式（Read Modes）：选择光吸收（ABS）。
检测模式（Reader Type）：选择终点法（Endpoint），即获得在单一时间点的样品检测值。
设置波长：在 Lm1 后面的框中填入检测所用波长 450nm。
板型（Plate Type）：选择 96 孔全透明微孔板。
读板区域（Read Area）：用鼠标先选中起始孔按住不放，进行拖曳至选中微孔板上所有需要检测的孔。

3. 读数

参数设置完成后，点击"Read"进行读数。

4. 结果分析

将所测数据导出 Excel 表格并进行对比分析。

四、注意事项

①开机顺序为：先开启微孔板主机，再打开计算机，最后打开程序。
②96孔微孔板内每孔可检测100~300μL溶液，最佳检测体积为200μL。
③对于可见光吸收检测，使用全透明微孔板。
④关机顺序为：先关闭程序，再关闭计算机，最后关闭微孔板主机。

实验四十七　用酶标仪光吸收检测技术测定不同果蔬中维生素C含量

一、实验原理

维生素C又称抗坏血酸，是促进人体生长发育、增强人体对疾病的抵抗力等一系列人体正常生理代谢不可缺少的一类有机物。维生素C在人体内不能合成，人体所需维生素C主要从新鲜蔬菜和水果中摄取。维生素C含量是蔬菜水果中一项非常重要的营养指标。

试剂盒采用双位点夹心酶联免疫吸附法（ELISA），测定样品中植物维生素C的含量。向预先包被植物维生素C ELISA试剂盒抗体的酶标孔中加入标准品、待测样本和辣根过氧化物酶（HRP）标记的植物维生素C ELISA试剂盒抗体，经过温育和洗涤，去除未结合的组分，然后再加入底物A、B，产生蓝色，并在酸的作用下转化成最终的黄色。颜色的深浅与样品中植物维生素C Elisa试剂盒的浓度呈正相关。

二、实验材料、仪器及试剂

(1) 实验材料：黄瓜、甜椒、猕猴桃、苹果等新鲜蔬菜水果。
(2) 实验仪器：I3X多功能微孔板检测系统。
(3) 实验试剂：植物维生素C ELISA试剂盒、1%和2%草酸溶液。

三、实验步骤

1. 样品制备

鲜样的制备：称取100g新鲜样品和100mL 2%草酸溶液，倒入研钵中制成匀浆，取20mL匀浆倒入100mL容量瓶内，用1%草酸溶液稀释至100mL刻度，混匀，离心除去沉淀，取上清液备用。

2. 试剂盒操作

按照试剂盒说明书进行操作。

3. 参数设置

读板模式（Read Modes）：选择光吸收（ABS）。
检测模式（Reader Type）：选择终点法（Endpoint），即获得在单一时间点的样品检测值。
设置波长：在Lm1后面的框中填入检测所用波长450nm。

板型(Plate Type)：选择96孔全透明微孔板。

读板区域(Read Area)：用鼠标先选中起始孔按住不放，进行拖曳至选中微孔板上所有需要检测的孔。

4. 读数

参数设置完成后，点击"Read"进行读数。

5. 数据处理

绘制标准曲线，以标准品浓度作横坐标，以对应 OD 值作纵坐标，绘制出标准品回归曲线，按曲线方程计算各样本浓度值。

对所测数据进行对比分析。

四、注意事项

①开机顺序为：先开启微孔板主机，再打开计算机，最后打开程序。
②96孔微孔板内每孔可检测100~300μL溶液，最佳检测体积为200μL。
③光吸收检测，使用全透明微孔板。
④关机顺序为：先关闭程序，再关闭计算机，最后关闭微孔板主机。

实验四十八　用酶标仪荧光检测技术测定两种土壤酶活性

一、实验原理

土壤酶活性是土壤质量的重要指示指标。荧光微孔板酶检测技术由于对待测液的需求量低，可将土壤悬液、底物及相应缓冲液置于96微孔板内培养，使酶反应在微孔板内进行，而后进行荧光检测，大大提高了检测效率。

二、实验材料、仪器及试剂

（1）实验材料：土壤样本。
（2）实验仪器：SpectraMax i3x+Mi 多功能微孔板检测系统、磁力搅拌器、移液枪、万分之一分析天平。
（3）实验试剂：硫酸酯酶、磷酸酶试剂盒。

三、实验步骤

1. 样品前处理

土壤悬液的制备：应用四分法取风干土10g，全部磨细过100目尼龙筛，称取相当于1.0000g烘干土重的风干土，置于250mL灭菌三角瓶中，加入灭菌并冷却的醋酸缓冲液125mL，于磁力搅拌器上均质10min，用去尖端的移液枪提取土壤溶液。所有样品做4次重复，标准和空白做3次重复。

2. 参数设置

选择终点法检测模式；激发和发射波长分别采用365和450nm；选择96空黑色不透明板；选择读板区域。

3. 读数

参数设置完成后，点击"Read"进行读数。

4. 结果分析

将所测数据导出Excel表格并进行对比分析。

四、注意事项

①开机顺序为：先开启微孔板主机，再打开计算机，最后打开程序。
②96孔微孔板内每孔可检测100~300μL溶液，最佳检测体积为200μL。
③荧光强度检测，使用黑色不透明板。
④关机顺序为：先关闭程序，再关闭计算机，最后关闭微孔板主机。

参考文献

曹森，李越，和岳，等，2019. 1-MCP对猕猴桃后熟质地品质的临界浓度研究[J]. 保鲜与加工，19(6)：27-33.

陈双，陈峰，2020. 微波消解—原子荧光光谱法测定茶叶中硒含量[J]. 食品工业，41(07)：266-269.

黎欣欣，梁言，孙文佳，2020. 连续流动分析法测定葡萄酒中的总酸[J]. 食品安全质量检测学报，11(16)：5423-5427.

李永红，常瑞丰，张立莎，等，2016. 物性分析仪TPA测定鲜食桃质构条件的优化[J]. 河北农业科学，20(3)：95-100.

林玉斌，李建义，彭晓瑛，等，1999. 超声波提取——火焰原子吸收法测定被污染土壤中铜、锌、铬[J]. 山东环境，91(3)：14.

刘旋，巫江虹，鲜婷，等，2019. 六水氯化钙/EG复合相变材料的制备与性能研究[J]. 浙江大学学报(工学版)，53(7)：1291-1297.

马作江，陈永波，王尔惠，等，2011. 原子吸收光谱法测定茶叶中硒和铜[J]. 微量元素与健康研究，28(1)：41-45.

潘秀娟，屠康，2005. 质构仪质地多面分析(TPA)方法对苹果采后地变化的检测[J]. 农业工程学报(3)：166-170.

钱坤，2019. 用DSC法探究含水率对冻土比热容的影响[J]. 科技创新与应用(15)：49-50.

石耀强，张晗依，刘双月，2016. 酶标仪检测技术应用的研究进展[J]. 科技展望，24(73)：107.

田芳，2020. 连续流动分析法测定降水中铵盐的可行性研究[J]. 环境与发展，32(10)：131，136.

王兆平，杨慧，2012. 总有机碳分析仪的工作原理与应用[J]. 河南水产(3)：35.

肖文，余萍，2003. 间隔流动分析和流动注射分析在环境监测中的应用[J]. 环境科学动态(1)：39-41.

许华，何明珠，唐亮，等，2020. 荒漠土壤微生物量碳、氮变化特征对降水的响应研究[J]. 生态学报，40(4)：1295-1304.

许玲，魏秀清，章希娟，等，2018. 质构仪整果穿刺法评价3个毛叶枣品种果实质地参数[J]. 福建农业学报，33(6)：621-625.

张可，修琳，赵城彬，等，2019. 预糊化处理对荞麦淀粉理化特性的影响[J]. 西北农林科技大学学报(自然科学版)，47(2)：61-68.

AI Y, CICHY K A, HARTE J B, et al., 2016. Effects of extrusion cooking on the chemical composition and functional properties of dry common bean powders[J]. Food chemistry, 211: 538-545.

AMENABAR I, POLY S, NUANSING W, et al., 2013. Structural analysis and mapping of individual protein complexes by infrared nanospectroscopy[J]. Nature communications, 4.

ANDERS J J, LANZAFAME R J, ARANY P R, 2015. Low-Level light/laser therapy versus photobiomodulation therapy[J]. Photomedicine and laser surgery, 33(4): 183-184.

ANGLOV T, PETERSEN I M, KRISTIANSEN J, 1999. Uncertainty of nitrogen determination by the Kjeldahl method[J]. Accreditation and quality assurance, 4(12): 504-510.

ANTONUCCI F, PALLOTTINO F, PAGLIA G, et al., 2011. Non-destructive estimation of mandarin maturity status through portable VIS-NIR spectrophotometer[J]. Food and bioprocess technology, 4(5): 809-813.

BABIC L J, RADOJCIN M, PAVKOV I, et al., 2013. Physical properties and compression loading behaviour of corn seed[J]. International agrophysics, 27(2): 119-126.

BECK S M, KNOERZER K, SELLAHEWA J, et al., 2017. Effect of different heat-treatment times and applied shear on secondary structure, molecular weight distribution, solubility and rheological properties of pea protein isolate as investigated by capillary rheometry[J]. Journal of food engineering, 208: 66-76.

BELLINCONTRO A, TATICCHI A, SERVILI M, et al., 2012. Feasible application of a portable NIR-AOTF tool for on-field prediction of phenolic compounds during the ripening of olives for oil production[J]. Journal of agricultural and food chemistry, 60(10): 2665-2673.

BERARDINELLI A, CEVOLI C, SILAGHI F A, et al., 2010. FT-NIR spectroscopy for the quality characterization of apricots (*Prunus armeniaca* L.)[J]. Journal of food science, 75(7): E462-E468.

BUYUKCAN M B, KAVDIR I, 2017. Prediction of some internal quality parameters of apricot using FT-NIR spectroscopy[J]. Journal of food measurement and characterization, 11(2): 651-659.

CEN H, HE Y, 2007. Theory and application of near infrared reflectance spectroscopy in determination of food quality[J]. Trends in food science & technology, 18(2): 72-83.

CHANG Y Y, LI D, WANG L J, et al., 2014. Effect of gums on the rheological characteristics and microstructure of acid-induced SPI-gum mixed gels[J]. Carbohydrate polymers, 108: 183-191.

DADGAR S, CROWE T G, CLASSEN H L, et al., 2012. Broiler chicken thigh and breast muscle responses to cold stress during simulated transport before slaughter[J]. Poultry science, 91(6): 1454-1464.

DADGAR S, LEE E S, LEER TLV, et al., 2010. Effect of microclimate temperature during transportation of broiler chickens on quality of the pectoralis major muscle[J]. Poultry science, 89(5): 1033-1041.

EPSTEIN J B, RABER-DURLACHER J E, HUYSMANS M C, et al., 2018. Photobiomodulation therapy alleviates tissue fibroses associated with chronic Graft-versus-host disease: Two case reports and putative anti-fibrotic roles of TGF[J]. Photomedicine and laser surgery, 36(2): 92-99.

GARCIA-CAMPANA A M, LARA F J, GAMIZ-GRACIA L, et al., 2009. Chemiluminescence detection coupled to capillary electrophoresis[J]. Trac-Trends in analytical chemistry, 28(8): 973-986.

GUIDETTI R, BEGHI R, BODRIA L, 2010. Evalution of grape quality parameters by a simple VIS/NIR system[J]. Transactions of the asabe, 53(2): 477-484.

HE C X, HU Y, WANG Y, et al., 2020. Complete waste recycling strategies for improving the accessibility of rice protein films [J]. Green chemistry, 22(2): 490-503.

JESZKA-SKOWRON M, KRAWCZYK M, ZGOLA-GRZESKOWIAK A, 2015. Determination of antioxidant activity, rutin, quercetin, phenolic acids and trace elements in tea infusions: Influence of citric acid addition on extraction of metals[J]. Journal of food composition and analysis, 40: 70-77.

JHA S N, JAISWAL P, NARSAIAH K, et al., 2012. Non-destructive prediction of sweetness of intact mango using near infrared spectroscopy[J]. Scientia horticulturae, 138: 171-175.

JUNSOMBOON J, JAKMUNEE J, 2008. Flow injection conductometric system with gas diffusion separation for the determination of Kjeldahl nitrogen in milk and chicken meat [J]. Analytica chimica acta, 627(2): 232-238.

KARAK T, BHAGAT R M, 2010. Trace elements in tea leaves, made tea and tea infusion: Areview [J]. Food research international, 43(9): 2234-2252.

KHAN P, IDREES D, MOXLEY M A, et al., 2014. Luminol-based chemiluminescent signals: Clinical and non-clinical application and future uses[J]. Applied biochemistry and biotechnology, 173(2): 333-355.

KRASNOVA I, DUKALSKA L, SEGLINA D, et al., 2013. Influence of anti-browning inhibitors and biodegradable packing on the quality of fresh-cut pears [J]. Proceedings of the latvian academy of sciences section B natural exact and applied sciences, 67(2): 167-173.

LARA F J, DEL OLMO-IRUELA M, CRUCES-BLANCO C, et al., 2012. Advances in the determination of beta-lactam antibiotics by liquid chromatography[J]. Trac-trends in analytical chemistry, 38: 52-66.

LIU M, WANG Z Y, ZHANG C Y, 2016. Recent Advance in Chemiluminescence Assay and its biochemical applications[J]. Chinese journal of analytical chemistry, 44(12): 1934-1941.

MCLEOD S, 1992. Determination of total soil and plant nitrogen using a microdistillation unit in a continuous-flow analyzer[J]. Analytica chimica acta, 266(1): 113-117.

MILANI R F, MORGANO M A, CADORE S, 2016. Trace elements in *Camellia sinensis* marketed in southeastern Brazil: Extraction from tea leaves to beverages and dietary exposure [J]. Lwt-food science and technology, 68: 491-498.

NARDOZZA S, GAMBLE J, AXTEN L G, et al., 2011. Dry matter content and fruit size affect flavour and texture of novel Actinidia deliciosa genotypes [J]. Journal of the science of food and agriculture, 91(4): 742-748.

OHSUGI Y, NIIMI H, SHIMOHIRA T, et al., 2020. In vitro cytological responses against laser photobiomodulation for periodontal regeneration[J]. International journal of molecular sciences, 21(23).

RODA A, MIRASOLI M, MICHELINI E, et al., 2016. Progress in chemical luminescence-based biosensors: A critical review[J]. Biosensors & bioelectronics, 76: 164-179.

ROSS D, 1990. Estimation of soil microbial C by a fumigation-extraction method: influence of seasons, soils and calibration with the fumigation-incubation procedure [J]. Soil biology biochemistry(22): 295-300.

SAEZ-PLAZA P, MICHALOWSKI T, JOSE NAVAS M, et al., 2013. An overview of the Kjeldahl method of nitrogen determination. Part I. early history, chemistry of the procedure, and titrimetric finish[J]. Critical reviews in analytical chemistry, 43(4): 178-223.

SHI Y C, LALANDE R, ZIADI N, et al., 2012. An assessment of the soil microbial status after 17 years of tillage and mineral P fertilization management [J]. Applied soil ecology, 62: 14-23.

SHI Y C, ZIADI N, HAMEL C, et al., 2020. Soil microbial biomass, activity and community structure as affected by mineral phosphorus fertilization in grasslands [J]. Applied soil ecology, 146.

STASHENKO E E, JARAMILLO B E, Martinez J R, 2004. Comparison of different extraction methods for the analysis of volatile secondary metabolites of *Lippia alba* (Mill.) NE brown, grown in colombia, and evaluation of its in vitro antioxidant activity[J]. Journal of chromatography A, 1025(1): 93-103.

SZYMCZYCHA-MADEJA A, WELNA M, POHL P, 2012. Elemental analysis of teas and their infusions by spectrometric methods[J]. Trac-trends in analytical chemistry, 35: 165-181.

SZYMCZYCHA-MADEJA A, WELNA M, POHL P, 2020. Simplified method of multi-elemental analysis of dialyzable fraction of tea infusions by FAAS and ICP OES[J]. Biological trace element research, 195(1): 272-290.

TAMM L K, TATULIAN S A, 1997. Infrared spectroscopy of proteins and peptides in lipid bilayers[J]. Quarterly reviews of biophysics, 30(4): 365-429.

VANCE E P, BROOKES P C, JENKINSON D S, 1987. An extraction method for measuring soil microbial biomass C [J]. Soil biology biochemistry(9): 703-707.

WELNA M, SZYMCZYCHA-MADEJA A, POHL P, 2013. A comparison of samples preparation strategies in the multi-elemental analysis of tea by spectrometric methods [J]. Food research international, 53(2): 922-930.

ZOU X, ZHAO J, POVEY M J W, et al., 2010. Variables selection methods in near-infrared spectroscopy [J]. Analytica chimica acta, 667(1-2): 14-32.

4 色谱质谱类分析仪器与实验

从 20 世纪初第一台质谱仪诞生，历经一个多世纪，质谱技术得到了飞速发展，用质谱作为检测器可提高分析的灵敏度、专属性和通用性，并可取得化合物的结构信息。色谱法作为一种分离技术，它以其良好的分离效能、高检测性能、快速分析等特点已经成为现代仪器分析应用中最广泛的一种方法。色谱-质谱联用技术将分离与分析方法有机结合，可对有机物进行定性和定量分析。20 世纪 80 年代以后，质谱分析研究跨入了生物大分子研究领域，已成为蛋白组学及代谢组学的主要研究手段。本章主要对色谱质谱类分析仪器的基本原理、仪器结构、特点、注意事项及应用进行详细论述。

4.1 色谱类仪器

4.1.1 气相色谱仪

气相色谱（gas chromatograph，GC）是一种分离技术。分析样品往往是复杂基体中的多组分混合物，对含有未知组分的样品，首先必须将其分离，然后才能对有关组分进行进一步的分析。混合物的分离是基于组分的物理化学性质的差异，GC 主要是利用物质的沸点、极性及吸附性质的差异来实现混合物的分离，具有快速、有效、灵敏度高等优点（图 4-1）。

4.1.1.1 基本原理

气相色谱的流动相为惰性气体，气-固色谱法中以表面积大且具有一定活性的吸附剂作为固定相。当多组分的混合样品进入色谱柱后，由于吸附剂对每个组分的吸附力不同，经过一定时间后，各组分在色谱柱中的运行速度也就不同。吸附力弱的组分容易被解析下来，最先离开色谱柱进入检测器，而

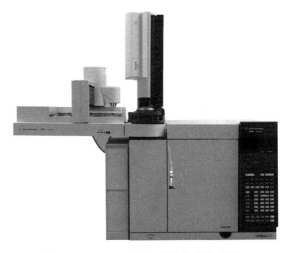

图 4-1 Agilent 7890B GC 气相色谱仪

吸附力最强的组分最不容易被解析下来，因而最后离开色谱柱。如此，各组分得以在色谱柱中彼此分离，顺序进入检测器中被检测、记录。

色谱法以其高超的分离能力为特点，它的分离效率远远高于其他分离技术，如蒸馏、萃取、离心等方法。

(1) 色谱法的优点

①分离效率高　例如，毛细管气相色谱柱($0.1\sim0.25\mu m$)$30\sim50m$其理论塔板数可以为7万~12万。而毛细管电泳柱一般都有几十万理论塔板数的柱效，至于凝胶毛细管电泳柱可达上千万理论塔板数的柱效。

②应用范围广　几乎可用于所有化合物的分离和测定，无论是有机物、无机物、低分子或高分子化合物，甚至有生物活性的生物大分子也可以进行分离和测定。

③分析速度快　一般几分钟至几十分钟就可以完成一次复杂样品的分离和分析。近年的小内径($0.1mm$)、薄液膜($0.2\mu m$)、短毛细管柱($1\sim10m$)比原来的方法提速$5\sim10$倍。

④样品用量少　用极少的样品就可以完成一次分离和测定。

⑤灵敏度高　例如，FID检测限可达$10^{12}g/s$，ECD检测限可达$10^{13}g/s$。

⑥分离和测定一次完成　可以和多种波谱分析仪器联用。

⑦易于自动化　可在工业流程中使用。

(2) 色谱法的缺点

在缺乏标准样品的情况下，定性分析较困难，高沸点、不能气化和热不稳定的物质不能采用气相色谱法分离和测定。

4.1.1.2　结构组成

典型气相色谱结构(FID检测器)组成如图4-2所示。

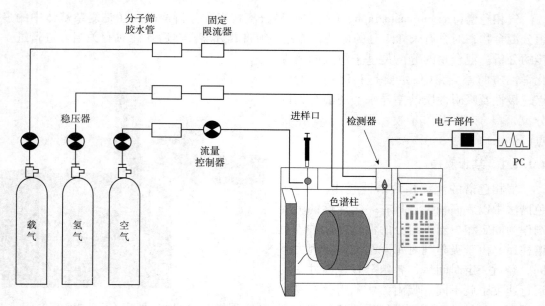

图4-2　典型气相色谱结构(FID检测器)组成示意图

(1) 气源系统

气源可分为载气和辅助气两种,载气是携带分析试样通过色谱柱,提供试样在柱内运行的动力;辅助气是供检测器燃烧或吹扫用。

(2) 进样系统

引入试样,并保证试样气化,有些仪器还包括试样预处理装置,例如,热脱附装置(TD)、裂解装置、吹扫捕集装置、顶空进样装置。

(3) 分离系统

试样在柱内运行的同时得到所需要的分离,包括柱温箱和色谱柱。

(4) 检测系统

对柱后已被分离的组分进行检测,有的仪器还包括柱后转化(如硅烷化装置、烃转化装置)。气相色谱检测器的类型见表4-1所列。

表4-1 气相色谱检测器的类型

检测器	载气种类	应用
热导检测器(TCD)	氦气、氢气、氩气、氮气	无机气体、有机化合物
氢火焰离子检测器(FID)	氦气、氮气	有机化合物
电子捕获检测器(ECD)	氮气	有机卤素等化合物
火焰热离子化检测器(FTD)	氦气、氮气	氮、磷化合物
火焰光度检测器(FPD)	氦气、氮气	硫、磷化合物

(5) 数据采集及处理系统

采集并处理检测系统输入的信号,给出最后试样定性和定量结果。

(6) 温控系统

控制并显示进样系统、柱箱、检测器及辅助部分的温度。

4.1.1.3 仪器操作方法

下文以 Trace GC ULTRA 气相色谱仪为例,介绍仪器操作方法。

(1) 开机

①打开稳压器开关。

②开启空气压缩机。

③拧开氮气阀,调节二级压力表至 0.5MPa。

④开启气相色谱仪。

⑤开启计算机,点击"Chrom-Card",连通"Trace#2",进入气相色谱仪参数编辑页面,编辑色谱条件(如乙烯测定时,用2m填充柱、柱箱温度70℃、进样口温度70℃、左路载气40KPa、FID检测器、检测器温度150℃、空气流速350mL/min、氢气流速35mL/min),点击"Commond"发送到气相色谱仪。

⑥拧开氢气阀,调节二级压力表至 0.35MPa。

(2)编辑样品表

依次进行方法名称、计算参数、成分制表、样品制表,分析数据等信息的设定,其中样品表中前 5 个为标样曲线。

(3)开动样品序列

点击开动,开始样品序列,仪器出现等待进样字样。

(4)进样

待基线平稳后,用 1mL 气密注射器吸取待测气样 1mL,迅速注入左进样口,同时按下"Start"键,点击视图,就可以看到仪器流出来的正在测试的样品曲线,即色谱图,样品收集结束后,软件会自动按照设定的计算参数输出测定结果,可以连续进 195 个样品。

(5)结果输出

点击重新再算,总计计算结果,结果数字按进样次序依次排列。

(6)关机

关闭氢气,关闭计算机,待柱箱温度降至室温后关闭气象色谱仪,关闭氮气,关闭空气压缩机,关闭稳压器。

4.1.1.4 注意事项

①色谱柱使用时应注意说明书中标明的最低和最高温度,不能超过色谱柱的温度上限使用,否则会造成固定液流失,还可导致检测器的污染。要设定最高允许使用温度,如遇人为或不明原因的突然升温,GC 会自动停止升温以保护色谱柱。氧气、无机酸碱和矿物酸都会对色谱柱固定液造成损伤,应杜绝这几类物质进入色谱柱。

②色谱柱拆下后通常将色谱柱的两端插在不用的进样垫上,如果只是暂时拆下数日则可置于干燥器中。

③色谱柱的安装应按照说明书操作,切割时应用专用的陶瓷切片,切割面要平整。

4.1.2 高效液相色谱仪

高效液相色谱法是 20 世纪 70 年代发展起来的一项高效、快速的分离分析技术,液相色谱法是指流动相为液体的色谱技术。在经典的液体柱色谱法基础上,引入了气相色谱法的理论,在技术上采用了高压泵、高效固定相和高灵敏度检测器,实现了分析速度快、分离效率高和操作自动化。这种柱色谱技术称作高效液相色谱法。高效液相色谱法具有以下几个特点。

(1)高压

高效液相色谱法以液体作为流动相,液体流经色谱柱时,受到的阻力较大,为了能快速通过色谱柱,必须对流动相施加高压。现代液相色谱法中供液压力都很高,一般可以达到 $150×10^5 \sim 350×10^5 Pa$。高压是高效液相色谱法的一个突出特点。

(2)高速

高效液相色谱法所需的分析时间较经典的液体色谱法少的多,一般少于 1h。

(3) 高效

气相色谱法的分离能效高,填充柱柱效约为每米 1000 塔板,而高效液相色谱法的柱效更高,可达每米 3 万塔板以上,这是由于近年来研究出了新型固定相,使分离效率大大提高。

(4) 高灵敏度

高效液相色谱法已广泛采用高灵敏度的检测器,进一步提高了分析的灵敏度。如紫外检测器的最小检出量可达到纳克数量级。高效液相色谱法的灵敏度还表现在所需试样很少,微升数量级的试样就足以进行全部分析。

高效液相色谱法因具有上述优点,在色谱文献中又称为现代液相色谱、高压液相色谱或高速液相色谱法。

气相色谱法虽具有分离能力好,灵敏度高,分析速度快,操作方便等优点,但是受技术条件的限制,沸点太高的物质或热稳定性差的物质都难于应用气相色谱法进行分析。而高效液相色谱法,只要求试样能制成溶液,而不需要气化,因此不受试样挥发性的限制。对于高沸点、热稳定性差、相对分子质量大(>400)的有机物(这些物质几乎占有机物总数的 75%~80%)原则上都可采用高效液相色谱法来进行分离、分析。据统计,在已知化合物中,能采用气相色谱法分析的约占 20%,而能采用液相色谱法分析的占 70%~80%。

4.1.2.1 基本原理

高效液相色谱仪(high performance liquid chromatograph, HPLC)是利用混合物中各组分在不同的两相中溶解、分配、吸附等化学作用性能的差异,当两相做相对运动时,使各组分在两相中反复多次受到上述各作用力而达到互相分离。

两相中有一相是固定的,称为固定相;有一相是流动的,称为流动相,流动相又叫作洗脱剂、溶剂。

高效液相色谱法分离效率高,选择性好,检测灵敏度高,操作自动化,应用范围广;与气相色谱法相比具有以下优点:不受试样的挥发性和热稳定性限制,应用范围广;流动相种类多,可通过流动相的优化达到高的分离效率;一般在室温下分析即可,不需高柱温。可广泛应用于医药学、化学、材料、生物和环境等众多学科领域的研究。

4.1.2.2 结构组成

高效液相色谱仪由高压输液系统、进样系统、分离系统、检测系统和工作站五大部分组成(图 4-3)。

①高压输液系统 将流动相以稳定的流速或压力输送到色谱柱。

②进样系统 把分析试样有效地送入色谱柱中进行分离。

③分离系统 将待测组分分离。

④检测系统 将柱流出物中的样品组成和含量的变化转化为可供检测的信号。

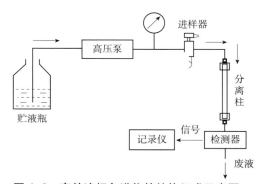

图 4-3 高效液相色谱仪的结构组成示意图

液相色谱仪常用检测器主要有：

①紫外检测器(ultraviolet detector，UV) 适用于对紫外光(或可见光)有吸收性能样品的检测。其特点是使用面广(如蛋白质、核酸、多肽、激素和色素等均可使用)；灵敏度高，线性范围宽；对温度和流速变化不敏感；可检测梯度洗脱的样品。

②二极管阵列检测器(diodearray detector，DAD) 用一组光电二极管同时检测透过样品的所有波长紫外光，而不是某一个或几个波长，和普通的紫外-可见分光检测器不同的是进入流动池的光不再是单色光。对流速和温度的波动不灵敏，适用于梯度洗脱及制备色谱。可得任意波长的色谱图，极为方便。色谱峰纯度鉴定、光谱图检索等功能，可提供组分的定性信息。适用于大多数有紫外吸收的化合物。

③示差折光检测器(differential refraction detector，RID) 凡具有与流动相折光率不同的样品组分，均可使用示差折光检测器。目前，糖类化合物的检测大多使用此检测系统。这一系统通用性强，但灵敏度低，流动相的变化会引起折光率的变化，因此，它既不适用于痕量分析，也不适用于梯度洗脱的检测。

④荧光检测器(fluorescence detector，FD) 凡具有荧光的物质，在一定条件下，其发射荧光强度与物质的浓度呈正比。因此，这一检测器只适用于具有荧光的有机化合物(如多环芳烃、氨基酸、胺类、维生素和某些蛋白质等)的测定，其灵敏度很高，痕量分析和梯度洗脱作品的检测均可采用。

⑤电化学检测器(electrochemical detector，ECD) 电化学检测器主要有安培、极谱、库仑、电位、电导等检测器，属选择性检测器，可检测具有电活性的化合物。目前它已在各种无机和有机阴阳离子、生物组织和体液的代谢物、食品添加剂、环境污染物、生化制品、农药及医药等的测定中获得了广泛的应用。其中，电导检测器在离子色谱中应用最多。

⑥蒸发光散射检测器(evaporative light-scattering detector，ELSD) 蒸发光散射检测器是一种通用型检测器，最大的优越性在于能检测不含发色团的化合物，分析任何挥发性低于流动相的化合物。ELSD的应用范围包括：碳水化合物、药物、脂类、甘油三脂、未衍生的脂肪酸和氨基酸、聚合物、表面活化剂及组合分子库等。

⑦质谱检测器(mass detector，MSD) 是一种通用型检测器，具有强大的定性和选择性能力，可作为便捷的定性分析工具。在灵敏度、选择性、通用性及化合物的分子量和结构信息的提供等方面都有突出的优点。

4.1.2.3　定量、定性方法

(1)定性方法

色谱峰的定性鉴别可通过保留值(通常是保留时间)进行定性，需要指定保留时间误差范围(时间窗、时间带)。

(2)定量方法

定量方法分析基本要求如下：

①需要有纯物质作标准；②被定量组分峰要与其他峰达到基线分离；③符合定性参数要求；④选择合适的定量方法。

常用的定量方法：

①面积归一化法　不能作为准确定量的方法，仅在特定情况下使用。特点：无需做校正，简便，快速；进样量不严格要求；要求所有组分都流出并且被检测到；要求所有组分的响应因子相当。

②外标法　实验室最常用的定量方法，定量结果准确。特点：不需所有峰都流出或被检测到，只对目标组分做校正；需要标准样品；进样量必须准确；仪器必须有良好的稳定性。

③内标法　多用在国际标准和规定比较严格的方法中。特点：进样量不严格要求；只对所测组分做校正；必须在样品中加一内标组分；操作较为烦琐；选择内标物比较困难。

④标准加入法　当难以选择合适的内标物或无空白样品时，以待测组分的纯物质为内标物加入到待测样品中，然后在相同的色谱条件下，测定加入欲测组分前后的峰面积，从而计算待测组分的含量。

4.1.2.4　仪器操作方法

下文以 Shimadzu LC-30A 超高效液相色谱仪（图 4-4）为例，介绍仪器操作方法。

(1) 开机

打开泵，开启脱气机电源，按泵上的"Conc"设置流动相比例，打开排气阀，按泵上"Purge"键，打开自动进样器，按自动进样器上的"Purge"键（清洗内壁），再按"Rinse"键（清洗针表面），关闭泵上的排气阀，开启柱温箱，开启检测器，开启系统控制器。

(2) 新建方法

①打开软件，找到对应的检测器，文件，新建方法，泵（分别设置：低压梯度洗脱、流速、最高压力、设置压缩率），检测器（设置波长），柱温箱，自动进样器。

②设置完成后，点击"下载"，保存方法。

(3) 进样

①单次进样分析　点击"单次进样"图标，编辑样品参数："Sample ID"样品信息、"Method Name"方法文件名、"Data Path"数据存储路径、"Data Name"数据文件名、"Vial"样品瓶号、"Tray#"架号、"Injection"进样量等。点击"OK"后，开始自动进样操作。

②批处理进样分析　先编辑顺序进样表文件：点击"批处理分析"图标编辑样品表。该表每行代表采集一个样品所需信息，按列编辑多个样品信息，自动进样器依次采样。

(4) 数据报告

点击"数据报告"进入格式界面：调入"报告格式文件"，也可以人工编辑报告格

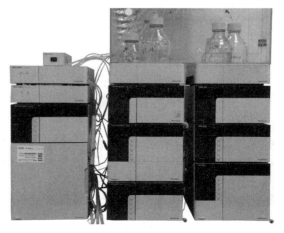

图 4-4　Shimadzu LC-30A 超高效液相色谱仪

式，然后点击"数据文件"，将左侧数据文件拖入右侧报告栏即可。

(5) 关机

①先关闭软件的仪器开关，再关闭软件。

②关闭系统控制器。

③关闭检测器、柱温箱、自动进样器、脱气机和泵。

4.1.2.5 注意事项

①开机之前，根据所做样品的方法要求，准备好所用流动相、标样及样品。流动相抽滤后超声脱气 15min，标样和样品 0.22μm 膜过滤。

②仪器系精密贵重仪器，在未熟悉仪器的性能及操作方法之前，不得随意拨动主机的各个开关和旋钮。仪器在开、关机时必须严格按照操作方法进行。

③液相流动相的水相需每天更换，避免弱酸、弱碱水中生菌，延长柱子寿命。

④每次更换流动相，按液相泵的 Purge 键进行自动脱气，排空管道空气，并重新跑标样，确定保留时间。

4.2 质谱类仪器

4.2.1 气相色谱-质谱联用仪

质谱(mass spectrometry)技术的发展已经有一个多世纪，气相色谱-质谱联用技术的发展也历经了半个多世纪，是非常成熟且使用极其广泛的分离分析技术，目前已经成为生物样品中药物与代谢物定性定量的有效工具。

4.2.1.1 基本原理

气相色谱-质谱联用仪(gas chromatography-mass spectrometry，GC/MS)简称气质联用仪，是以气相色谱作为分离系统，质谱为检测系统的仪器，结合了质谱法可以进行有效的定性分析和气相色谱对复杂有机化合物的高分离能力(图 4-5)。

(1) 气相色谱法原理

利用不同物质在固定相和流动相分配系数的差别，使不同化合物从色谱柱流出的时间不同，以达到混合物的分离，得到单一组分的目的。

(2) 质谱原理

质谱分析是利用电磁学原理，将样品转化为运动的带电气态离子，于磁场中按质荷比(m/z)大小分离，同时记录和显示这些离子流相对强度和质荷比关系的分析方法。

其过程可简单描述为：离子源轰击样品→带

图 4-5 Thermo TRACE ISQ 气相色谱-质谱联用仪

电荷的碎片离子→电场加速→获得动能→磁场分离→检测器记录(图4-6)。

(3) 质谱图

质谱图为带正电荷的离子碎片质荷比与其相对强度之间关系的棒图。质谱图中最强峰称为基峰，其强度规定为100%；其他峰以此峰为准，确定其相对强度。

GC/MS联用分析的灵敏度高，适合于低分子化合物(相对分子质量<1000)分析，尤其适用于挥发性成分的分析，查询相似化合物分子式和相应的化合物结构式，并由此判断化合物中的分子片段。同时可测定混合物中单一化合物的含量。还可对挥发、半挥发有机化合物进行定性定量分析。

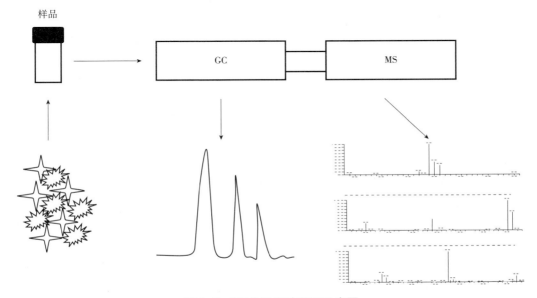

图4-6 GC/MS程序处理示意图

4.2.1.2 结构组成

GC/MS由气相色谱进样系统、离子源、质量分析器、检测器和数据处理系统组成(图4-7)。

图4-7 GC/MS组成部分示意图

(1) 进样系统

气相色谱仪通过接口作为质谱仪的进样系统。进样系统设计要求能够高效地将样品引入电离室中且不造成电离室真空度降低。

离子源的作用是接收样品产生离子，常用的离子化方式有：

① 电子轰击离子化(electron impact ionization，EI)　最常用的一种离子源，有机分子被

一束电子流（能量一般为 70eV）轰击，失去一个外层电子，形成带正电荷的分子离子（M^+），M^+进一步碎裂成各种碎片离子、中性离子或游离基，在电场作用下，正离子被加速、聚焦，进入质量分析器分析。

EI 特点：结构简单，操作方便；图谱具有特征性，化合物分子碎裂大，能提供较多信息，对化合物的鉴别和结构解析十分有利；所得分子离子峰不强，有时不能识别。本法不适合于高分子量和热不稳定的化合物。

②化学离子化（chemical ionization，CI）　将反应气（甲烷、异丁烷、氨气等）与样品按一定比例混合，然后进行电子轰击，甲烷分子先被电离，形成一次、二次离子，这些离子再与样品分子发生反应，形成比样品分子大一个质量数的[M+1]离子，或称为准分子离子。准分子离子也可能失去一个 H_2，形成[M-1]离子。

CI 特点：不会发生像 EI 中那么强的能量交换，较少发生化学键断裂，谱形简单；分子离子峰弱，但[M+1]峰强，以提供分子量信息。

③场致离子化（field ionization，FI）　适用于易变分子的离子化，如碳水化合物、氨基酸、多肽、抗生素、苯丙胺类等。能产生较强的分子离子峰和准分子离子峰。

④场解吸离子化（field desorption ionization，FD）　用于极性大、难气化、对热不稳定的化合物。

⑤负离子化学离子化（negative ion chemical ionization，NICI）　是在正离子 MS 的基础上发展起来的一种离子化方法，其给出特征的负离子峰，具有很高的灵敏度。

（2）质量分析器

质量分析器的作用是将电离室中生成的离子按质荷比（m/z）大小分开，进行质谱检测。常见质量分析器有以下几种：

①单四极质量分析器（quadrupole analyzer）　是由四根严格平行并与中心轴等间隔的圆柱形或双曲面柱状电极构成的正、负两组电极，其上施加直流和射频电压，产生一动态电场即四级场。

样品离子沿电极间轴向进入电场后，在极性相反的电极间振荡，只有质荷比在某个范围的离子才能通过四极杆，到达检测器，其余离子因振幅过大与电极碰撞，放电中和后被抽走。因此，改变电压或频率，可使不同质荷比的离子依次到达检测器，被分离检测。

②三重四极质量分析器（trip quadrupole，Q-Q-Q）　是将三组四极串联起来的质量分析器。第一组和第三组四极是质量分析器，中间一组四极是碰撞活化室。因此，三重四极质谱仪器是两个质量分析器的串联质谱仪，具有多种扫描功能的 MS/MS 分析方法。

它的产物离子扫描（product ion mode，也称离子扫描）、前体离子扫描（precursor ion mode，也称母离子扫描）、中心丢失扫描（neutral loss mode）和多反应选择检测（multiple reation monitoring，MRM）或选择反应检测（selected reaction monitoring，SRM）方式，都是由两个质量分析器在不同条件下协同完成的。

③离子阱检测器（ion trap detector）　原理类似于四极分析器，但让离子贮存于"阱"中，改变电场按不同质荷比将离子推出"阱"外进行检测。离子阱质谱有全扫描和选择离子扫描功能，同时利用离子储存技术，可以选择任一质量离子进行碰撞解离，实现二级或多级质谱分析的功能。

④飞行时间质量分析器(TOF-MS) 是一个离子漂移管。由离子源产生的离子加速后进入无场漂移管，并以恒定速度飞向离子接收器。离子质量越大，到达接收器所用时间越长；离子质量越小，到达接收器所用时间越短，根据这一原理，可以把不同质量的离子按 m/z 值大小进行分离，具有高分辨和高质量准确度的性能。

⑤扇形场质量分析器(magnetic secor) 具有质量色散、能量色散和方向聚焦作用，由扇形磁场和扇形电场组成的质量分析器，是双聚焦高分辨质谱仪器。在离子源中生成的离子被几千伏高压加速，以一定的曲率半径通过电场、磁场，其运动轨道曲率取决于离子的能量、质荷比、加速电压和电、磁场强度，不同质量的离子在变化的电、磁场或加速电压下被分离后到达检测器被检测。电场和磁场不同组合有不同的扫描方式，使其成为具有多种MS/MS功能的质量分析器。其优点之一是具有高能碰撞，可获得更多的结构信息。

(3) 检测器

检测器的作用是将离子束转变成电信号，并将信号放大，常用检测器是电子倍增器和光电倍增器。它们工作原理类似，离子打在表面涂有特殊材料的金属片(称打拿级)上，产生二次电子。如果是电子倍增器，二次电子继续打到后面的打拿级，电子数目逐级倍增，最后检测到是倍增后的电子流。光电倍增器则是打拿级发射出的二次电子，打到一个能发射光子的闪烁晶体上，发射出光子，由光电倍增管及放大器放大，转换成电流被检测。

(4) 数据处理系统

各种近代分析仪器都配备了计算机和相应的应用软件，通称为仪器的数据处理系统(也称为化学工作站)。数据处理系统的软件包括运行仪器的操作系统、各种应用程序和质谱数据库。其中，由美国国家科学技术研究院(NIST)研发的谱库检索系统普遍采用。

4.2.1.3 仪器操作方法

下文以 TRACE ISQ 单四极杆气相色谱-质谱联用仪为例，介绍仪器操作方法。

(1) 机前准备

开机前检查实验室的电源、温度和湿度等环境条件，当电压稳定，室温在 21℃±5℃，湿度≤65%才可以开机。

(2) 安装色谱柱

选择合适的色谱毛细管柱后，将毛细管柱的两端截取一段(如果是已经使用过的柱子，安装之前一定要分清哪端与进样口端连接，哪端与检测器相连)，然后安装，注意螺帽无需拧得太紧。

将柱子一端先与进样口接好后，通载气，将检测器的一端放置在丙酮溶液中，观察是否有气泡，用以判断毛细管柱是否被堵。通气 10min 丙酮持续冒气泡证明管路通畅，将另一端连接检测器端。

(3) 开机

①打开氦气钢瓶气源，使输出压力约在 0.6MPa 处。
②开 GC 的总电源开关，等待 GC 自检直到仪器显示面板出现最终版本号。
③设定载气流速，保证有载气通过色谱柱。

④打开 MS 总电源开关。
⑤打开"Xcalibur"软件。
⑥确保气相面板"Carrier"中的"Vacuum Comp"(真空补偿)处于"On"状态。
⑦等待仪器真空度<80mTorr*。
⑧在"Xcalibur"→"Sequence Setup"→"ISQ/Status"→"Insrument Control"→"Ion Source"中将离子源和传输线均设置为250℃后,点击"Send"将参数发送给质谱仪。

(4) 质谱调谐

当真空度<80mTorr,设置离子源、进样口和质谱传输线温度后,做质谱调谐:

①检查空气/水谱图　选择"Xcalibur"→"Sequence Setup"→"ISQ"→"Scans",将扫描范围设置为10~100,单击右键,选择"Scan Now",比较空气→水谱图,确定是否有泄漏。

②核查背景谱图　选择"Xcalibur"→"Sequence Setup"→"ISQ"→"Scans",将扫描范围设置为10~650,单击右键,选择"Scan Now"做扫描,证明背景谱图在合理范围内。被抽空后的第一天背景谱图可能会稍高一些。

③核查校准气的谱图　选择"Xcalibur"→"Sequence Setup"→"ISQ"→"Scans",将扫描范围设置为50~650,单击右键,选择"Scan Now",在弹出的"Real-Time Scan"窗口中选择"Cal Gas"→"EI"打开校正气,核实所有峰(m/z 69、131、219、264、414 和 502),注意:m/z 69 是基峰。

④通过选择"ISQ"→"Autotune"显示"Automatic Tune"页面,运行调谐。

⑤调谐完成后,软件会自动保存当前调谐文件。

⑥查"Leak Check"值,若<6%系统不漏,如果"Leak Check"值>6%,需要对系统重新查。

⑦日常维护可只选择"Daily Tune Check(built-in)"做仪器状态核准即可。在清洗离子源后,要将"EI Default Tune"和"EI Full Tune"同时选中做完整调谐。

(5) 设置仪器方法

打开"Xcalibur"软件,进入主菜单,点击"Insrument Setup"进入仪器方法编辑界面:

①自动进样器参数设置　根据仪器设置,点击"AS 3000"或"TriPlus Autosampler"图标进入自动进样器参数设置。

②气相色谱条件参数设置　点击"Trace GC"图标进入气相色谱参数设置,依次点击"Oven""Injector""Carrier"选项,可分别对"柱温箱""进样口"以及"载气"参数进行设置。

③质谱条件参数设置　点击"ISQ"图标进入质谱参数设置,如果做"Full Scan"扫描,可直接设置扫描范围、采集速率等参数,并在"Tune File"选项中选择合适的调谐文件;如果做"SIM"扫描,可设置选择的特征离子及相应的"Dwell Time";如果是"Full Scan/SIM"同时采集,可直接在相应的时间内分别填写扫描质量范围及特征离子即可。

④保存仪器方法　以上参数设置完成后,选择"Save As",将该方法保存即可。

---

* 1mTorr≈0.133Pa

(6) 进样分析

打开"Xcalibur"软件主菜单中，点击"Sequence Setup"进入样品分析列表。

将样品列表编辑完成后，便可进样分析。进样只需点击"Run Sample"，在弹出的窗口中点击"OK"即可完成序列提交。仪器随后会根据提交的序列自动进行数据采集。

(7) 数据考察

打开"Xcalibur"软件主菜单中，点击"Qual Browser"，打开原始数据文件，可查看色谱图、质谱图、提取离子图、峰的信噪比、积分以及进行谱库检索等。

(8) 定量分析

①在"Xcalibur"软件主菜单中，点击"Processing Setup"，编辑定量分析方法。所有参数设置完成后，点击"File"，将该数据处理方法以"Save As"形式保存。

②关闭窗口，回到"Sequence Setup"界面：在"Sample Type"中选择标样或样品；在"File Name"中调入待处理数据；当"File Name"确定后，"Path"自动填充；在"Proc Meth"中选择数据定量处理方法；如是标样，则在"Level"下选择相应的层级。以上参数编辑完成后，将该 Sequence 文件以"Save As"形式保存。

③点击"Batch Reprocess"，在弹出的对话框中选择"Quan"，并将该选项下的子项选中，最后点击"OK"即可进行数据自动处理。

④数据处理完成后，点击左上角"Roadmap View"，回到主菜单，点击"Quan Browser"，选择处理完成的序列，即可浏览数据处理结果。

(9) 关机

对质谱仪来说，最好保持抽真空状态，不要频繁关机。如果质谱仪关机，步骤如下：

①把 GC 上面的所有温度（包括柱温箱、进样口温度）都关闭，等待降温。

②在等待 GC 降温的同时，点击"Sequence Setup"中"Status"栏右下角的"Shut Down"，等待离子源降温到120℃左右，同时，分子涡轮泵转速（turbo-pump speed）减少至约60%后，ISQ 前面板上的"Vacuum"指示灯会由绿色变为红色，此时可以关闭 ISQ 后面的 MS 电源开关"Power"键。

③最后关闭 GC 总电源，关闭气路。

4.2.1.4 注意事项

①开机时，请确保先打开气阀，再开启主机电源。每次开机后先确认真空泵工作正常，以确保仪器正常工作，若发现故障，应停机检查。

②在进行测试以前，真空度<80mTorr，保证测试结果的准确性和重现性。

③为仪器寿命考虑，一般使用时都不关机，以维持真空状态。

④关机后再次开机的时间间隔不能低于5s，否则，有可能损坏质谱仪。

⑤切勿碰触 GC 进样口，以免烫伤。

⑥进样时使针头垂直插入进样口，切勿弯折进样针。

⑦仪器长时间不用后，再次使用前要进行调谐操作。

⑧可以通过调谐报告或者质谱本底查看，离子源是否污脏，要卸下进行清洗，但要注

意安装顺序以及清洗时使用的试剂等工具。

⑨换隔垫和衬管时关闭 GC 不关 MS。原则上每进 50 个样换一次隔垫。

4.2.2 液相色谱-质谱联用仪

GC/MS 分析技术具有高分离度、分析速度和灵敏度并可提供待测物质的分子量和结构信息等优点，但是 GC/MS 的应用范围有限，因为其要求待测样品必须气化，因而难以用于极性、热不稳定和大分子化合物的测定。液相色谱-质谱联用仪(liquid chromatography/mass spectrometry，LC/MS，简称液质联用仪)将应用范围极广的分离方法——液相色谱法与灵敏、专属、能提供分子量和结构信息的质谱结合起来，成为一种重要的分离分析技术，在药物分析、组合化学、蛋白质组学和代谢组学分析等许多领域得到了广泛的应用。

4.2.2.1 基本原理

液质联用仪是以液相色谱作为分离系统，质谱为检测系统。样品在质谱部分和流动相分离，被离子化后，经质谱的质量分析器将离子碎片按质量数分开，经检测器得到质谱图。

常见液质联用仪有四极杆液质联用仪、飞行时间液质联用仪、离子回旋共振液质联用仪等。四极杆液质联用仪的定量分析结果的准确度和精密度最好。飞行时间液质联用仪分辨率高，测得分子的质量数准确度高。

4.2.2.2 结构组成

液质联用仪由液相色谱进样系统和质谱系统两部分构成。质谱系统一般由离子源、质量分析器、真空系统、检测器和数据处理系统构成。

(1) 进样系统

一般有两种进样方式：第一种是连续注射，即样品放在注射器或静态的针内，利用注射泵或电场引力，将样品流连续并恒定地流入离子源喷口。通常用于安装时调谐，质量校正和标准样品质谱方法的优化；第二种是流动注射，用手动进样器和液相泵注入样品，由流动相带注入离子源喷口。通常安装 5μL 的定量环。这种方法简便快速，样品溶液的用量较小，易于实现自动进样分析。

(2) 离子源

液质联用仪最常用的电离源有大气压电喷雾电离源(ESI)和大气压化学电离源(APCI)，两者同属于大气压电离(API)技术，其离子化过程发生在大气压下。

①电喷雾(ESI)

工作原理：从进样口注入的样品液体被雾化气吹成雾滴，加于喷嘴上的高压电使雾滴带电，带电雾滴去溶剂后生成样品离子。辅助加热气(GS_2)可加快去溶剂的速度，可用于较大流量的液体。

电喷雾离子化可分为两个步骤：

a. 形成带电小液滴：由于毛细管被加高压，造成氧化还原反应，形成带电液滴。

b. 当达到 Rayleigh(瑞利)极限时，即液滴表面电荷产生的库仑排斥力与液滴表面的张力大致相等时，液滴会非均匀破裂，分裂成更小的液滴，在质量和电荷重新分配后，更小的液滴进入稳定态，然后再重复蒸发、电荷过剩和液滴分裂这一系列过程。

ESI 的特点：软电离，产生准分子离子；正离子有：$[M+H]^+$，$[M+NH_4]^+$，$[M+Na]^+$，$[M+K]^+$…（其中 M 为样品分子）；负离子有：$[M-H]^-$，$[M+CH_3COO]^-$，$[M+Cl]^-$…；对很多种类的化合物都有很高的灵敏度；高分子量生物大分子和聚合物产生多电荷离子 $[M+nH]^{n+}$、$[M-nH]^{n-}$；低分子量化合物一般产生单电荷离子（失去或得到一个质子）；ESI 技术无法使非极性分子离子化，故非极性样品不出峰。几乎没有碎片离子；可能生成加合物和/或多聚体；常见的是溶剂加合物和 $NH_4^+[M+18]$，$Na^+[M+23]$ 和 $K^+[M+39]$ 加合物；灵敏度取决于化合物本身和基质。

②大气压化学电离（APCI）

工作原理：APCI 电离是在大气压条件下利用尖端高压（电晕）放电促使溶剂和其他反应物电离、碰撞，以及电荷转移等方式，形成一个反应气等离子区，样品分子通过等离子区时，发生质子转移，形成了 $[M+H]$ 或 $[M-H]$ 离子或加和离子。

大气压化学电离可分为以下两个步骤：第一步快速蒸发，即液流被强迫通过一根窄的管路使其得到较高的线速度，给毛细管高温加热及雾化气的作用使液流在脱离管路的时候蒸发成气体；第二步气相化学电离（电晕放电），即通过电晕放电，达到气相化学电离。

APCI 离子化的过程是：首先电晕针放电使离子源内的 N_2 或 O_2 带电，然后 N_2 或 O_2 转移电荷到气态溶剂分子上，最后带电的气态溶剂分子转移电荷到气态样品上。

APCI 的特点：软电离，产生准分子离子；正离子有：$[M+H]^+$，$[M+NH_4]^+$…；负离子有：$[M-H]^-$，$[M+CH_3COO]^-$，$[M+Cl]^-$…。

APCI 的优点：有一定挥发性的中等极性或低极性的小分子化合物；对溶剂选择、流速和添加物的依赖性较小。缺点：有可能发生热裂解，样品需要具有一定的挥发性，适合分析分子量小于 2000Da 的样品。

(3) 质量分析器

任何质谱仪的基本功能都是分析气态离子。样品的电离过程和蒸发都在离子源中进行。质量分析器所要分析的离子，当它们进入检测器时，控制它们的移动，并将它们转化为实际信号。

①四极杆质谱仪（quadrupole mass spectrometer，SQ） 单级四极杆质谱仪的主要优点是相对可靠、优良的性能价格比，适用于定性、定量分析。四极杆质谱仪主要缺点是低分辨质谱，用单级四极杆质谱仪做定量分析采用选择离子监测（selected ion monitoring，SIM）。检测限取决于是否将目标化合物与样品中的其他成分（包括背景干扰）加以区别。

如果需要 MS/MS 功能以进行化合物结构分析或用选择反应监测（selected ion reaction monitoring，SRM）以提高选择性及定量分析检测限，应采用三重四极杆质谱仪（triple quadrupole mass spectrometer，TQMS）。TQMS 具有多种 MS/MS 功能，除上述产物离子扫描外，还有前体离子扫描和恒定中性丢失扫描，适用于复杂成分的定量分析，如药物代谢动力学研究。

为了使用四极杆进行多级质量分析，需要按顺序摆放三个四极杆。每个四极杆有独立的功能：第一个四极杆（Q1）用于扫描目前的质荷比范围，选择需要的离子。第二个四极杆（Q2），也称碰撞池，它集中和传输离子，并在所选择的离子的飞行路径引入碰撞气体（氩气或氦气）。离子进入碰撞池和碰撞气体进行碰撞，如果碰撞能量足够高的话，离子就会分解。碎裂的方式取决于能量、气体和化合物性质。小离子只需要很少的能量，更重的离子需要更多的能量来碎裂。第三个四极杆（Q3）用于分析在碰撞池（Q2）产生的碎片离子。

②扇形磁场质谱仪（magnetic sector mass specrometer） 采用扇形均匀磁场进行聚焦的单聚焦质谱仪。它是静态仪器的一种，其磁场稳定，按偏转半径不同把不同质荷比的离子区分开。它是高分辨仪器，适用于准确质量分析和高分辨选择离子检测。

③傅立叶变换离子回旋共振质谱仪（fourier transform ion cyclotron resonance mass spectrometry，FTICRMS） 简称傅立叶变换质谱。它是根据给定磁场中的离子回旋频率来测量离子质荷比（m/z）的质谱分析器。傅立叶变换质谱法具有非常高的析像能力，有很高的分辨率，可以达到很好的质量分辨率，易于确定离子的电荷数，有利于高分子量化合物的 MS^n 数据的解析。此外，由于它所产生的分析图像具有较窄的峰宽，能够将两个质量相近的离子返回的信号（质荷比，m/z）区分开来，通常也用来研究复杂的混合物。

④四极离子阱质谱仪（quadrupole ion trap mass spectrometer，QITMS） 这是"静态"离子阱，离子的捕获是静磁场和加在分析池阱板上的低直流电压共同作用下实现的，而四极离子阱，简称为离子阱，是"动态"离子阱，用加在离子阱环电极上的射频电场捕获离子，首先 ESI 产生的离子在外离子源中产生，再注入离子阱并积累，离子阱通常以轴向不稳定扫描方式检测离子，扫描时，离子从小到大依次排出，在电子倍增管中产生信号，由于离子的积累和用电子倍增管检测离子，故灵敏度较高。四极离子阱尤其适用于目标化合物分析和肽及蛋白质定性。

⑤飞行时间质谱仪（time-of-flight mass spectrometer，TOFMS） 20 世纪 90 年代以来，随着基质辅助激光解吸离子化技术的出现和计算机的发展，飞行时间质谱仪得到快速发展。ESI/TOFMS 采用正交加速（orthognal acceleration，OA）离子导入技术，在垂直于 TOFMS 的轴向，将连续离子束用门控技术转变为脉冲离子束，加速进入质量分析器。这种方法有效地克服了由于离子的空间分布、动能分布等造成的分辨率下降，反射式 TOF 进一步提高了分辨率。

(4) 真空系统

真空系统包含以下元件：前级泵（机械真空泵）、高真空泵（分子涡轮泵或扩散泵）、真空腔和真空规。

①真空腔 由密封圈分成四个阶段，每个阶段的压力逐渐降低。第一阶段压力是 1Torr（初级压力大约是 2Torr），第四阶段压力是 10^{-5}Torr（高真空）。

②前级泵 降低真空腔的压力，以便高真空泵运作。它也泵走从高真空泵过来的气体。

③真空泵 高真空泵制造低压（高真空），要求正确的分析器操作。它们通常称为涡轮泵。一个控制器调整供应到泵中的电流，监测泵马达的速度。高真空泵将系统真空降至

10^{-5} Torr。

④真空规 用于测量压力。不同的真空规测量不同范围的压力。

(5)检测系统——电子倍增器

检测器是一个高能打拿极(HED)电子倍增器,接受在四极杆质量过滤器中的离子,产生与它接收到的离子的数量成正比的电流信号,信号被传递到电极进行放大和处理。

(6)数据处理系统

数据处理系统的软件包括运行仪器的操作系统、各种应用程序和质谱数据库。

4.2.2.3 仪器操作方法

下文以 QTRAP 5500 液相色谱-质谱联用仪(图 4-8)为例,介绍仪器操作方法。

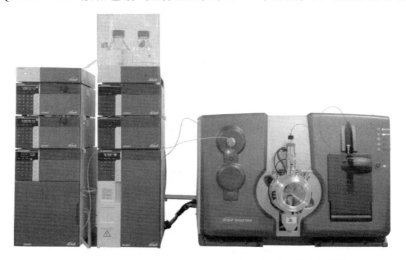

图 4-8 AB SCIEX QTRAP 5500 液相色谱-质谱联用仪

(1)高效液相色谱

①色谱柱的安装 开机前连接色谱柱,注意柱子的方向。

②开机

a. 依次打开溶液传输单元(泵 A、B)、自动进样器、柱温箱、SPD 检测器、系统控制器电源打开。

b. 将两个泵的旋钮逆时针旋转 90°~180°,按"Purge"键进行自动脱气,一般设置为 3min;然后按自动进样器软键盘的"Purge"键,对自动进样器上的样品进行脱气,一般为 25min。

(2)QTRAP 5500 型质谱仪

①开启压缩空气管道及液氮罐阀门,确认"Curtain Gas"为 0.35MPa,"Gas1/Gas2"为 0.7MPa,"Exhaust Gas"为 0.35MPa。

②打开主机电源开关(ON 状态),约 30s 后机械泵自动启动。"Vacuum Status"的指示灯闪烁,直至指示灯不再闪烁,真空稳定仪器可正常使用;

③开启计算机,打开 Analyst 软件,即可进行操作。

(3)液质联用定量分析方法和批文件的建立与使用

①Analyst 软件主界面，点击"Hardware Configure"激活"MassSpec"及"HPLC"配置文件；在文件菜单打开针泵连续进样优化好的 MRM 质谱方法，在"Acquisition Method"点击鼠标右键出现"Add Device Method"，点击增加液相泵、自动进样器、柱温箱。

②点击"Acquisition Method"题头，设置同步方式确保 LC 与 MS 设备同时启动，在最后的窗口"Specify Calibration"中，定义"Fit"为"Linear"，"Weighting"为 $1/x^2$，"Regression Parameter"基于"Area"。选择"Finish"完成定量分析方法的建立。将数据分析后命名保存。

(4)关机

①当提交的样品测定结束后，编辑一个方法将"TEM"设定为 0，只有 Gas1/Gas2 以使加热装置降温，降温 6min 后，在"Acquire"菜单下点击"Standby"，在"Hardware Configuration"菜单下点击"Deactive"。关闭 Analyst 软件，关闭计算机。

②液相色谱关机依次关闭系统控制器、检测器、柱温箱、自动进样器、溶液传输单元（泵 A、B）电源关闭。

③长期不使用质谱仪，则需要关闭质谱。持续按"Vent"按钮 1s，分子涡轮泵缓慢停止工作，机械泵仍将工作约 15min。待机械泵停止工作后，关闭仪器电源开关。

4.2.2.4 注意事项

①仪器正常工作时，需每天重启计算机，避免进样过程中出现死机现象；

②死机后的处理方法：一般按下 Ctrl+Alt+Del，打开 Windows 任务管理器以结束任务，关掉 Analyst 软件，然后重新打开 Analyst；若这样还不可行，则将计算机重新启动；还可"Deactive"后，再"Active"；关掉 Analyst 软件，"Stop Service"后重新打开 Analyst 软件；重新启动控制仪器的计算机，重新启动 HPLC，再"Active"。

③液相每天开机后应采用 10%异丙醇清洗泵头。

④液相流动相的水相需每天更换，避免弱酸、弱碱水中生菌，延长柱子寿命。

⑤每次更换流动相，按液相两个泵的"Purge"键进行自动脱气，排空管道空气，并重新跑标样，确定保留时间。

⑥盐干扰离子化并成簇，使质谱图变得复杂；强碱或季铵在正离子模式下引起信号抑制；强酸，如磺酸、硫酸和三氟乙酸，可能在负离子模式下引起信号抑制；非挥发性添加剂或缓冲液，如磷酸盐导致加合物的产生，且污染物离子源；非挥发性离对子试剂，如十二烷基硫酸钠(SDS)引起严重的离子抑制，且污染物离子源。

4.3 应用实例

实验四十九　气相色谱仪对果蔬果实乙烯浓度的测定

一、实验原理

测定果实乙烯浓度的方法是先收集果实中的气体样品或收集果实产生的气体，然后将此气体通过气相色谱仪进行测定。气相色谱仪中的层析柱能将气体样品中的乙烯与其他有机挥发物质分开,并利用标准样测定乙烯气体的浓度。

二、实验材料、仪器及试剂

(1)实验材料:苹果、梨、桃、番茄、香蕉等果蔬样品。
(2)实验仪器:Trace GC ULTRA 气相色谱仪、1mL 注射器、真空干燥器、抽气泵等。
(3)实验试剂:氢气、氮气、乙烯标准样。

三、实验步骤

(1)色谱条件

检测器(FID),色谱柱为 2m 填充柱,载气为氮气,载气流量为 $40kPa/cm^2$;燃烧气为氢气,燃烧速度 35mL/min;助燃气为空气,流速为 350mL/min;柱温 70℃,检测器温度 150℃,进样口温度 70℃。

(2)乙烯保留时间的确定及标准曲线的制作

①保留时间　向气相色谱仪进样口注入一定浓度一定量的乙烯标准品,该样品出峰时间及为乙烯的保留时间,作为定性的依据。

②标准曲线的制作　取一定浓度的标准乙烯气体 10、20、30、40、50μL,分别注入气相色谱仪便可得到一份不同乙烯浓度的气相色谱图,由此可制作乙烯浓度与峰面积的标准曲线图。

(3)果实中气体样品的收集

减压取气法:取苹果 4~5 个,放到真空干燥器中,真空干燥器内注入饱和食盐水浓度,其数量以淹没果实为度。同时用一口径与干燥器内径相同或稍小的短颈漏斗反扣在果实外面,短颈漏斗的顶端用一个翻口塞塞紧。另外,用一硬橡皮管一头链接注射器针头,另一头连接抽气泵或抽水龙头。将注射器针头插入短颈漏斗顶端的反口塞,开启抽气泵或抽水龙头,由于短颈漏斗内部气压减少,食盐水面上升,待食盐水面上升至漏斗顶端的反口塞处即将针头拔出。

扣上真空干燥器的盖子,盖上紧塞一橡皮塞,橡皮塞上打两个孔,一孔上装有真空表,另一孔上安一个小反口塞,以备插针头用,真空干燥器盖子必须扣紧以防漏气。以上装置安装完毕则将前述的注射器针头插入盖上的反口塞,并缓慢启动抽气泵,此时真空表上的指针开始移动,抽气泵开启的程度以 10min 内真空表达到 0.5 个大气压为度。由于真空干燥器内的气压减小,短颈漏斗的外部食盐水上升,而内部的水面下降,果实中气体随之释放出来,积聚于短颈漏斗顶部。待真空表达到 0.5 个大气压时,停止抽气。此时,果实中的气体仍往外释放,但速度已逐渐减慢。待果实中气体不再外溢时,打开真空干燥器的盖子取样。

取样时用 1mL 注射器插入短颈漏斗顶端的反口塞中取气,稍停 1min,待注射器中的样品气体与短颈漏斗中的气体平衡以后再拔出注射器针头,迅速至气相色谱仪上进行测定。反复取样 10 次，以求其平均值。

四、结果与分析

该实验采用外标法计算，由峰面积值计算相应的浓度值。根据被测样品的峰面积，从标准曲线上查的相应的浓度值，由所得的浓度值代入下列计算公式即可得到待测样品乙烯释放量（释放速率）。

$$待测样品的乙烯释放量 = cL/WT$$

式中　c——待测样品释放的乙烯浓度（mg/L）；

　　　L——玻璃标本缸的空间体积与待测样品的体积之差（自由空间的体积 L）；L 的测定：将果实放入标本缸中充满水盖上盖，然后打开塞，用量筒取标本缸中的水，水的体积即为自由空间的体积（L）；

　　　W——待测样品的质量（kg）；

　　　T——密闭时间（h）。

实验五十　温室气体测定

一、实验原理

测定温室气体的方法是先收集大气中的气体样品，然后将此气体通过气相色谱仪进行测定。通过使用不同的检测器和层析柱能将甲烷、二氧化碳和氧化亚氮气体样品与其他有机挥发物质分开，并利用标准样测定温室气体的浓度。

二、实验仪器及试剂

（1）实验仪器：Agilent-7890B GC 气相色谱仪、20mL 注射器、静态箱、三通阀、透明塑料布、气袋等。

（2）实验试剂：氢气、氮气、氦气、温室气体标准样。

三、实验步骤

（1）色谱条件

甲烷和二氧化碳检测器均为离子火焰检测器（FID），工作温度为 200℃，使用长度为 2m 的 80~100 目 XMS 填充物分离柱（直径 2mm）完成甲烷分离，柱温 55℃，载气为高纯氮，流量为 30cm^3，氧化亚氮检测器为电子捕获检测器（ECD），工作温度为 330℃，使用两根长分别为 1m 和 3m 的 80~100 目 PORAPAKOQ 填充物分离柱（直径 2mm）完成氧化亚氮的分离和反吹，柱温 55℃，载气为高纯氮，流量为 35cm^3。

（2）温室气体收集

气体采集装置防照静态箱的原理自制设计：采样装置用钢架结构搭建，规格为 2.4m×2.4m×3.0m，外部选用透光性良好的透明塑料布罩住，形成密闭体系。采样时在装置内部吊一风扇用于混匀箱内气体，装置一侧伸出带有三通阀的气管进行采气，每月采样周期为1d，分别在00：00、06：00、12：00和18：00这四个时间点采集气体样品，每次罩箱时间为1h，用100mL注射器每隔20min抽取3个平行装置内的气体，并将其转到气袋中，带回实验室分析。

计算该实验采用外标法计算，由峰面积值计算相应的浓度值。根据被测样品的峰面积，从标准曲线上查得相应的浓度值，由所得的浓度值代入下列计算公式，即可得到待测样品温室气体排放量(排放通量)。

四、结果与分析

待测样品的温室气体释放量：

$$F = \frac{\Delta C}{\Delta t} \cdot \frac{V}{A} = H \times 10^{-3} \times \frac{\Delta C}{\Delta t}$$

$$C = \frac{P}{RT} \times M$$

式中 V——采样箱体积(m^3)；
  F——温室气体排放通量[$mg/(m^2 \cdot h)$或$\mu g/(m^2 \cdot h)$]；
  A——采样箱横截面积(m^2)；
  H——采样箱净高(m)；
  $\Delta C/\Delta t$——采样箱内气体质量浓度随时间的变化率[$mg/(L^2 \cdot h)$或$\mu g/(L^2 \cdot h)$]；
  P——采样箱气压；
  R——普适常数；
  T——采样箱温度，取采样开始和结束时的平均值(K)；
  M——气体分子摩尔质量。

计算出某一时刻3个平行样的排放通量，取平均值作为该时刻的排放通量。

实验五十一 高效液相色谱法测定番茄中类胡萝卜素含量

一、实验原理

叶黄素、α-胡萝卜素和β-胡萝卜素是脂溶性的不饱和碳氢化合物，难溶于甲醇、乙醇，可溶于乙醚、石油醚、正己烷、丙酮，易溶于氯仿、二硫化碳、用正己烷、丙酮和无水乙醇混合液提取，然后采用高效液相色谱法测定，以保留时间定性，峰面积定量。

二、实验材料、仪器及试剂

(1)实验材料：新鲜番茄。
(2)实验仪器：超声波清洗器、真空浓缩仪、LC-2010AH高效液相色谱仪。
(3)实验试剂：叶黄素、番茄红素、β-胡萝卜素、正己烷、丙酮、无水乙醇、丁基羟基甲苯、甲基叔丁基醚、乙酸乙酯、三乙醇胺。

三、实验步骤

(1) 样品前处理

①准确称取 0.1~0.3g 样品粉末于 10mL 离心管中，加入 5mL 色素提取液[正己烷：丙酮：无水乙醇=1：1：1，含 0.01%丁基羟基甲苯（BHT）]，超声波萃取 30min。将上清转入新的 10mL 离心管中，再加入 5mL 色素提取液，重复萃取 2 次，至样品无色，并将上清液合并。

②真空冷冻浓缩干燥（或使用氮气常温吹干），干燥样品暂时保存在-80℃冰箱。

③有色层类胡萝卜素需要进一步皂化处理：2mL 甲基叔丁基醚（MTBE）（含 0.01% BHT）溶解类胡萝卜素干样，在加入 2mL 10%氢氧化钾-甲醇溶液避光皂化过夜。

④皂化完成后，加入 4mL 饱和氯化钠水溶液和 2mL MTBE 混匀。其上层（MTBE 类胡萝卜素溶解液）转移至新 10mL 离心管中，再加入 5mL 饱和氯化钠水溶液洗涤 3 次，将上层液真空浓缩至完全干燥，样品暂时存放于-80℃冰箱中。

⑤准确吸取 1mL 乙酸乙酯充分溶解类胡萝卜素干样，12 000r/min 离心 20~30min，去上清液经 0.22μm 有机微孔滤膜过滤后上样检测。

(2) 标准溶液的配制

准确称取番茄红素、玉米黄素、α-胡萝卜素和 β-胡萝卜素标准品各 10mg，用少量 80%甲醇溶解，最终定容至 10mL，配成 1.0g/L 的混合标准储备液。

(3) 色谱条件

①色谱柱 YMCC$_{30}$ 类胡萝卜素专用色谱柱（4.6mm × 250mm，5μm）（图 4-9）。

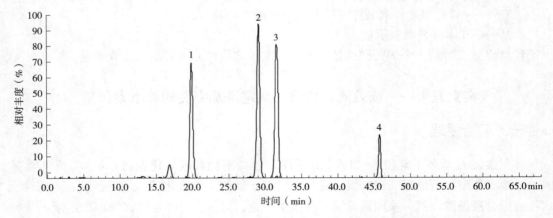

图 4-9 番茄红素、玉米黄素、α-胡萝卜素和 β-胡萝卜素标准物质液相色谱图
1. 番茄红素 2. β-胡萝卜素 3. α-胡萝卜素 4. 玉米黄素

②流动相

A 相：乙腈：甲醇=3：1（含 0.05% 三乙醇胺）；

B 相：100%甲基叔丁基醚（含 0.01% 丁基羟基甲苯）。

③流速 1.0mL/min。

④柱温　25℃。
⑤检测波长　450nm。
⑥进样量　10μL。
⑦洗脱条件(表4-2)

表4-2　色谱分离的流动相梯度

时间(min)	流速(mL/min)	流动相B(%)	时间(min)	流速(mL/min)	流动相B(%)
0.01	1.0	99	54.01	1.0	50
10.01	1.0	15	64.01	1.0	85
16.01	1.0	18	65.01	1.0	99
25.01	1.0	25	70.01	停止	

四、结果与分析

利用外标法对实验结果进行分析。

五、注意事项

在开机之前，根据所做样品的方法要求，准备好所用流动相、标样及样品。流动相抽滤后超声脱气15min，标样和样品0.22μm膜过滤。

仪器系精密贵重仪器，在未熟悉仪器的性能及操作方法之前，不得随意拨动主机的各个开关和旋钮。仪器在开、关机时必须严格按照操作方法进行。

实验五十二　高效液相色谱法测定牡丹花青素含量

一、实验原理

花青素是广泛存在于植物中的水溶性天然色素，属于黄酮化合物。使用高效液相色谱，经C_{18}反相色谱柱分离，在波长530nm处检测，利用外标法定量。

二、实验材料、仪器及试剂

(1)实验材料：叶片。
(2)实验仪器：超声波清洗器、真空浓缩仪、LC-2010AH液相色谱仪。
(3)实验试剂：飞燕草素、矢车菊素、矮牵牛素、天竺葵素、芍药素、锦葵素、盐酸、色谱级甲醇、色谱级乙腈、双蒸水。

三、实验步骤

(1)样品前处理
①提取液配制，含1%盐酸的甲醇。

②取 1g 研磨好的牡丹样品至于离心管中，加 2mL 提取液，振荡 20min 后离心 10min。

③将上清液经 0.22μm 有机滤膜过滤至上样瓶内，准备上样。

（2）标准溶液的配制

准确称取飞燕草素、矢车菊素、矮牵牛素、天竺葵素、芍药素、锦葵素标准品各 2mg，用 1%盐酸的甲醇溶液定容至 10mL 容量瓶，分别配成 200mg/L 的标准储备液。

（3）色谱条件

①色谱柱　InertSustain AQ-C_{18}柱（4.6mm × 250mm，5μm）。

②流动相

A：10%甲酸：水溶液；

B：10%甲酸：乙腈溶液。

③流速　1.0mL/min。

④柱温　30℃。

⑤检测波长　530min。

⑥进样量　10μL。

⑦梯度洗脱条件（表 4-3）

表 4-3　色谱分离的流动相梯度

时间（min）	流速（mL/min）	流动相 B（%）	时间（min）	流速（mL/min）	流动相 B（%）
0.01	1.0	5	60.01	1.0	36
25.01	1.0	15	65.01	1.0	5
42.01	1.0	22	75.01	1.0	停止

四、结果与分析

利用外标法对实验结果进行分析。

五、注意事项

同实验五十一。

实验五十三　梨砧木新梢韧皮部酚类物质含量测定

一、实验原理

利用多酚物质易溶或可溶于水、甲醇、乙醇、乙酸乙酯、丙酮等溶剂的性质，可将多酚物质直接从被提取的物中提取出来，注入高效液相色谱仪，经 C_{18} 反相色谱柱分离，在波长 260nm 处检测，利用外标法定量。

二、实验材料、仪器及试剂

（1）实验材料：梨砧木新梢韧皮部，冷冻保存。
（2）实验仪器：超声波清洗器、离心机、LC-2010AH 高效液相色谱仪。
（3）实验试剂：绿原酸、咖啡酸、阿魏酸、表儿茶素、儿茶素、没食子酸、香豆酸、槲皮素和儿茶素、根皮苷和芦丁、甲酸、甲醇（色谱纯）、乙腈（色谱纯）、双蒸水。

三、实验步骤

（1）样品前处理
①取 0.5g 样品，加 2mL 提取液（70%甲醇水溶液加 0.1%甲酸），超声提取 30min，离心 10min。
②取上清液，用 0.22μm 滤膜过滤，上样检测，于冰箱中冷冻保存。

（2）标准溶液的配制
准确称取绿原酸、咖啡酸、阿魏酸、表儿茶素、儿茶素、没食子酸、香豆酸、槲皮素和儿茶素、根皮苷和芦标准品各 5mg，用 70%甲醇溶解，最终分别定容至 10mL，配成 500mg/L 的标准储备液。

（3）色谱条件
①色谱柱　InertSustain AQ-C_{18}柱（4.6mm×250mm，5μm）（图 4-10）。
②流动相
A：10%甲酸：水溶液；
B：10%甲酸：乙腈溶液。
③流速　1.0min/mL。
④柱温　30℃。
⑤检测波长　260min。
⑥进样量　10μL。
⑦梯度洗脱条件（表 4-4）

表 4-4　色谱分离的流动相梯度

时间（min）	流速（mL/min）	流动相 B（%）	时间（min）	流速（mL/min）	流动相 B（%）
0.01	1.0	5	60.01	1.0	36
25.01	1.0	15	65.01	1.0	5
42.01	1.0	22	75.01	1.0	停止

四、结果与分析

利用外标法对实验结果进行分析。

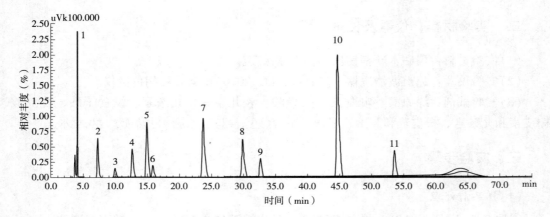

图 4-10　多酚类标准物质液相色谱图
1. 没食子酸　2. 香豆酸　3. 儿茶素　4. 绿原酸　5. 咖啡酸　6. 表儿茶素
7. 对香豆酸　8. 阿魏酸　9. 芦丁　10. 根皮苷　11. 槲皮素

五、注意事项

同实验五十一。

实验五十四　高效液相色谱测定番茄果肉中的糖含量

一、实验原理

将样品经过适当处理,将糖类的水溶液注入色谱柱,用适当的流动相洗脱,经过示差折光检测器分析。

二、实验材料、仪器及试剂

(1)实验材料:新鲜番茄。
(2)实验仪器:超声波清洗器、水浴锅、LC-30A 高效液相色谱仪、RID 示差折光检测器。
(3)实验试剂:果糖、葡萄糖、蔗糖、双蒸水、乙醇、乙腈(色谱纯)。

三、实验步骤

(1)样品前处理

准确称取番茄果肉 2g,加入 5mL 90%的乙醇匀浆,$1000 \times g$ 离心 15min,残渣加入 5mL 90%乙醇再提取 1 次,合并上清液于 90℃水浴锅水浴蒸干,用水定容至 10mL,取 1mL 经 0.22μm 滤膜过滤后待测。

(2)标准溶液的配制

准确称取果糖、葡萄糖、蔗糖标准品各 50mg,加入水溶解,最终分别定容至 10mL,

配成 5000mg/L 的标准储备液。

（3）色谱条件

①色谱柱　ZORBAX Carbohydrate（4.6mm×150mm，5μm）（图4-11）。
②流动相　乙腈：水＝7：3。
③流速　1mL/min。
④柱温　35℃。
⑤进样量　10μL。

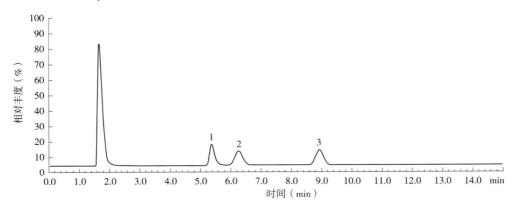

图 4-11　可溶性糖标准物质液相色谱图
1. 果糖　2. 葡萄糖　3. 蔗糖

四、结果与分析

在上述色谱条件下对确定各糖类标样浓度的混合溶液标准系列进行分析，以对照品进样量为横坐标，以峰面积为纵坐标，绘制标准工作曲线，计算线性方程、相关系数。

五、注意事项

同实验五十一。

实验五十五　超高效液相色谱法测定苹果果肉中有机酸含量

一、实验原理

试样用提取液提取、离心后，经滤膜过滤，0.01mol/L 磷酸二氢钾（pH 2.5）为流动相，用高效液相色谱法在 C_{18} 柱子上分离，于 210nm 处经紫外检测器检测，用外标法定量。

二、实验材料、仪器及试剂

（1）实验材料：苹果果肉。
（2）实验仪器：粉碎机、超声波清洗器、低温高速离心机、MiLLIN-Q 超纯水仪、Shi-

madzu LC-30A 超高效液相色谱仪。

(3) 实验试剂：苹果酸、磷酸二氢钾、磷酸、双蒸水。

三、实验步骤

(1) 样品前处理

取苹果果肉，用小型粉碎机粉成粉状，称取 5g 样品装入 50mL 样品瓶内，加入 45mL 超纯水，50℃浸提 1h，使有机酸充分浸出，冷却后 10 000r/min 离心 15min，用 0.45μm 滤膜过滤后待测。

(2) 标准溶液的配制

准确称取苹果酸标准品 0.5g，加入水溶解，定容至 50mL，配成 10mg/L 的标准储备液。

(3) 色谱条件

① 色谱柱　Nova-pak C_{18} 柱 (4.6mm×0.75cm，2.1μm)。
② 流动相　0.01mol/L 磷酸二氢钾 (pH 2.5)。
③ 流速　0.3mL/min。
④ 柱温　25℃。
⑤ 检测波长　210nm。
⑥ 进样量　3μL。

四、结果与分析

利用外标法对实验结果进行分析。

五、注意事项

同实验五十一。

实验五十六　多胺含量测定与分析

一、实验原理

多胺是植物体内具有生理活性的一类有机小分子物质，主要有腐胺、尸胺、亚精胺与精胺等。用高效液相色谱法在 C_{18} 柱子上分离，于 230nm 处经紫外检测器检测，为多胺类物质分析的最常用方法。用外标法定量。

二、实验材料、仪器及试剂

(1) 实验材料：番茄叶片。
(2) 实验仪器：超声波清洗器、水浴锅、电热恒温鼓风干燥箱、LC-30A 高效液相色谱仪、RF 荧光检测器。

(3) 实验试剂：三种多胺（腐胺、亚精胺和精胺）、双蒸水、高氯酸、氢氧化钠、苯甲酰氯、氯化钠、甲醇（色谱纯）、乙腈（色谱纯）。

三、实验步骤

(1) 样品前处理

取植物材料 0.3g，液氮研磨，-80℃保存备用。加 5%高氯酸（标准：每 100mg 加 1mL 提取液）冰浴浸提 1h，离心（20 000×g，30min，4℃）。上清液备用。

取 1mL 上清液，加入 10mL 连盖塑料离心管中，加入 10μL 苯甲酰氯，再加入 1mL 2mol/L 氢氧化钠，涡旋 20s 后，在 37℃水浴反应 30min。加入 2mL 饱和氯化钠溶液，混匀后用 2mL 乙醚萃取，1500×g 离心 5min 后，取 1mL 醚相氮吹（吹 2 次），用 500μL 甲醇（60%的甲醇）涡旋溶解后过 0.22μm 的滤膜。

(2) 标准溶液的配制

标准品配成 1mmol/L 的储备液，各取 10、50、100、250、500μL 按上述方法进行苯甲酰化和上样。以面积和浓度为坐标轴制作标准曲线。

(3) 色谱条件

① 色谱柱　InertSustain AQ-C_{18}柱（4.6mm × 150mm，5μm）。
② 流动相　甲醇∶乙腈∶水（58∶2.5∶39.5）。
③ 流速　1mL/min。
④ 柱温　30℃。
⑤ 紫外检测　230nm。
⑥ 进样量　10μL。

四、结果与分析

在上述色谱条件下对确定各氨基酸标样浓度的混合溶液标准系列进行分析，以对照品进样量为横坐标，以峰面积为纵坐标，绘制标准工作曲线，计算线性方程，相关系数。

五、注意事项

同实验五十一。

实验五十七　气相色谱-质谱联用法测定黄瓜果实中芳香物质成分的定性及定量分析

一、实验原理

黄瓜的芳香物质主要是以脂肪酸为前体合成，脂类的氧化要求有氧的参与，氧是风味物质形成的重要前提。所以，黄瓜只有在组织发生破坏接触到氧时风味才能释放香气。内源脂类在酰基水解酶（LAH）的作用下降解，降解产生的游离脂肪酸在以 LOX 系统为代表的酶系统作用下形成了 C_6 和 C_9 的醛类，构成黄瓜的主要芳香物质。

固相微萃取法（SPME）是一种色谱样品前处理方法，主要针对有机物进行分析，根据有机物与溶剂之间"相似相溶"的原则，利用石英纤维表面的色谱固定相对分析组分的吸附作用，将组分从试样基质中萃取出来，并逐渐富集，完成试样前处理过程。在进样过程中，利用气相色谱进样器的高温将吸附的组分从固定相中解吸下来，由色谱仪进行分析。该方法特别适合萃取含量微小的挥发、半挥发性物质。

二、实验材料、仪器及试剂

（1）实验材料：新鲜黄瓜。

（2）实验仪器：GC/MS、手动 SPME 进样器（配 75μm Carboxen/PDMS 手动萃取头）、破壁机、固相微萃取操作平台、15mL 固相微萃取瓶。

（3）实验试剂：4μg/μL 3-辛醛（色谱纯）、氯化钠。

三、实验步骤

（1）样品前处理

将黄瓜样品去皮，用破壁机粉成糊状，将黄瓜样品糊迅速装入固相微萃取瓶中，加入氯化钠 1g 及 3-辛醛 10μL，制备以后加盖封口，放置在 30℃ 固相微萃取操作平台上平衡 30min。将固相微萃取头在气相色谱进样口老化 1h，老化温度 250℃。将老化好的萃取针管穿透萃取瓶的隔垫，插入样品瓶，推手柄杆使纤维头置于样品上部空间（顶空方式），在 30℃ 固相微萃取操作平台上萃取并保持 45min，磁力搅拌速度 150r/min。缩回纤维头，再将针管退出样品瓶，迅速将固相微萃取针管插入设置好条件的 GC/MS 进样口，推出纤维头同时按 GC 主机界面 START 键开始数据采集，于 230℃ 下解吸 3min 后缩回纤维头，移去针管，进行 GC/MS 的测定。

（2）色谱条件

①色谱柱　HP-INNOWAX（60m×0.25mm，0.25μm）弹性石英毛细管柱。

②载气　高纯氦气（99.999%），流速为 1.0mL/min。

③进样口温度　230℃。

④进样方式　不分流进样。

⑤柱温　采用程序升温，起始温度 40℃，保持 3min；先以 5℃/min 升至 150℃，再以 10℃/min 升至 230℃，保持 10min。

（3）质谱条件

①电子电离（EI 源）。

②电子轰击能量　70eV。

③离子源温度　220℃。

④传输线温度　220℃。

⑤开始采集　2.0min。

⑥定量方法　内标法。

⑦质量范围 $35\sim400 m/z$。

四、结果与分析

利用内标法计算各主要芳香物质含量。

(1)果实中萃取出的芳香物质经 GC/MS 分析,各色谱峰经 Xcalibur 软件处理、NIST 2017 谱库检索,辅以人工分析对应的化合物进行定性鉴定分析(正反匹配率≥800 的结果予以报道)。

(2)利用面积归一法和内标法对挥发性物质的相对含量进行定量分析。

香气各成分的含量($\mu g/g$)= 各成分的峰面积/内标的峰面积/样品重(g)×内标浓度($\mu g/\mu L$)×内标体积(μL)

实验五十八 气相色谱-质谱联用法测定牡丹种子中的脂肪酸成分的定性及定量分析

一、实验原理

植物油脂由植物种子或果实中提取,是人类食物中的重要组成部分。它们的分子结构是甘油三酯。甘油三酯可以看作是由一个甘油分子与三个脂肪酸分子缩合,同时生成三个水分子和一个甘油三酯分子。脂肪酸是组成甘油三酯的主要成分,它占整个甘油三酯相对分子质量的 96%~98%。

由于油脂中的脂肪酸是弱极性化合物,沸点较高,不宜直接进行 GC/MS 分析,因此对脂肪酸进行 GC/MS 分析之前需要对其进行甲酯化。脂肪酸甲酯化,是把高沸点不易挥发、气化的脂肪酸酯先水解或皂化得到脂肪酸和甘油,再使脂肪酸与甲醇反应生成相应的脂肪酸甲酯(甲酯化),使其变成低沸点易挥发、气化的物质,或由油脂直接与甲醇发生醇解反应制取脂肪酸甲酯,从而降低气化温度,提高分离效果,有利于气相色谱法分离并逐一测定其组成和含量的方法。

二、实验材料、仪器及试剂

(1)实验材料:成熟的牡丹种子。
(2)实验仪器:SFE-2 型超临界萃取仪、TRACE ISQ 气质联用仪。
(3)实验试剂:19 种混合脂肪酸甲酯、混合标准物质、正己烷(色谱纯)、甲醇(色谱纯)、14%三氟化硼甲醇溶液、氢氧化钠、氯化钠。

三、实验步骤

(1)标准溶液的配制

将 1mL 的 10mg/mL 脂肪酸混合标准品溶于 3mL 二氯甲烷,稀释成浓度为 2.5mg/mL 的溶液。配制浓度梯度为 0.5、1.0、1.5、2.0、2.5mg/mL 的标准储备液。

(2)牡丹籽油的提取

采用超临界 CO_2 法提取牡丹籽油。称取牡丹籽粉 10g,放入萃取釜内,开启二氧化碳气瓶，用高压泵对系统加压，设置压力 30MPa、萃取温度 45℃、萃取时间 2h、二氧化碳流量 25kg/h 收集分离釜中淡黄色半透明油状萃取物，无水硫酸钠过夜干燥，得淡黄色油状物，称量，计算出油率。

（3）脂肪酸成分测定

甲酯化反应（三氟化硼甲醇溶剂法）：取均匀油样 0.2g 于 20mL 具塞试管中，再加入 4mL 氢氧化钠-甲醇溶液（0.5mol/L）摇匀；60℃水浴加热至油珠完全溶解（约 30min），冷却后加入 14%三氟化硼-甲醇溶液 2mL，60℃水浴酯化 10min，冷却后加入 2mL 正己烷，摇匀，再加入 2mol/L 氯化钠溶液，摇匀，静置，得到 2mL 的待测样，取上层溶液 500μL，加入内标液 150μL，过滤后进行 GC/MS 分析。

（4）色谱条件

①色谱柱　HP-INNOWAX（60m×0.25mm，0.25μm）弹性石英毛细管柱。
②载气　高纯氦气（99.999%），流速为 1.0mL/min。
③进样口温度　230℃。
④柱温　采用程序升温，起始温度 70℃，保持 1min，以每分钟 10℃升至 200℃，再以每分钟 5℃升至 230℃，保持 10min。
⑤进样量　1μL。
⑥进样方式　分流进样，分流比为 20∶1。

（5）质谱条件

①电子电离（EI 源）。
②电子轰击能量　70eV。
③离子源温度　240℃。
④传输线温度　240℃。
⑤开始采集　5.5min。
⑥质量范围　40~600m/z。

四、结果与分析

（1）制作标准曲线，以标准物的浓度为横坐标，以相应的峰面积为纵坐标。
（2）比较脂肪酸甲酯混合标准物质与样品的色谱峰保留时间，根据总离子流图并检索 NIST 2017 谱库，确定籽油中脂肪酸甲酯的种类。
（3）根据样品中待测物的峰面积，参照标准曲线，计算出待测物的含量。

实验五十九　气相色谱-质谱联用法测定苹果果皮蜡质成分的定性及定量分析

一、实验原理

苹果果皮蜡质是覆盖在果实表面的一层成分复杂的有机混合物，其成分根据所带官能团不同可分为烷烃类、脂肪酸类、脂肪醇类(伯醇和仲醇)、酮类和醛类等。根据相似相溶原理,苹果果皮蜡质易溶于正己烷(C_6H_{14})、氯仿($CHCl_3$)、二氯甲烷(CH_2Cl_2)、甲醇(CH_3OH)等有机溶剂。

硅烷化作用是将硅烷基引入到分子中,一般是取代羟基的活性氢。在 GC/MS 分析中,羟基化合物因挥发性不好或有时不稳定而不能被分析出来。加入硅烷化试剂后,形成的硅烷化衍生物更容易挥发,稳定性也更好,利于进行 GC/MS 分析。

二、实验材料、仪器及试剂

(1)实验材料:新鲜无损伤的苹果。
(2)实验仪器:RE-2000 旋转蒸发仪、MD-200 氮吹仪、TRACE ISQ 气质联用仪。
(3)实验试剂:氯仿(色谱纯)、1mg/mL 正十七烷(色谱纯)、三氟乙酰胺(BSTFA,纯度≥99%)。

三、实验步骤

(1)样品前处理

3~5 个苹果为一组,取 3 个 1000mL 玻璃烧杯,每只烧杯倒入 400mL 氯仿,将同一果实依次放入 3 个烧杯中洗脱 45s,洗脱时不断用玻璃棒搅动,3 个果实依次处理。将提取液合并后进行真空抽滤,后在旋转蒸发仪上进行蒸发,温度为 40℃,将浓缩后的蜡质转移到小烧杯中,在氮吹仪上吹干,称重确定蜡质重量。将吹干后的蜡质中加入 20mL 氯仿定容,之后加入 2mL 正十七烷做内标。在氮吹仪上再次吹干,后加入 400μL BSTFA,严格密封后置于 70℃ 的水浴锅或烘箱中反应 30min。氮吹仪吹干,用 1mL 氯仿定容(蜡质浓度约为 20mg/mL),进行 GC/MS 分析。

(2)色谱条件

①色谱柱 DB-5MS(30m×0.25mm,0.25μm)弹性石英毛细管柱。
②载气 高纯氦气(99.999%),流速为 1.0mL/min。
③进样口温度 250℃。
④柱温 采用程序升温,起始温度 70℃,保持 1min,以每分钟 10℃ 升至 200℃,再以每分钟 5℃ 升至 230℃,保持 10min。
⑤进样量 1μL。
⑥进样方式 分流进样,分流比为 50:1。
⑦柱温 采用程序升温,起始温度 70℃,保持 1min,先以每分钟 10℃ 升至 200℃,再以每分钟 4℃ 升至 300℃,保持 40min。

(3)质谱条件

①电子电离(EI 源)。
②电子轰击能量 70eV。
③离子源温度 250℃。

④传输线温度　280℃。
⑤开始采集　8.0min。
⑥质量范围　40~650m/z。

四、结果与分析

采用内标法计算各主要蜡质成分含量。
（1）果实表面提取出的蜡质经 GC/MS 分析，各色谱峰经计算机检索 NIST 2017 标准质谱图库，辅以人工分析对应的化合物进行定性鉴定。
（2）利用标准物质对果实表面提取出的蜡质进行定量分析。

实验六十　气相色谱-质谱联用法测定苹果中糖和有机酸的定性及定量分析

一、实验原理

使用色谱分离原理检测化学成分，当被检测目标成分的理化性质（如沸点、极性、吸光性）不便分离检测时，经常采用衍生化技术，改变其理化性状，达到可以使用色谱仪检测的目的。

糖酸类物质的热稳定性差，硅烷化作用将硅烷基引入到分子中，一般是取代活性氢。活性氢被硅烷基取代后降低了化合物的极性，减少了氢键束缚。因此所形成的硅烷化衍生物更容易挥发。

二、实验材料、仪器及试剂

（1）实验材料：新鲜的无损伤苹果。
（2）实验仪器：MD-200 氮吹仪、TRACE ISQ 气质联用仪。
（3）实验试剂：4mg/mL 核糖醇、甲氧胺盐酸盐（纯度≥97%）、N-甲基-N-（三甲基硅基）三氟乙酰胺（MSTFA）、吡啶（纯度≥99%）、甲醇（色谱纯），苹果酸、奎宁酸、果糖、葡萄糖、半乳糖、肌醇和蔗糖（标准物质，纯度≥98%）。

三、实验步骤

（1）样品前处理
①将冷冻研磨的样品取 0.1g，放入 2mL 的螺旋盖离心管内，并迅速冷冻。
②向样品中加入 1.4mL 75%色谱纯甲醇（-20℃预冷），并涡旋 10s，将酶失活。
③加入 100μL 核糖醇（4mg/mL，水溶解，保存于-20℃）作为内标，并涡旋 10s。
④放入 70℃金属浴 1200r/min 振荡加热 30min。
⑤13 000×g，4℃离心 15min，取 800μL 上清转移入双蒸水洗涤并干燥的 10mL 玻璃管中。

⑥加入 750μL 的色谱纯三氯甲烷(-20℃预冷);加入 1400μL 的双蒸水(-4℃),涡旋 10s。

⑦2200×g,4℃离心 15min;取 1mL 上清液转入 1.5mL 的 EP 管中(此步可保存于-80℃)。

⑧从这 1mL 上清液中取 2μL 加入到 1.5mL 的 EP 管中,真空浓缩干燥(不加热)2h。

⑨加入 40μL 甲氧胺盐酸盐(吡啶溶解),37℃金属浴 950r/min 振荡 2h;加入 60μL MSTFA,37℃金属浴 300r/min 振荡 30min。

⑩转入 GC/MS 玻璃管中,4℃保存或进样。

(2)标准物质溶液的配制

①糖酸混合标准储备液的配制　分别称取 0.5g 经过 96℃±2℃ 干燥 2h 的苹果酸、奎宁酸、果糖、葡萄糖、半乳糖、肌醇、蔗糖标准品,加入约 50mL 水溶解,配制成 10mg/mL 的糖酸混合糖酸标准储备液,放置 4℃可贮存 1 个月。

②糖酸混合工作液的配制稀释糖酸混合标准储备液 200 倍,配置成 0.05mg/mL 浓度标准溶液,分别准确吸取糖酸混合标准溶液 1、2、3、4、5μL,真空浓缩 2h,按照(1)样品前处理⑨~⑩步骤处理,配制成糖酸混合工作液。

(3)色谱条件

①色谱柱　DB-5MS(30m × 0.25mm,0.25μm)弹性石英毛细管柱。

②载气　高纯氦气(99.999%),流速为 1.0mL/min。

③进样口温度　250℃。

④柱温　采用程序升温,起始温度 70℃,保持 2.5min,以每分钟 15℃升至 200℃,再以每分钟 2℃升至 210℃,再以每分钟 15℃升至 280℃,保持 10min。

⑤进样量　1μL。

⑥进样方式　分流进样,分流比为 10∶1。

(4)质谱条件

①电子电离(EI 源)。

②电子轰击能量　70eV。

③离子源温度　280℃。

④传输线温度　280℃。

⑤开始采集　5.5min。

⑥质量范围　45~450m/z。

四、结果与分析

采用外标法计算各主要糖酸成分含量。

(1)果实中提取出的糖酸经 GC/MS 分析,各色谱峰经计算机检索 NIST 2011 标准质谱图库,辅以人工分析对应的化合物进行定性鉴定。

(2)利用标准物质对果实中提取出的糖酸进行定量分析(图 4-12)。

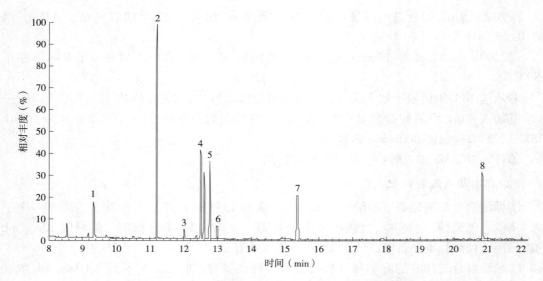

图 4-12 苹果叶片主要糖和有机酸成分的 GC/MS 总离子图
1. 苹果酸 2. 核糖醇（内标） 3. 奎宁酸 4. 果糖 5. 葡糖糖 6. 半乳糖 7. 肌醇 8. 蔗糖

实验六十一　液相色谱-质谱联用法测定苹果叶片中的激素定性及定量分析

一、实验原理

植物激素在植物体内的含量极其小，但对植物的生长发育有重要的调控作用。它能够调节植物细胞分裂与生长、各类组织分化、植物成熟与衰败，还能够影响植物形态建成，辅助离体组织培养。液相色谱-质谱法（LC/MS）灵敏度高、选择性强，不仅能对复杂混合体系进行色谱分离，还能通过质谱的质量选择获取被分析成分的结构信息，用于各类化合物的准确定量。

二、实验材料、仪器及试剂

（1）实验材料：苹果叶片。

（2）实验仪器：QTRAP 5500 高效液相色谱-质谱联用仪、5810R 型高速冷冻离心机、Milli-Q 超纯水系统、超声波清洗器。

（3）实验试剂：吲哚乙酸、脱落酸、赤霉素、水杨酸和茉莉酸（标准物质，纯度≥98%），甲醇（色谱纯）、乙腈（色谱纯）、甲酸（色谱纯）、醋酸（色谱纯）、超纯水系统自制纯水；其他为国产分析纯试剂。

三、实验步骤

（1）样品前处理

①称取样品 0.1~0.2g 至 2mL 硅化离心管。

②加入-20℃预冷的提取液 1mL(甲醇：异丙醇：醋酸=20：79：1)，振荡涡旋 5min。
③4℃，12 000r/min，离心 10min。
④吸取 800μL 上清液至 2mL 离心管，沉淀中加入 500μL 提取液，涡旋 5min。
⑤4℃，12 000r/min，离心 10min。
⑥吸取 400μL 上清液至第 4 步的 2mL 离心管中，沉淀加入加入 500μL 提取液，涡旋 5min。
⑦4℃，12 000r/min，离心 10min。
⑧吸取 400μL 上清液至第 4 步的 2mL 离心管中。此时上清共有 1.6mL 左右，4℃，12 000r/min，离心 10min。
⑨吸取上清液过 0.22μm 有机滤膜并移至 1.5mL 离心管中，-20℃或-80℃保存待质谱检测。

（2）条件

①色谱条件　岛津公司的 InertSustain AQ-C$_{18}$色谱柱(4.6mm×150mm，5μm)，流速为 0.5mL/min，柱温箱 25℃。

流动相 A：0.1%甲酸水；流动相 B：乙腈。流速为 0.5mL/min，柱温为 40℃，进样量为 5μL。色谱分离的流动相洗脱梯度见表 4-5 所列。

表 4-5　色谱分离的流动相梯度

时间(min)	流速(mL/min)	流动相 B(%)	时间(min)	流速(mL/min)	流动相 B(%)
1.0	0.5	25	6.6	0.5	25
5.0	0.5	95	13.0	0.5	25
6.5	0.5	95			

②质谱条件　电喷雾电离源(ESI)，正离子模式下，离子化电压 5.5kV，负离子模式，离子化电压-4.5kV，离子源 TurboIonSpray 探针的加热器气体温度为 600℃，喷雾气(GS1)和辅助加热气(GS2)分别为 60psi，气帘气为 35psi。采用多反应监测 MRM 扫描方法对激素进行碎裂和扫描。每种激素的质谱参数见表 4-6 所列。

表 4-6　激素的质谱参数

序　号	激　素	电离模式	母离子(m/z)	子离子(m/z)	碰撞能量(CEV)	去簇电压(DPV)
1	吲哚乙酸	ESI+	176	130	140	20
2	玉米素	ESI+	220	136	80	25
3	脱落酸	ESI-	263.1	153.0	-60	-15
4	赤霉素	ESI-	345.0	143.0	-60	-20
5	茉莉酸	ESI-	209.1	59.0	-60	-16
6	水杨酸	ESI-	137.0	93.0	-50	-22

(3) 标准溶液的配制

①准确称取吲哚乙酸、玉米素、脱落酸、赤霉素、水杨酸和茉莉酸标准品各10mg，用少量甲醇溶解，定容至10mL，配制成1.0g/L用于正、负离子扫描模式的混合标准储备液。

②根据单标峰高情况结合预备实验检测苹果中各激素含量范围，确定各激素标样浓度，精密取适量配成混合溶液标准系列。

四、结果与分析

利用外标法计算各主要激素物质含量（图4-13）。

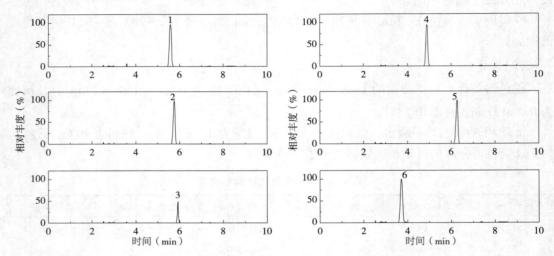

图4-13　6种激素标准品的多反应监测离子流图
1. 吲哚乙酸　2. 脱落酸　3. 水杨酸　4. 赤霉素　5. 茉莉酸　6. 玉米素

实验六十二　液相色谱-质谱联用法测定植物中的氨基酸定性及定量分析

一、实验原理

氨基酸是构成蛋白质的基本单位，它参与生物的新陈代谢和生理过程，多种氨基酸以百万分之一（$\times 10^{-6}$）和十亿分之一（$\times 10^{-9}$）级的水平广泛存在于植物材料中。液相色谱-质谱法（LC/MS）灵敏度高、选择性强，不仅能对复杂混合体系进行色谱分离，还能通过质谱的质量选择获取被分析成分的结构信息，使用配备低pH与正离子模式质谱检测分析未衍生化氨基酸，能够获得出色的分离度与灵敏度。

二、实验材料、仪器及试剂

(1) 实验材料：新鲜的无损伤苹果。

(2) 实验仪器：QTRAP 5500高效液相色谱-质谱联用仪、5810R型高速冷冻离心机、

Milli-Q 超纯水系统、超声波清洗器。

(3)实验溶剂：17种氨基酸混合标准物质(包括丙氨酸、精氨酸、天冬氨酸、谷氨酸、甘氨酸、组氨酸、异亮氨酸、亮氨酸、赖氨酸、蛋氨酸、苯丙氨酸、脯氨酸、丝氨酸、苏氨酸、酪氨酸、缬氨酸和胱氨酸)、甲醇(色谱纯)、甲酸(色谱纯)、乙醇(色谱纯)、盐酸(分析纯)。

三、实验步骤

(1)样品前处理

分别称取新鲜植物果肉500mg，加入1mL 50%的乙醇水溶液(含0.1mol/L的盐酸)，使用研磨棒充分匀浆，12 000r/min离心10min，上清液用0.22μm针头滤器过滤，稀释20倍后即可上机检测。

(2)标准溶液的配制

将氨基酸混合标准物质溶液用甲醇稀释成0、0.25、0.5、1.0、1.5、2μmol/L 6个不同浓度，配制成糖酸混合工作液。

(3)色谱条件

①色谱条件　岛津公司的Intertsil OSD-4 C_{18}色谱柱(150mm × 3.0mm，3.5μm)，流速0.3mL/min，柱温箱25℃。流动相A为0.5%甲酸水；流动相B为甲醇。流动相洗脱梯度见表4-7所列。

表4-7　色谱分离的流动相梯度

时间(min)	流速(mL/min)	流动相B(%)	时间(min)	流速(mL/min)	流动相B(%)
1.0	0.5	25	6.6	0.5	25
5.0	0.5	95	10.0	0.5	25
6.5	0.5	95			

②质谱条件　电喷雾电离源(ESI)，正离子模式，离子化电压5.5kV，离子源TurboIonSpray探针的加热器气体温度为600℃，喷雾气(GS1)和辅助加热气(GS2)分别为60psi，气帘气为35psi。采用多反应监测MRM扫描方法对氨基酸进行碎裂和扫描。每种氨基酸的具体测定参数见表4-8所列。

表4-8　氨基酸的质谱参数

序　号	氨基酸	母离子(m/z)	子离子(m/z)	碰撞能量(CEV)	去簇电压(DPV)
1	丙氨酸	90	44	15	50
2	丝氨酸	106	60	15	50
3	脯氨酸	116	70	20	50
4	天冬氨酸	134	74	15	50
5	谷氨酸	148	84	15	50

(续)

序 号	氨基酸	母离子(m/z)	子离子(m/z)	碰撞能量(CEV)	去簇电压(DPV)
6	甘氨酸	76	30	14	50
7	精氨酸	175	116	18.7	50
8	胱氨酸	241	152	16.4	50
9	组氨酸	156	110	18	50
10	异亮氨酸	132	86	14	50
11	赖氨酸	147	130	12	50
12	苯丙氨酸	166	120	35	50
13	苏氨酸	120	74	14	50
14	酪氨酸	182	136	18	50
15	缬氨酸	118	72	15	50
16	蛋氨酸	150	133	9	50
17	亮氨酸	132	86	20	50

四、结果与分析

采用外标法计算各主要游离氨基酸成分含量。

实验六十三　液相色谱-质谱联用法测定生菜中褪黑素的定性及定量分析

一、实验原理

褪黑素(Melatonin)又名 N-乙酰-5-甲氧基色胺(N-acetyl-5-methoxytryptamine)，是一种吲哚胺类激素，普遍存在于细菌、真菌、藻类、植物、动物、人类等绝大多数生物有机体中。褪黑素分子式为 $C_{13}N_2H_{16}O_2$(图 4-14)，相对分子质量 232.27，对光线、高湿具有稳定性，但在高温下稳定性较差，易溶于甲醇、乙醇和二甲基亚砜有机相中，不溶于水。褪黑素在正离子模式(ESI^+)电离，多反应监测模式(MRM)检测，检测离子对为 m/z 233→174，可以得到很好的分离并被检测。

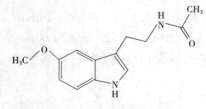

图 4-14　褪黑素的化学结构

二、实验材料、仪器及试剂

(1)实验材料：新鲜的生菜叶片。
(2)实验仪器：QTRAP 5500 高效液相色谱-质谱联用仪、超声波清洗器、离心机。
(3)实验试剂：褪黑素(色谱纯)、无水乙醇(色谱纯)、甲醇(色谱纯)、三氟乙酸(色谱纯）、超纯水。

三、实验步骤

（1）样品的提取

称取液氮研磨好的0.5g植物组织粉末置于15mL干净的玻璃管中，向样品中加入3mL水和甲醇混合液（20∶80，$V:V$），涡旋混匀，使样品充分与溶液接触。然后将样品4℃超声20min，然后于4℃、3000×g 离心10min，过0.22μm滤膜后，滤液在-20℃保存于避光样品瓶内。

（2）标准溶液的配制

在弱光照条件下，将10mg褪黑素标准物质溶于1mL纯甲醇，将此溶液作为母液贮存在-80℃超低温冰箱以防降解。

（3）仪器条件

①色谱条件　色谱柱为Agilent AQ-C_{18}（3.0mm × 50mm，1.8μm），流动相A为0.1%（$V:V$）的甲酸水溶液，流动相B为纯甲醇。进样量1μL，柱温保持在30℃，流速0.3mL/min，梯度洗脱条件见表4-9所列。

表4-9　色谱分离的流动相梯度

时间（min）	流速（mL/min）	流动相B（%）	时间（min）	流速（mL/min）	流动相B（%）
1	0.3	25	6.6	0.3	25
5	0.3	95	10	0.3	25
6.5	0.3	95			

②质谱条件　电喷雾电离源（ESI），正离子模式，离子化电压5.5kV，离子源TurboIonSpray探针的加热器气体温度为600℃，喷雾气（GS1）和辅助加热气（GS2）分别为60psi，气帘气为35psi。采用多反应监测MRM扫描方法对氨基酸进行碎裂和扫描。褪黑素的检测离子对为m/z 233→174，碰撞能量为16V，去簇能量为60V。

四、结果与分析

采用外标法定量褪黑素含量基于信噪比S/N=3∶1确定最低检测限（limits of detection，LOD），基于信噪比S/N=10∶1确定最低定量限（limits of quantitation，LOQ）。

参考文献

杜天浩，周小婷，朱兰英，等，2016. 褪黑素处理对盐胁迫下番茄果实品质及挥发性物质的影响[J]. 食品科学，37(15)：69-76.

高俊凤，2006. 植物生理学实验指导[M]. 北京：高等教育出版社.

胡海涛，金晓琴，成龙平，等，2014. 密花胡颓子果实主要类胡萝卜素组分及含量分析[J]. 中国农业科学，47(8)：1652-1656.

胡志群，王惠聪，胡桂兵，2005.高效液相色谱测定荔枝果肉中的糖、维生素 C[J].果树学报，22(5)：582-585.

李爽，陈启，蔡明明，等，2014.液相色谱法与氨基酸分析仪法测定人乳中水解氨基酸的比较研究[J].食品安全质量检测学报，5(7)：2073-2079.

李云康，潘思轶，2006.高效液相色谱法测定柑橘汁糖的组成[J].食品科学，27(4)：190-192.

盛龙生，苏焕华，郭丹滨，2006.色谱质谱联用技术[M].北京：化学工业出版社.

宋阳成，陈玉娟，李皓，等，2010.莓类饮料中花青素的快速检测方法[J].食品科学，31(24)：334-336.

颜少宾，张好艳，马瑞娟，等，2013.黄肉桃果实发育阶段类胡萝卜素的变化[J].果树学报，30(2)：260-266.

殷丽琴，彭云强，钟成，等，2015.高效液相色谱法测定8个彩色马铃薯品种中花青素种类和含量[J].食品科学，36(18)：143-147.

齐文波，2008.植物中的褪黑激素：含量、检测方法与功能[J].应用与环境生物学报，14(1)：126-131.

张彩凌，牛春芳，葛兴信，等，2016.高效液相色谱法测定栅藻中5种类胡萝卜素的含量[J].分析科学学报，32(2)：269-272.

张丽丽，刘威生，刘有春，等，2010.高效液相色谱法测定5个杏品种的糖和酸[J].果树学报，27(1)：119-123.

张延龙，韩雪源，牛立新，等，2015.9种野生牡丹籽油主要脂肪酸成分分析[J].中国粮油学报，30(4)：72-75.

张战凤，李红霞，樊永亮，等，2016.离子阱液质联用仪应用于植物叶片游离氨基酸快速分析方法的建立[J].西北农业学报，25(8)：1229-1236.

赵福庚，刘友良，2000.高等植物体内特殊形态多胺的代谢及调节[J].植物生理生态通讯，3(1)：1-5.

朱明华，胡坪，2008.仪器分析[M].北京：高等教育出版社.

AURELIO GÓMEZ-CADENAS, OSCAR J POZO, PILAR GARCÍA-AUGUSTÍN, et al., 2002. Direct analysis of abscisic acid in crude plant extracts by liquid chromatography-electrospray/tandem mass spectrometry[J]. Phytochemistry analyais, 13(4)：228-234.

CAROLINA ROJAS-GARBANZO, ANA M. PEREZ, JAIROL BUSTOS-CARMONA, et al., 2011. Identification and quantification of carotenoids by HPLC-DAD during the process of peach palm(*Bactris gasipaes* H. B. K.)flour[J]. Food research international, 44(7)：2377-2384.

COHENSA, MICHAUD, 1993. D P. Synthesis of a fluorescent derivatizing reagent, 6-amino-quinolyl-N-hydroxysuccinimidyl carbamate and its application for the analysis of hydrolysate amino acids via high-performance liquid chromatography[J]. Analytical biochemistry, 211(2)：279-287.

DURGBANSHI, ABHILASHA, ARBONA, et al., 2005. Simultaneous determination of multiple phytohormones in plant extracts by liquid chromatography-electrospray tandem mass spectrometry[J]. Journal of agricultural & food chemistry, 53(22)：8437-8442.

ESCUDERO A, CAMPO E, FARIA L, et al., 2007. Analytical characterization of the aroma of five premium red wines. Insights into the role of odor families and the concept of fruitiness of wines[J]. Journal of agricultural & food chemistry, 55(11)：4501-4510.

FENGJUAN FENG, MINGJUN LI, FENGWANG MA, et al., 2014. Effects of location within the tree canopy on carbohydrates, organic acids, amino acids and phenolic compounds in the fruit peel and flesh from three apple (Malus 3 domestica) cultivars[J]. Horticulture research, 1:14019.

GE M, ZHANG L, AI J, et al., Effect of heat shock and potassium sorbate treatments on gray mold and postharvest quality of 'XuXiang' kiwifruit-ScienceDirect[J]. Food chemistry, 324.

HALL R L, OSER B L, 1965. Recent progress in the consisderation of flavoring ing resdients under the food additives amendment. 3. GRAS substances[J]. Food technology, 19(2): 151-197.

HALL R L, OSER B L, 1970. Recent progress in the consisderation of flavoring ing resdients under the food additives amendment. 4. GRAS substances[J]. Food technology, 24(5): 25-34.

IZUMI Y, OKAZAWA A, BAMBA T, et al., 2009. Development of a method for comprehensive and quantitative analysis of plant hormones by highly sensitive nanoflow liquid chromatography-electrospray ionizationion trapmass spectrometry[J]. Analytica chimica acta, 648(2): 215-225.

JAN LISEC, NICOLAS SCHAUER, JOACHIM KOPKA, et al., 2006. Gas chromatography mass spectrometry-based metabolite profiling in plants[J]. Nature protocols, 1(1): 387-396.

JIA HAIFENG, ZHANG CHENG, PERVAIZ, et al., 2016. Jasmonic acid involves in grape fruit ripening and resistant against Botrytis cinerea[J]. Functional & integrative genomics, 16(1): 79-94.

KOWALCZYK M, SANDBERG G, 2001. Quantitative analysis of indole-3-acetic acid metabolites in Arabidopsis[J]. Plant physiology, 127(4): 1845-1853.

LI T, XU Y, ZHANG L, et al., 2017. The jasmonate-activated transcription factor MdMYC2 regulates ethylene response factor and ethylene biosynthetic genes to promote ethylene biosynthesis during apple fruit ripening [J]. The plant cell, 26(9): 1316-1334.

LIU C, HE M, WANG Z, et al., 2019. Integrative analysis of terpenoid profiles and hormones from fruits of red-flesh citrus mutants and their wild types[J]. Molecules, 24(19).

LOPEZ-CARBONELLM, JAUEGUI O, 2005. A rapid method for analysis of abscisic acid (ABA) in crude extracts of water stressed Arabidopsis thaliana plants by liquid chromatography-mass spectrometry in tandem mode [J]. Plant physiology biochemistry, 43(4): 407-411.

MATSUDA F, MIYAZAWA H, WAKAS K, et al., 2005. Quantification of indole-3-acetic acid and amino acid conjugates in rice by liquid chromatography-electrospray ionization-tandem mass spectrometry[J]. Bioscience biotechnology and biochemistry, 69(4): 778-783.

MOSCIANO G, 1997. Oranoleptic characteristics of flavor materials[J]. Perfumer & flavorist, 22(2): 69-72.

MOHAMMAD SANAD ABU DARWISH, 2014. Essential oil variation and trace metals content in garden sage (*Salvia officinalis* L.) grown at different environmental conditions[J]. Journal of agricultural science, 6(3): 209-214.

MONICA S, LEONARDO S, PASQUALION T, et al., 2011. HPLC-PDA/ESI-MS/MS detection of polymethoxylated flavonoids highly degraded citrusjuice: A quality cotrol case study[J]. European food research and technology, 232(2): 275-280.

MÜLLER M, MUNNÉ-BOSCH S, 2011. Rapid and sensitive hormonal profiling of complex plant samples by liquid chromatography coupled to electrospray ionization tandem mass spectrometry[J]. Plant methods, 37(7).

MYRCENE GARCíA-INZA G P, CASTRO D N, HALL A J, et al., 2014. Responses to temperature of fruit dry weight, oil concentration, and oil fatty acid composition in olive (*Olea europaea* L. var. 'Arauco')[J]. European journal of agronomy, 54: 107-115.

OSER B L, H ALL R L, 1977. Recent progress in the consisderation of flavoring ingredients under the food additives amendment. 10. GRAS Substances[J]. Food technology, 32(2): 65-74.

QIAOLI M, YUDUAN D, JIWEI C, et al., 2014. Comprehensive insights on how 2, 4-dichlorophenoxyacetic acid retards senescence in post-harvest citrus fruits using transcriptomic and proteomic approaches[J]. Journal of experimental botany, 65(1): 61-74.

ROESSNER U, WAGNER C, KOPKA, et al., 2000. Simultaneous analysis of metabolites in potato tuber by gas chromatography-mass spectrometry[J]. Plant journal, 23(1): 131-142.

RONDANINI D P, CASTRO D N, SEARLES P S, et al., 2011. Fatty acid profiles of varietal virgin olive oils(Olea europaea L.)from mature orchards in warm arid valleys of Northwestern Argentina(La Rioja)[J]. Grasas Y aceites, 62(4): 399-409.

ROSA M, ALEJANDRO B, EDURNE C, et al., 2005. A validated solid-liquid extraction method for the HPLCdetermination of polyphenols in apple tissues comparison with pressurized liquid extraction[J]. Talanta, 65(3): 654-662.

SONG G X, DENG C H, WU D, et al., 2003. Comparison of headspace solid-phase microex traction with solvent extraction for the analysis of the volatile constituents of leaf twigs of Chinese Arborvitae[J]. Chromatographia, 58(11/12): 769-774.

WILBERT S, ERICSSON L, GORDONM, 1998. Quantification of jasmonic acid, methyl jasmonate, and salicylic acid in plants by capillary liquid chromatography electrospray tandem mass spectrometry[J]. Analytical biochemistry, 257(2): 186-194.

XIA XU, LARRY K KEEFER, REGINA G ZIEGLER, et al., 2007. A liquid chromatography-mass spectrometry method for the quantitative analysis of urinary endogenous estrogen metabolites[J]. Nature protocols, 2(6): 1350-1355.

XIANGQING PAN, RUTH WELTI, XUEMIN WANG, 2010. Quantitative analysis of major plant hormones incrude plant extracts by high-performance liquid chromatography-mass spectrometry[J]. Nature protocols, 5(6): 986-992.

XIANGQING PAN, RUTH WELTI, XUEMIN WANG, 2008. Simultaneous quantification of plant hormones by high-performance liquid-chromatography electrospray tandem mass spectrometry[J]. Phytochemistry, 69(8): 1773-1781.

XIULI BI, JIANGLI ZHANG, CHANGSHENG CHEN, et al., 2014. Anthocyanin contributes more to hydrogen peroxide scavenging than other phenolics in apple peel[J]. Food chemistry, 152(1): 205-209.

YANG J, DING L, HU L, et al., 2012. Rapid characterization of caged xanthones in the resin of Garcinia hanburyi using multiple mass spetctrometric scanning modes[J]. Journal of pharmaceutical and biomedical analysis, 60(23): 71-79.

YANQING YANG, BIN ZHOU, JING ZHANG, et al., 2017. Relationships between cuticular waxes and skin greasiness of apples during storage[J]. Postharvest biology and technology, 131: 55-67.

YANZI ZHANG, PENGMIN LI, LAILIANG CHENG, 2010. Developmental changes of carbohydrates, organic acids, amino acids, and phenolic compounds in 'Honeycrisp' apple flesh[J]. Food chemistry, 123(4): 1013-1018.

YI-CHING HUANG, YI-SONG SU, SARANGAPANI MUNIRAJ, et al., 2007. New cloud vaporzone(CVZ) coupled headspace solid-phase microex tratraction technique[J]. Analytical and bioanaly tical chemistry, 388(2): 377-383.

ZHOU R, SQUIRES T M, AMBROSE S J, 2003. Rapid extraction of abscisic acid and its metabolites for liquid chromatography-tandem mass spectrometry[J]. Journal of chromatography, 1010(1): 75-85.

XU Q, CHENG L, MEI Y, et al., 2019. Alternative Splicing of Key Genes in LOX Pathway Involves Biosynthesis of Volatile Fatty Acid Derivatives in Tea Plant(*Camellia sinensis*)[J]. Journal of agricultural and food chemistry, 67: 13021-13032.

YAN D, SHI J, REN X, et al., 2020. Insights into the aroma profiles and characteristic aroma of 'Honeycrisp' apple(*Malus×domestica*)[J]. Food chemistry, 327: 127074.

ZHANG H, XIE Y, LIU C, et al., 2017. Comprehensive comparative analysis of volatile compounds in citrus fruits of different species[J]. Food chemistry, 230: 316.

5 植物分子生物学相关仪器与实验

分子生物学就是在分子水平上研究生命现象的科学,通过研究生物大分子(核酸、蛋白质)的结构、功能和生物合成等方面来阐明各种生命现象的本质。近年来,随着分子技术的飞速发展,如 PCR、分子克隆、核酸电泳、蛋白质纯化分离等技术的应用,为人们在分子水平上深入研究植物的生长、发育、代谢、遗传等各种生命活动的内在机理提供了新的途径,使许多原先用细胞生物学知识无法解释的问题可以迎刃而解。本章重点对分子生物类仪器的基本原理、仪器结构、特点、注意事项及应用进行详细论述。

5.1 PCR 仪及蛋白层析系统

5.1.1 实时荧光定量 PCR 仪

5.1.1.1 基本原理

实时荧光定量 PCR(real-time PCR,RT-PCR)技术通过加入能与 DNA 结合的荧光染料或在引物/探针上标记荧光基团等方法,在 PCR 过程中,随着产物的量不断增加,荧光信号也随之发生相关性的变化,再通过数学处理,计算出原始靶 DNA 的含量。

5.1.1.2 结构组成

实时荧光定量 PCR 仪的结构组成包括 PCR 仪主机、通用计算机和分析软件。

5.1.1.3 仪器操作方法

下文以 QuantStudio® 5 实时荧光定量 PCR 仪(图 5-1)为例,介绍仪器操作方法。

①打开 PCR 仪背面的电源开关,再打开计算机,启动 QuantStudio® 5 软件。

②将 PCR 反应体系加入 0.2mL 的薄壁管或 96 孔板中,盖上管盖。注意:必须佩戴手套操作,不要让手指接触到反应管表面。将反应管按顺序放入仪器的加热孔中。

图 5-1 QuantStudio® 5 实时荧光定量 PCR 仪

③设置程序,运行实验点击"Create New Experiment"创建新的实验,也可选择已保存的程序。

选择"Properties"设置实验类型,选择本次实验所要使用的反应管的类型、实验类型、荧光染料种类及运行模式,运行模式通常选择"标准"模式。

点击"Method",编辑方法,包括体积、PCR 步骤的温度、时间及循环数。

点击"Plate",编辑基因名称和样品名称。

平板编辑完成后,点击"Run",然后点击"Start Run",保存程序,系统即开始运行实验。

④结果分析,PCR 反应结束后,点击"Results",即可看到扩增曲线。随后点击"Export"键,选择 Excel 格式导出数据,进行表达量分析等。

⑤关闭仪器,实验结束后,取出反应管,关闭软件,关闭计算机和仪器电源。

5.1.1.4 注意事项

①接地　使用三相电源(带接地相)与主机连接,不能使用两相电源。在连接或拔去电源线时,请先确认主机是否已经关机。

②搬运　仪器内部有镜片等易碎物品,搬运主机时要小心操作。

③维修　如果要更换滤光镜和光源灯泡,应先确认仪器已经关机。光源灯泡在运行刚结束时温度很高,应先让其散热后再行更换,不可在仪器运行时更换任何组件。

④温度　仪器运行时,环境温度不能超过 40℃。仪器周边请留出至少 10cm 的空间便于仪器散热。注意不要堵塞风扇通风孔,这样可能会引起仪器机械性损坏。空气相对湿度不能超过 90%,否则有可能引起内部短路。

5.1.2　蛋白层析系统

随着生命科学研究的不断发展,蛋白质的功能分析逐渐成为各实验室的主要研究对象和主题。其中,对蛋白质的分离纯化是蛋白质研究的基础工作,也是非常重要的工作,因为只有获得一定量的蛋白质纯品,才能满足结构和功能的分析、物理化学参数的测定以及进行各种生物活性、毒理实验等。

蛋白质分离纯化的重要问题是如何在纯化过程中保持温和的条件,从而保证在此过程中蛋白质的结构和活性不受影响。蛋白层析技术(protein chromatography)为蛋白质纯化提供了这样的条件,该技术大都在室温或低温下操作,所用的流动相可以是与生理液相似的具有一定 pH、离子强度的缓冲水溶液,所用的填料表面修饰各种基团,可与蛋白质分子温和接触,从而保持了蛋白质分子的原有构象和生物活性。层析系统以及各种分离纯化所需的填料和层析柱是保证该纯化过程的稳定性、重现性和自动化进行所必需的设备。

5.1.2.1　基本原理

层析系统主要是由泵推动溶液,各种阀门控制溶液流向,或者进样,或者洗脱层析柱;样品经过层析柱并洗脱后,以样品各组分在流动相和固定相(层析介质)中的分配系数不同而保留不同,从而将样品分开;不同组分经过各种在位检测器,如紫外检测器、电导检测器、pH 检测器等确定各组分的位置和浓度;最后由收集器自动收集各组分。

层析系统为层析技术及其过程提供了稳定、准确、可靠的自动化平台，而各种层析介质和层析柱则是层析技术的核心。主要包括离子交换(ion exchange chromatography，IEC)，凝胶过滤(gel filtration chromatography，GFC)，羟基磷灰石层析(CHT)，亲和层析(affinity chromatography)和疏水作用层析(hydrophobic interaction chromatography，HIC)。

5.1.2.2 结构组成

蛋白层析系统的结构组成主要包括泵、各种阀门、层析柱、各种检测器和收集器。

5.1.2.3 仪器操作方法

下文以 DuoFlow Standard 40 蛋白层析系统(图5-2)为例，介绍蛋白层析系统的操作方法。

(1) 准备工作与仪器预检

①所有用于该层析系统的水、缓冲液等试剂溶液和所有样品在使用前均必须以 0.22μm 或 0.45μm 微孔滤膜过滤，并以真空抽气装置或超声波对以上各试剂溶液和样品进行脱气，以确保溶液和样品中无微颗粒和溶解气体。

②将输液管路终端浸入各选用的溶液中。

③检查层析系统信号线和流通管路等各部分线路是否连接完好，若无异常情况可准备开机。

(2) 开机

①插上系统各部分电源插头，开启组分收集器开关，然后开启层析系统主机左下方电源开关，再打开 QuadTec 检测器电源开关，最后打开计算机监视器的电源开关，进入 Windows 系统。用鼠标双击"BioLogic Configuration"图标，在弹出窗口中选择"BioFrac 组分收集器"，根据泵头配置选择 F10 或 F40 泵头，最后鼠标点击"OK"确认(该操作一次即可，在以后的操作中不必每次设置)。

②鼠标双击"BioLogic DuoFlow"快捷键，进入层析系统"Manual"监视界面，检查该界面系统各部分和阀门的状态，在"QuadTec Detector"控制面板上点击"ON"，打开紫外灯。

③用洁净针筒插入主机 A 泵前下方的"Priming"接口，旋松该接口，用针筒抽出泵中的溶液，旋紧接口，再重复上述操作，直到抽出溶液不含气泡，最后旋紧接口；B 泵也如同上述操作，确保 A、B 泵中没有气泡。

④鼠标选择 Manual 界面中"Workstation Valves"的 AVR7-3 阀门的"P"位置，使阀门转到"Purge"位，打开主机左下方"Purge"下的"A"按钮，开始以所选 A 液冲洗 A 泵管道，约2分钟后再按该按钮停止 Purge，然后按"B"按钮，以所选 B 液冲洗 B 泵管道，同样冲洗2分钟，然后鼠标选择 AVR7-3 阀门的"L"位置。

⑤安装层析柱，然后在"Manual"界

图 5-2 DuoFlow Standard 40 蛋白层析系统

面的"Flow Rate"栏输入流速，鼠标点击"Start"，以所选溶液预平衡层析柱。

⑥方法编辑和运行。

⑦新方法编辑　鼠标选择"Manual"界面工具栏中的"Browser"按钮，鼠标点击"Users"，展开文件管理目录树，建立新用户名、新项目名和新方法名，进入方法编辑界面，在Setup界面选择方法所用的系统组件，鼠标点击工具栏"Protocol"按钮，在"Protocol"界面编辑方法。

⑧选择或编辑旧方法　在"Browser"展开文件管理目录树，鼠标双击所选方法，进入该方法编辑界面，可对该方法进行编辑。

⑨方法编辑完毕后，在该界面的工具栏点击"Run"按钮，在弹出的窗口中输入运行的名称和操作人，鼠标点击"OK"进入方法运行界面，点击该界面工具栏"Start"按钮，开始运行程序。

注意：如果选择自动进样环进样，则必须在方法运行到进样步骤前进样，确认AVR7-3阀门在"L"位置，进样针吸取了样品后插入AVR7-3阀的2号位进样，进样结束后切勿将进样针拔出，以免样品因管道虹吸进入废液管，方法运行到进样步骤自动将AVR7-3阀转到"I"位置，在方法指定的流速下将样品注射入层析柱，在进样结束后方可将进样针拔出。

⑩程序运行结束后，方法和运行数据将被自动保存，可在"Browser"界面查看方法、运行的数据和层析图谱，并可对这些数据和图谱进行编辑和打印。

(3) 关机

①过夜停用维护　用过滤脱气的超纯水根据2.2.4步骤冲洗A、B泵及其管道；再用针筒各抽取10mL超纯水打入各泵上方的泵头冲洗入口，将废液瓶放在A、B泵中下方的泵头清洗液出口接清洗液，进行泵头清洗。

②长期停用维护　清洗保存层析柱，然后拆下层析柱，连接系统柱头和柱尾的接头；在手动操作界面选择AVR7-3阀门的"L"位置，以5mL/min到10mL/min的流速冲洗整个系统和管道；再用针筒各抽取10mL超纯水冲洗泵头；最后用过滤脱气的20%乙醇或0.05%的叠氮化钠溶液冲洗整个系统、阀门及其管道，并定期维护。

③鼠标点击工具栏"Manual"按钮回到手动界面，停泵，关闭紫外灯，检查各阀门的位置，鼠标点击右上方关闭按钮，在弹出窗口点击"OK"，退出程序。

④关闭组分收集器电源，关闭主机左下方电源，关闭QuadTec检测器电源，拔掉各组件电源插头。

(4) 清洁卫生

①用吸水纸或滤纸吸干各管道接头和系统表面的溶液或水。

②将桌面、系统表面擦拭干净。

5.1.2.4　注意事项

(1) 样品和缓冲液准备

用试剂配制缓冲液和样品，并根据样品量选择合适的装置严格过滤和脱气。过滤应采用不大于0.2μm孔径的合适材料的滤膜，溶液体积较大或颗粒物较多者可以先用较粗滤膜过滤，再精细过滤。流动相存在不溶颗粒物会堵塞管道和柱子，磨损泵头、阀门；样品或流动相不经脱气处理容易产生气泡，影响流速的精确性、柱子的分辨率以及检测器检测结果的准确性和稳定性。

（2）开机前检查仪器连接状态并用缓冲液充满管道

检查仪器管道连接是否正确，一般顺序为：缓冲液、泵头、混合器、进样阀、柱子、紫外检测器、电导检测器、pH检测器和组分收集器，特殊配置参考仪器或相关部件操作手册仪器连接部分。

用10mL注射器插入泵头正面柱塞孔，逆时针拧松柱塞，缓慢吸出液体直至没有气泡，拧紧柱塞。采用同样方法处理另外一个泵头。这时缓冲液即充满泵头（如果配置有Maximizer，应该分别开启阀门A1、A2、B1、B2并在相应管道充满溶液）。层析泵在没有溶液空转时会磨损泵活塞，影响泵的精确性和泵的寿命。

仪器开机前用注射器吸入去离子水，分别注入泵头上部两个小孔清洗泵头活塞后部，每个小孔至少清洗10mL，保持泵头活塞后部湿润，防止缓冲液中析出盐磨损泵头柱塞垫片或阻塞泵的运转。仪器使用过程中要至少每天洗涤一次，经常进行该操作会大大延长泵头寿命。关机时也要进行该操作，维持泵后洁净。

（3）开机、设置重要参数、程序编制和运行样品

打开检测器（QuadTec是独立电源）、收集器、层析仪电源开关，打开计算机，先启动Biologic Configuration，检查泵头、收集器、层析工作站等的设置是否正确，然后启动Biologic DuoFlow软件。计算机会自动检测阀门、检测器等有关部件。

根据所用柱子说明书提供的耐压极限设置泵的压力限制（但压力不要超过泵的最大压力范围，F10泵头3500psi，F40泵头1000psi），压力超过柱子的耐压极限会损坏柱子。

如果使用pH检测器，每次使用前根据使用缓冲液pH范围用相应标准缓冲液（pH 4、pH 7或pH 7、pH 10）按软件校正程序进行校正。使用"Maximizer"时还要进行盐浓度的单点或两点校正（用精密pH计）。pH检测器不用时应将电极从流通池中取出，保存在随机带的缓冲液（或pH4的3.5mol/L KCl溶液）中，避免蛋白、盐类等物质黏附或析出在电极上，以延长电极寿命。电极必须在缓冲液中保存，不可以干置。

如果分离样品（特别是微量样品）需要收集，程序编制时注意设置延迟收集体积（delay volume，一般200μL左右，是从紫外检测器到收集器滴头一段管道加上包含的流通池自身体积，管道体积可以根据操作手册提供的管道参数算出，流通池体积可以从说明书中查出），以使对样品的收集与紫外检测结果精确对应。

用有关缓冲液清洗和平衡柱子，紫外（紫外灯本身需要一段时间稳定）和电导基线走稳后可以开始走样。上样前要把上样阀置于"Load"位置，上样后在程序执行到"Inject"步骤之前上样注射器不要拔掉，否则样品会因为重力缘故从上样阀废液出口流出。

在上不同样品时，应特别注意清洗上样阀的"Load""Inject""Purge"位置，避免样品的交叉污染。

程序结束后注意熄灭紫外灯以延长其寿命。

（4）关机时仪器的维护

柱子使用完毕后应进行清洗或再生，并用合适的缓冲液保存，防止长菌和干涸。

仪器使用完毕后如果放置过夜，应用低盐缓冲液（最好是去离子水）彻底清洗所有管道和阀门，包括缓冲液选择阀、"Maximizer"的四个比例阀、上样阀、收集换向阀等的各个位置，防止盐析出堵塞管道，损坏泵头和阀门。仪器切勿在管道内是高盐缓冲液时放置过夜，高温天气尤其要注意。

如果仪器一段时间不用，用去离子水清洗后（特别注意上样阀"Load""Inject""Purge"沾染高浓度蛋白易长菌位置的清洗），再用20%乙醇或0.05%叠氮化钠溶液充满管道，长期不用要把泵、阀门、检测器等出入口用随机带的塞子（Fittings）封闭以免溶液挥发。防止仪器管道阀门内部长菌或微生物，高温天气尤其要注意。长菌或微生物后很难除去。

仪器存放应置于干燥通风环境中，防止仪器长霉菌或锈蚀。如果仪器放在低温环境（冷室或层析柜），不要关闭电源，防止水蒸气凝结。

（5）常见问题处理

仪器使用过程中常遇到如下问题：压力读数或流量脉动，可能是气泡滞陷在泵头，参考仪器手册赶出气泡；紫外基线脉动或噪声过大，可能是气泡滞陷在检测池；反压过大，可能是管道堵塞或柱子需要清洗，取下柱子，如果反压仍过大，需清洗管道和阀门（可以从泵开始逐段检查以找出堵塞处），清洗或再生柱子。

5.2 电泳系统

电泳技术（electrophoretic technique）是检测、鉴定各种生物大分子的纯度、含量及描述其特征，甚至还是分离、纯化、回收和浓缩样品的工具之一。

5.2.1 凝胶电泳

5.2.1.1 基本原理

带电分子由于各自的电荷和形状大小不同，因而在电泳过程中具有不同的迁移速度，形成了依次排列的不同区带而被分开。如果两个分子具有相似的电荷，但分子大小不同，因其所受的阻力不同，因此迁移速度也不同，在电泳过程中就可以被分离出来。

5.2.1.2 结构组成

电泳系统由电源装置和电泳槽装置两部分组成。

①电源装置　电源需经稳流通过稳压器，既能提供稳定的直流电，又能输出稳定的电压。可用于3种电泳仪：常度稳压电泳仪，输出电压0~500V，0~15mA；中度稳压电泳仪，输出电压400~1000V；高度稳压电泳仪，输出电压1000V以上的电源装置。

②电泳槽装置　分为两种，一种是水平式电泳槽（一般分为微型电泳槽和大号水平式电泳槽）；另一种是垂直式电泳槽（分为垂直平板电泳槽和圆柱形电泳槽装置）。

5.2.1.3 仪器操作方法

下文以Bio-Rad电泳系统（electrophoresis）为例，介绍仪器操作方法。

①首先用导线将电泳槽的两个电极与电泳仪的直流输出端联接，注意极性不要接反。

②按电源开关，系统初始化。屏幕转成参数设置状态，根据工作需要选择稳压稳流方

式及电压电流范围。

③确认各参数无误后，按"启动"键，启动电泳仪输出程序。在显示屏状态栏中显示"Start"之后逐渐将输出电压加至设置值。同时在状态栏中显示"Run"，并有两个不断闪烁的高压符号，表示端口已有电压输出。在状态栏最下方，显示实际的工作时间。

④电泳结束，按"停止"键终止程序。

5.2.1.4 注意事项

①电泳仪工作时，禁止人体接触电极、电泳物及其他可能带电部分，也不能到电泳槽内取东西，以免触电。同时，要求仪器有良好接地端，以防漏电。

②仪器通电后，不要临时增加或拔出输出导线插头，以防短路。

③由于不同介质支持物的电阻值不同，电泳所通过的电流量也不同，其泳动速度及泳至终点所需时间也不同，因而不同介质支持物的电泳不要同时在同一电泳仪上进行。

④使用过程中发现异常现象，如较大噪声、放电或异常气味，须立即切断电源，进行检修，以免发生意外。

5.2.2 双向电泳

5.2.2.1 基本原理

双向电泳(two-dimensional electrophoresis)是分析从细胞、组织或其他生物样品中提取出来的蛋白混合物最有力和广泛应用的方法。这项技术利用蛋白质在两次独立分离步骤中的特性将蛋白质分开：第一向为等电聚焦(IEF)，根据蛋白质的等电点(pI)将蛋白质分离。第二向为SDS-聚丙烯酰胺凝胶电泳(SDS-PAGE)，利用蛋白质的相对分子质量(M_r)大小将它们分离。双向电泳所得结果的斑点序列都对应着样品中的单一蛋白。因此，上千种蛋白质均能被分离出来，并且都能得到各种蛋白质的等电点、分子量和含量的信息。

5.2.2.2 结构组成

双向电泳系统的结构组成包括等电聚焦电泳仪、电泳电源、预制胶条和SDS-PAGE电泳等部分。

5.2.2.3 仪器操作方法

下文以PROTEAN IEF双向电泳系统(图5-3)为例，介绍仪器操作方法。

图5-3 PROTEAN IEF双向电泳系统

(1) 第一向：等电聚焦

①取出 IPG 预制胶条（根据样品量和 pH 范围选择合适胶条），室温平衡。
②在聚焦盘或水化盘中加入样品。
③去除预制 IPG 胶条上的保护层，将 IPG 胶条置于聚焦盘或水化盘中。
④在每根胶条上覆盖 1mL 矿物油。
⑤对好正、负极，盖上盖子。
⑥设置等电聚焦程序（根据胶条的长短和样品特点选择水化、除盐、高压、聚焦时间，以及胶条数，极限电流及聚焦温度）。

(2) 第二向：SDS-PAGE 电泳

①配制 12% 的聚丙烯酰胺凝胶，直接用双向电泳专用梳子，或在上部留 0.5cm 的空间，用纯水、乙醇或水饱和正丁醇封胶，聚合 30min。
②待凝胶凝固后，拔去梳子，用纯水冲洗，或倒去分离胶表面的乙醇或水饱和正丁醇，用纯水冲洗，备用。
③将从冰箱中取出的胶条于室温下放置 10min。
④吸去胶条上的矿物油及多余的样品。配制胶条平衡缓冲液 I，第一次平衡，振荡 15min。
⑤配制胶条平衡缓冲液 II，第二次平衡，振荡 15min。
⑥平衡结束后，先将 IPG 胶条完全浸没于 1×电泳缓冲液中，然后将胶条胶面朝上放置在凝胶的长玻璃板上。
⑦将放有胶条的 SDS-PAGE 凝胶转移到灌胶架上，在凝胶的上方加入低熔点琼脂糖封胶液（琼脂糖封胶液提前加热溶解）。
⑧用镊子、压舌板或是平头的针头，轻轻地将胶条向下推，使之与聚丙烯酰胺凝胶面完全接触。
⑨放置 5min，使低熔点琼脂糖封胶液彻底凝固。
⑩在低熔点琼脂糖封胶液完全凝固后，将凝胶转移至电泳槽中。
⑪在电泳槽加入电泳缓冲液后，接通电源，起始时用低电流（5mA/gel/7cm），待样品在完全走出 IPG 胶条，浓缩成一条线后，再加大电流（15~20mA/gel/7cm），待溴酚蓝指示剂达到底部边缘时即可停止电泳。
⑫电泳结束后，轻轻撬开两层玻璃，取出凝胶，并切角以做记号（此过程应注意戴手套，以防止污染胶面）。

5.2.2.4 注意事项

①聚焦最佳时间由不同蛋白样品、上样量、pH 范围和胶条长度通过经验来确定。
②聚焦时间太短，会导致水平和垂直条纹的出现。过度聚焦虽然不会导致蛋白质向阴极漂移，但会因为活性水转运而导致过多水在 IPG 胶表面渗出（电渗）而造成蛋白图谱变性，在胶条碱性端产生水平条纹以及蛋白丢失。
③一般在垂直电泳系统中无需浓缩胶，因为在 IPG 胶条中蛋白质区域已得到浓缩，可以认为非限制性 IEF 胶（低浓度聚丙烯酰胺胶）充当了浓缩胶。

④等电聚焦电泳结束后可马上进行第二向电泳,也可于-80℃保存数月。

⑤在进行第二向电泳前一定要进行胶条的平衡,以便于被分离的蛋白质与SDS完整结合,从而使SDS-PAGE电泳能顺利进行。建议方案:用含2%SDS、1%DTT、6mmol/L尿素和30%甘油的50mmol/L Tris(pH 8.8)缓冲液先平衡15min。再用5%碘乙酰胺取代DTT后的上述缓冲液平衡15min。如果用TBP代替DTT则只需一步平衡。

5.3 凝胶成像及活体分子检测仪器

5.3.1 凝胶成像仪

随着生物学的迅速发展,凝胶电泳(gel electrophoresis)作为主要的实验手段已广泛应用于核酸和蛋白的分离。

5.3.1.1 基本原理

凝胶成像仪是进行DNA定量的一种重要手段,该方法主要根据荧光染料与DNA结合,经过激发后得到荧光信号的强弱与DNA含量有关,并具有一定的比例关系,DNA含量越高,荧光信号越强。荧光信号强弱可以通过凝胶成像系统得到的凝胶图片上的DNA电泳条带的灰度值来表示。

5.3.1.2 结构组成

凝胶成像分析系统的结构组成包括样品暗箱、计算机、CCD相机及分析软件。暗箱可避免化学物质对CCD的污染,该系统通常适用于所有UV和白光分析应用,包括1D、2D凝胶、膜、PCR、点杂交、克隆计数和放射自显影等。

5.3.1.3 仪器操作方法

下文以GeneGenius凝胶成像仪(图5-4)为例,介绍仪器操作方法。

①打开凝胶成像仪电源(机器后部),打开计算机。

②将染色后并用水冲洗后的凝胶放在透射板正中,并关严暗仓门。

③打开"GeneSnap"软件,在软件界面中点击绿色按钮,打开镜头,该按钮会变成红色,如凝胶在屏幕上未出现,可适当调节光圈,使图像达到合适亮度,调整图像大小及清晰度。

④待图像最优化时,点击红色按钮使之变成绿色,成像保留在屏幕上,点击"Save"保存为.Sgd格式文件,用于使用"Gene Tools"软件分析;或点击"Save As",在下拉菜单中选取合适的图像类型后,生成该类型的图形文件,如jpg、bmp、gif等。

⑤关闭软件(如未保存图象此时会提示)。

⑥打开暗仓门,拉出透射台,将凝胶用PE手套包住后丢弃,并冲洗透射板。

⑦关上暗仓门,并关闭电源。

5.3.1.4 注意事项

①不要戴污染的手套触摸计算机鼠标、键盘及其他

图5-4 GeneGenius凝胶成像系统

位置。

②为保证暗箱中的清洁，拍照后应立即清洗投射仪表面。

③紫外灯为损耗品，为延长寿命，使用后应立即关闭并取走样品。

④如果是紫外发光，要注意紫外线防护，保护眼睛。

⑤透射板紫外灯寿命有限，调整图像后及时成像。

⑥凝胶应及时清理，防止凝胶固化后黏附在透射板上，造成成像不清晰。

⑦如需切胶回收，应注意避免长时间紫外照射，以免 PCR 产物断裂。可见光成像则无此问题。

5.3.2 化学发光凝胶成像系统

凝胶电泳可用于核酸和蛋白的分离，而电泳图像的获取和相关分析主要依靠凝胶成像系统。凝胶成像系统在科学研究、生物分子检验和医学鉴定等方面已成为必不可少的仪器设备，尤其是近几年，凝胶成像技术日趋完善，功能越来越齐全，可用于拍摄核酸和蛋白电泳、层析和菌落等生物医学图像并进行分析。

5.3.2.1 基本原理

样品在电泳凝胶或者其他载体上的迁移率不一样，以标准品或者其他替代标准品进行比较就会对未知样品做一个定性分析。这就是图像分析系统定性的基础。根据未知样品在图谱中的位置可以对其做定性分析，就可以确定它的成份和性质。样品对投射或者反射光有部分的吸收，从而照相所得到的图像上面的样品条带的光密度就会有差异。光密度与样品的浓度或者质量成线性关系。根据未知样品的光密度，通过与已知浓度的样品条带的光密度指进行比较就可以得到未知样品的浓度或者质量。这就是图像分析系统定量的基础。化学发光成像的原理则是化学反应的能量把体系中共存的某种分子从基态激发到激发态从而产生放光的现象，可用于多重荧光 western blot 成像、化学发光成像和普通的凝胶成像等。

5.3.2.2 结构组成

凝胶成像系统的结构组成主要包括超冷 CCD 相机、六位滤光片轮、暗箱、紫外投射光源、透射白光、反射白光、三色（红蓝绿）LED 光源、紫外防护屏（直接用紫外平台进行样品肉眼观察时起保护作用）、计算机和分析控制软件等几部分。其中 CCD 是电荷耦合器件（Charge Coupled Device）英文名称的缩写，是一种光电转换器件，是凝胶图像系统的核心部件。

5.3.2.3 仪器操作方法

下文以 ChemiDoc MP 化学发光凝胶成像系统（图 5-5）为例，介绍仪器操作方法。

（1）开机

打开主机电源开关，指示灯亮，仪器自动预冷，预冷

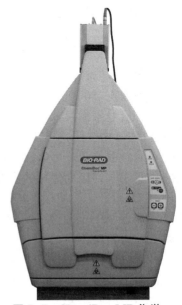

图 5-5 ChemiDoc MP 化学发光凝胶成像系统

15min 以上才可以使用，然后打开计算机。

（2）参数设置

①打开"Image lab"软件，进入操作窗口。选择"新建实验协议"→"应用程序"→选择所做样品的种类及染色方式，如选择选择"Blot"（印迹膜）及"Chemi"（化学发光）等程序，之后程序会显示需要您选择的滤光片种类及光源类型。

②在程序区域选择凝胶的种类或是输入胶的尺寸，选择合适的样品大小（非必需）。

③在"图像曝光"选择合适的曝光种类，可以自行评估曝光时间并以手动设定"Manual Exposure"，或是使用信号累积模式（signal accumulation mode，SAM）来进行评估。

获取化学发光的图像流程中关键在于图像曝光时间的确定，过短的图像曝光时间可能会无法辨识到微弱的信号（低于背景值），而较长的图像曝光时间则是会造成条带信号过饱和而超出相机的检测范围。若使用"ChemiDoc XRS+"获取化学发光样品的图像，需要在设定手动或信号累积模式（SAM）前先确认好适合的图像获取时间框架。

④手动曝光 选择手动设定曝光时间（manually set exposure time）并在读秒框中输入 10s。选择高亮显示饱和像素（highlight saturated pixels）。

（3）照相

①将凝胶放入成像暗室中。

②点击"放置凝胶"，观察显示器中样品的实时图像，打开照胶系统的门并移动样品直到位于视野的中心区域。

③利用照相机的变焦滑板调节图像获取区域的大小。

④点击"运行实验协议"，获取并保存图像。如所需的图像出现在计算机的显示器上，确认图像中是否包含红色的饱和区域。如有饱和区域存在，请重新以较短的曝光时间参数来获取图像。如果无饱和区域存在，则可移动鼠标置于最暗的条带之上，在较低的右下角 Image Lab 窗口中观察信号的强度数值。如图中显示强度为 1994，照相机能记录的最大值的 1/32（最大值为 65，535）。用最初的 10s 曝光再乘以 30 就可在照相机的最大动态范围附近图像获取样品。如果只需针对单一图像的图像获取时间进行评估，可直接在手动曝光区域中输入"300"。

⑤信号累积模式（signal accumulation mode，SAM） 如果预估方法不足以满足需求，可选择 SAM 按钮，再选择 Setup 按钮。一个新的对话框会跳出来，包含可以输入图像获取时间的参数位置。可以输入原本预测的 300s 曝光时间上下的范围，可设定获取 5 个图像，推测能获取到接近优化的图像。而 SAM 设定的图像显示对话窗口，在选择"确定"按钮后再点选"运行实验协议"按钮，窗口会显示相关进度图标来说明整体图像获取的时间。在 250s 获取第一个图像，同时小缩图会出现在窗口的下方，以此类推，整个过程将持续到获取所有的图像。

将鼠标移动到图像上，就能实时判定强度值，可再利用位于左边的图像转换窗口（Image Transform）中的调节光标来改变图像的显现。若确定调整到符合要求的图像时，点击"停止获取并继续选择"按钮放弃其他不适合的图像来完成获取图像的程序。也可在 SAM 获取图像的过程中或之后来保存需要的图像，直接点选右键单点缩略图窗口内的图像即可保存图像。在决定获取图像的数量前，需要先确定增加 SAM 图像参数是否会影响背景值的变化。当获取的图像次数提高时，可能会造成接近背景值的信号难以辨识，若需要针对较弱的信号进行获取，仍然建议选择适当的曝光时间来进行图像获取。

（4）图像分析

点击"体积工具"，按下选择较适合的"Band"型态，选取想要定量分析的"Band"位置，并在"Band"上点击左键两下可将样品定义为标准品或待测物种，并分别定义其定量依据（如 kb，ppm，mg/mL）建议用"Rect Tool"方形，先框出适当的方形，并用复制方式将分析的"Band"框出后，点击分析表，即可得到每个条带的调整体积，用于条带的定量分析。

（5）关机

在关闭主机电源的同时，拔出 CCD 插头或关闭插板 CCD 开关，长期通电会影响 CCD 寿命。

5.3.2.4 注意事项

①实验前需要开机预冷 15min 以上。

②放置凝胶时，需要提前吸干凝胶的水分，以免其液体流入仪器引起短路。

③操作时应做好防护措施，以免造成人员伤害和仪器污染，实验结束后，将紫外投射仪表面的印迹膜取走，用超纯水擦干净。

④经常使用紫外灯时需要定期更换灯管。

⑤关机顺序为关闭软件→关闭计算机→关闭成像仪电源开关→拔出 CCD 电源插头。

5.3.3 植物活体分子标记成像系统

植物活体分子标记成像系统，又称植物活体荧光分子成像仪，是利用荧光标记技术在植物中筛选突变体、确定植物活体中蛋白组织位置等的科学仪器，是当前植物分子遗传学研究的重要工具。可应用于突变体筛选、检测基因表达、蛋白质互作研究、节律研究、植物抗药性研究、钙离子信号转导通路研究等。

5.3.3.1 基本原理

利用荧光素酶（luciferase）基因进行标记，然后注入酶的底物——荧光素，在活细胞内酶和底物通过发生氧化反应可以发出荧光，且光的强度与标记细胞的数目线性相关。通过灵敏的光学检测系统（超低温 CCD、暗箱和成像软件）可观测并记录到发光信号。其突变体筛选是针对某一特定基因，首先进行荧光标记 EMS 诱变，然后通过在成像系统中检查荧光亮度增加或减弱的突变体植株，最终找到针对该基因的增强子或抑制子。此外，通过对特定蛋白进行荧光标记，在整体植株中对该蛋白进行定位，从而确定被荧光标记的基因和蛋白的表达情况。

5.3.3.2 结构组成

植物活体分子标记成像系统（plant molecular marking imaging in vivo system）的结构组成包括暗箱、CCD 及其控制器、液氮罐、液氮泵和计算机等。

5.3.3.3 仪器操作方法

下文以 Lumazone Pylon2048 植物活体分子标记成像系统(图 5-6)为例,介绍仪器操作方法。

(1) 开机

①打开 CCD 控制器背部的电源开关。

②确认 TR60 液氮罐中存有液氮,按下液氮泵上的绿色按钮,向 CCD 中自动灌注液氮,灌注满载之后,液氮泵会自动停止工作,进入待机状态;约 2h 之后 CCD 的温度会降低至-110℃/-120℃,打开计算机和显示器,打开"Winview"软件。

③查看温度。点击菜单栏"Setup"→"Detector Temperature",跳出温度检查窗口,如果温度已经达到设定温度,温度会显示"Locked"。

(2) 液氮泵的操作

实验前轻按液氮泵进气按钮。液氮泵"Statu"慢闪:睡眠状态,不工作;快闪:处于"Active"状态;不闪:正在输出液氮。"Sensor":绿灯表示小液氮罐的"Sersor"没有接触液氮,说明小液氮罐未满,正处于灌注状态或者"Active"状态,等待下一次灌注开始;红灯:持续 80s 没有变绿,表示"Sensor"已经浸泡在液氮中,小液氮灌已满。当"Warning"闪烁,表示普通报警,不闪则表示控制泵所在的 TR60 液氮罐需要灌注液氮。

图 5-6 Lumazone Pylon 2048 植物活体分子标记成像系统

(3) 暗箱的操作

暗箱可以对内部 LED 光源、工作台以及温度进行控制。打开暗箱背部的电源按钮,初始化过程结束之后暗箱上部的 LCD 触摸屏亮起,并显示当前参数状态。

①LED 光源控制 无光,用于"Luciferase"成像;弱光,亮度较弱,适合拍摄明场图像;强光,用于拍摄植物活体的自发荧光激发。

②温度控制 温度控制有开启和关闭键,并可调节温度调节,左降右升。左侧为设定温度,右侧为当前实时温度,设定温度必须大于实时温度;温度的控制范围是 20~40℃。

③工作台控制 工作台可进行上下调节,调节速度分为微调和快速调节。

(4) "WinView"软件的操作

"WinView"软件主要支持 CCD 拍照,用于获取数字图像,并可以进行简单的分析。在桌面上点击图标"WinView"软件的快捷方式,或者在开始→所有程序→"Princeton Instruments"中点击"WinView",进入到"WinView"软件。

①拍照(Acquire) 点击工具栏的图标或者在菜单栏"Acquisition"→"Acquire",即可完成一次拍照,获取到图像。

②对焦(Focus) 点击工具栏或者在菜单栏"Acquisition"→"Focus"即可使相机处在"Live"状态,连续拍照,点击工具栏的

"Stop"图标,可以结束"Live"状态。

"Focus"功能主要用于样品对焦过程,曝光时间为50ms;读出速率为1MHz。

③设置参数(Setup Experiment) 点击工具栏图标或者在菜单栏"Acquisition"→"Experiment Setup"打开设定窗口,在此窗口中可以根据实际需要,设置拍照参数状态。

a. 在"Main"选项卡中,设定曝光时间(exposure time)。

b. 在"ADC"选项卡中设置图像读出速度:在生物发光成像时建议设置1MHz,在使用Focus功能时设置为2MHz或者4MHz。

c. 在"Data File"选项卡中,建议使用默认设置。

d. "Timing"选项卡中的"Shutter Control"是对"CCD shutter"的控制方式,必须是"Normal"状态。

e. "Data Corrections"选项卡。

一般情况下不需要使用"Background"和"Flat field"功能,请不要勾选。另外,使用"Cosmis Ray Removal"功能设为50%可以适当地减少宇宙射线干扰。

④检测实时温度 点击菜单栏"Setup"→"Detector Temperature",检查温度,如果温度已经达到设定温度,当前温度会显示"Locked"。

(5)数据处理

①添加伪彩色,显示"Color bar" 打开拍照得到的图像,点击工具栏上添加伪彩色的图标,可将256灰度级图改变为256彩色级图显示,实现方式是将256灰度谱的最小值对应256彩色谱的蓝色末端,最大值对应红色末端。

②强度分析 利用"Process"菜单下的"Statistics"选项,可计算出图像的许多有用参数,包括图像的尺寸、质心、强度的极大极小及其位置、强度总和、像素总数、平均强度和标准差值。这些参数对观测者来说是非常有意义的。

③Tiff格式 "WinView"默认格式为"Spe",点击"File"→"Save As"可将图像另存为Tiff File(.tif)格式,且不损失信息量,可用于其他图像处理软件。注意:8-bit Tiff 不带信息量,建议不要使用。

(6)关机

关闭程序,关闭计算机,切勿立即关闭CCD控制器的开关和液氮泵的电源。

5.3.3.4 注意事项

①实验之前先打开CCD电源开关,再按下控制泵状态开关,向CCD灌注液氮,大约2h之后CCD温度降低至-110℃,可以开始实验。

②使用系统30h,确认当前温度已经恢复到常温之后,可以关闭CCD控制器的开关。

③不要关闭液氮泵的电源。

④请注意TR60液氮罐的液位,在剩余少量时应及时添加液氮,建议每10d添加1次,防止液氮泵冰堵;取出液氮泵之后竖直放置,等待其完全达到室温,建议24h之后重新安装。TR60液氮罐在连续使用一段时间之后,底部会结冰,需要定期除冰,否则液氮泵容易形成冰堵。

5.4 应用实例

实验六十四　实时荧光定量 PCR 仪测定白菜叶片中 A 基因的表达变化

一、实验原理

实时荧光定量 PCR 是一种实时监控核酸扩增的技术，通过在 PCR 反应体系中加入能与 DNA 结合的荧光染料或在引物/探针上标记荧光基团等方法，在 PCR 反应过程中，随着产物的量不断增加，荧光信号强度也随之发生相关性的变化，再通过数学处理，实现对初始模板的定量分析。

二、实验材料、仪器及试剂

（1）实验材料：白菜叶片 A 基因的 cDNA。
（2）实验试剂：上游引物、下游引物、SYBR Green PCR Master Mix、水。
（3）实验仪器：ABI-QuantStudio®5 实时荧光定量 PCR 仪。

三、实验步骤

①体系配制　水 4μL、SYBR 染料 10μL、上游引物 0.5μL（10μmol/L）、下游引物 0.5μL（10μmol/L），总体积 15μL。

②cDNA 用灭菌纯水稀释适当的浓度，一般为 1∶20 稀释，cDNA 按一定顺序排好后，即可加至刚配好的反应体系中。加样完毕，盖好八连管盖，并在八连管盖最上沿的边上标记好 1~12 的顺序。

③上机　打开 PCR 仪电源开关，再打开计算机。

打开样品架，放入八连管，关上样品架。

打开软件，点击"Create New Experiment"（创建新实验）。

选择"Properties"设置实验类型，选择本次实验所要使用的反应管的类型、实验类型、荧光染料种类及运行模式，运行模式通常选择"标准"模式；单击"Method"，编辑方法，包括体积、PCR 各步骤的温度和时间以及循环数；点击"Plate"，编辑基因名称和样品名称。

点击"Run"键，点击"Start Run"，保存程序，系统即开始运行实验程序。

程序运行完毕后，取出样品架上的八连管，按顺序关闭软件和 PCR 仪电源开关。

④实验数据分析　PCR 反应结束后，点击"Results"，选择 Excel 格式，随后点击"Export"键导出数据，进一步分析 A 基因的表达情况。

四、注意事项

①实验操作必须在冰上进行，以保证试剂稳定。

②不能用裸手触摸八连管盖中间透明的荧光采集区域,且保证每孔均盖紧,否则影响重复性或可能出现熔解曲线峰漂移。

③每个管子编好序号,做好记录。

实验六十五 凝胶成像分析系统检测辣椒基因组DNA

一、实验原理

凝胶成像系统是进行DNA定量的一种重要手段。该方法主要根据荧光染料与DNA结合,经过激发后得到荧光信号的强弱与DNA含量有关,并具有一定的比例关系,DNA含量越高,荧光信号越强,荧光信号强弱可以通过凝胶成像系统得到的凝胶图片上的DNA电泳条带的灰度值来表示,从而确定DNA的含量和大小。

二、实验材料、仪器及试剂

(1)实验材料:待测辣椒叶片基因组DNA。
(2)实验仪器:Syngene GeneGenius凝胶成像分析系统、微波炉、电泳槽。
(3)实验试剂:琼脂糖、三羟甲基氨基甲烷硼酸(TBE)缓冲液、核酸燃料。

三、实验步骤

(1)制胶

将凝胶电泳槽洗干净晾干,放入制胶板,在距离底板0.5~1.0mm处放置梳子,以形成加样孔。称取1g琼脂糖,放入三角瓶中,加入100mL 0.5×TBE缓冲液,置于微波炉中加热至完全溶解,取出摇匀,得到1%琼脂糖凝胶液。待琼脂糖凝胶液冷却至约50℃时立即将琼脂糖溶液倒入槽内。制成厚度为3~5mm的凝胶,注意不要出现气泡。如出现气泡,立即用移液器或纸片移出。室温下放置30~45min。待凝胶完全凝固后,小心移去梳子,将凝胶放入电泳槽中。

(2)加样

向电泳槽中加入0.5×TBE缓冲液,使液面高出凝胶表面2~4mm。取DNA样品2.5μL与1.5μL上样缓冲液混合均匀,将混合样品加入凝胶样孔进行检测,记录点样顺序和点样量。

(3)电泳

接通电泳槽与电泳仪的电源(注意正负极,DNA片断从负极向正极移动)。因为DNA的迁移速率与电压成正比,所以采用电压100V、电流50mA,如果接线正确,可观察到阳极和阴极处有气泡产生。电泳40min左右,停止电泳。小心取出胶块,将凝胶放入染色液中,染色30min左右,用作照像分析。

(4)照像及保存

①载入样品 将电泳处理过的凝胶放在暗箱内的透照台上,关好暗箱门。如胶样品比

较大，可以先将透照台拉出，然后放置样品。打开紫外光源。

②拍照　打开"Gene Snap"软件，在软件界面中点击绿色按钮，打开镜头，该按钮会变成红色，如凝胶未在屏幕上出现，可适当调节光圈，使图像到达合适亮度，调整图像大小及清晰度；待图像最优化时，点击红色按钮使之变成绿色，成像保留在屏幕上，点击"Save"保存图形文件，如"jpg、bmp、gif"等。

③保存文件　关闭光源，保存需存档的图像。点击"File"→"Save"，可选择图片的保存格式。

四、注意事项

①使用染料时，分清污染区和非污染区。
②注意防护紫外线，保护眼睛。
③不要戴着污染的手套触摸计算机鼠标、键盘及其他位置，以免引起污染。
④使用完毕后，及时清理凝胶，防止凝胶固化后黏附在透射板上，造成成像模糊。

实验六十六　用化学发光凝胶成像系统对核酸样品DNA进行定量分析

一、实验原理

Image Lab 是一套图像处理软件，可应用于凝胶电泳和转印膜的数字图像获取和分析，而自动化的工作流程能加速图像获取及参数优化调整，并针对调整好的凝胶或转印膜图像进行系统性分析，进而得到所需的分析数据。

本实验将 Image Lab 配合凝胶成像仪使用，获取琼脂糖凝胶电泳后的 DNA 样品条带的凝胶图像，并对其凝胶图像进行简单的处理和分析。

二、实验材料、仪器及试剂

(1) 实验材料：DNA Marker、不同长度 DNA 片段。
(2) 实验仪器：电泳仪、ChemiDoc MP 化学发光凝胶成像系统、冰箱、微波炉。
(3) 实验试剂：核酸染料 GelRed、琼脂糖、50×三羟甲基氨基甲烷(50×TAE)缓冲液。

三、实验步骤

(1) 样品凝胶电泳

稀释 TAE 缓冲液为 1×TAE 电泳缓冲液，取 25mL；同时称取 0.25g 琼脂糖加到 25mL 1×TAE 电泳缓冲液中，用微波炉加热溶解；冷却至 50℃左右后加入 0.3μL GelRed 混匀，倒入模具插入梳子冷却制胶，注意不要留有气泡。

冷却后拔出梳子得琼脂糖凝胶，小心转移至电泳槽，倒入 1×TAE 电泳缓冲液浸没凝胶，依次点样 DNA Marker、不同长度 DNA 片段，并做好记录。开启电泳仪电源 100mA、

110V 进行电泳，样品迁移至凝胶 1/2~2/3 间停止电泳，小心转移凝胶至凝胶成像仪中。

（2）凝胶成像

打开凝胶成像仪和计算机，双击"Image Lab"软件进入操作。在起始页的实验协议中新建单通道。

建立新的实验协议后，在实验协议设置中选择"凝胶成像"打对勾，根据凝胶中的样品选择应用程序，本实验是对 DNA 进行的凝胶电泳，因此此处选择核酸凝胶；曝光可选择软件将自动化优化曝光，调整好凝胶放置位置后再在程序窗口点击"放置凝胶"按钮，观察显示器中样品的实时图像，打开照胶系统的门并移动样品直到位于视野的中心区域，利用照相机的变焦滑板调节图像获取区域的大小。

最后，运行以上设置的实验协议获取凝胶图像。所需图像出现在计算机的显示器上后，确认图像中是否包含红色的饱和区域；如无误则可保存图像，如有饱和区域存在，则要重新以较短的曝光时间参数来获取图像。

（3）样品条带分析

得到凝胶图像后，建立新的实验协议，并设置分析图像中的"泳道和条带检测"，可以设置不同的灵敏度来检测条带，排除亮度不够的条带，或者筛选出高亮的条带。

检测完后可由指定输出选项输出结果和报告。

四、结果与分析

将所得图像与前面记录的上样顺序、上样量对应起来，结合 DNA Marker 的条带进行对比分析。

五、注意事项

①开机顺序为：先开启计算机，然后开启凝胶成像仪，再打开程序，最后在开白光的状态下放置凝胶。

②放置和取出凝胶过程中注意避免紫外线伤害皮肤。

③关机顺序为：先拿出凝胶，关闭程序，再关闭计算机，最后关闭凝胶成像仪。

实验六十七　用化学发光凝胶成像系统对蛋白质样品进行定量分析

一、实验原理

Image Lab 图像获取和分析软件搭配 Molecular Imager ChemiDoc™ XRS+、Molecular Imager Gel Doc™ XR+、Molecular Imager ChemiDoc™ MP 和 GS-900 图像系统，可应用于凝胶电泳和转印膜的数字图像获取和分析，而自动化的工作流程能加速图像获取及参数优化调整，并针对调整好的凝胶分析，包括电泳条带检测、定量和分子量分析等，进而得到所需的分析数据。

本实验将利用聚丙烯酰胺电泳分子筛效应，获取聚丙烯酰胺凝胶电泳后具有蛋白质样品条带的凝胶,用 Image Lab 配合凝胶成像仪获得凝胶图像,并对其凝胶图像进行简单的分析。

二、实验材料、仪器及试剂

(1)实验材料:蛋白 Marker、蛋白质溶液。

(2)实验仪器:垂直板电泳槽、稳压稳流电泳仪、脱色摇床、ChemiDoc MP 化学发光凝胶成像系统、冰箱、微波炉。

(3)实验试剂:10%十二烷基硫酸钠(SDS)、30%凝胶贮液[30%丙烯酰胺-1%甲叉双丙烯酰胺(30%Acr-1%Bis)]、分离胶缓冲液、浓缩胶缓冲液、10%过硫酸铵、四甲基乙二胺(TEMED)、pH 8.3 三羟甲基氨基甲烷-甘氨酸(Tris-Gly)电极缓冲液、上样缓冲液、蛋白 Marker、0.25%考马斯亮蓝 G-250 染色液、甲醇、乙醇、醋酸脱色液、异丙醇、三羟甲基氨基甲烷盐酸(Tris-HCl)(pH 6.8)缓冲液、二硫苏糖醇、去离子水等。

三、实验步骤

(1)样品凝胶电泳

根据蛋白分子量大小配制分离胶和浓缩胶(表 5-1),先灌注分离胶加覆盖层(乙醇/双蒸水)压线,待分离胶聚合后倾去覆盖层,然后灌注浓缩胶并插入相应型号的梳子待其凝固。电泳槽中加入 300mL 电泳缓冲液,拔掉梳子,依次点样蛋白 Marker 和蛋白质,并做好记录。开启电泳仪电源 90V 进行电泳,到达分离胶后电压加到 150V,样品迁移至分离胶 1/2~2/3 停止电泳。放入培养皿,加入 40mL 染色剂摇床染色 1h,再用脱色液脱色 1d,最后取出凝胶,将其小心转移至凝胶成像仪中。

表 5-1 蛋白相对分子质量与分离胶浓度

蛋白相对分子质量(kDa)	凝胶浓度(%)	蛋白相对分子质量(kDa)	凝胶浓度(%)
4~40	20	15~100	10
12~45	15	25~200	8
10~70	12.5		

注:浓缩胶(5%丙烯酰胺)。

(2)凝胶成像

打开凝胶成像仪和计算机,双击 Image Lab 软件进入操作,在起始页的实验协议中新建单通道。

建立新的实验协议后,在实验协议设置中选择"凝胶成像"打对勾,根据凝胶中的样品选择应用程序,本实验是对蛋白质进行的凝胶电泳,因而此处选择蛋白质凝胶;对于免疫印迹(Western blotting)和免疫沉淀(immunoprecipitation,IP)实验可选择印迹选项,曝光可选择软件将自动化优化曝光,根据蛋白的丰度也可设置自动曝光时间,以及拍照的数量和间隔,调整好凝胶放置位置后再在程序窗口点击"放置凝胶"按钮,观察显示器中样品的实时图像,打开照胶系统的门并移动样品直到位于视野的中心区域,利用照相机的变焦滑板调节图像获取区域的大小。

最后，点击"运行实验协议"获取凝胶图像。所需图像出现在计算机的显示器上后，确认图像中是否包含红色的饱和区域；如无则右击保存图像，如有饱和区域存在，则要重新以较短的曝光时间参数来获取图像，最后选择自定义拍摄白光图片，用于拍摄蛋白Marker，以方便获取的实时图像和蛋白Marker合并，进而判断蛋白的相对分子质量大小。

(3) 样品条带分析

得到凝胶图像后，建立新的实验协议，并设置分析图像中的"泳道和条带检测"和"分析分子量"，可以根据蛋白Marker泳道中的条带作为参照估算分离到的蛋白质亚基分子量。并根据蛋白Marker得到的条带制作标准曲线。得到数据后可由指定输出选项输出结果和报告。

四、结果与分析

将所得图像与前面记录的上样顺序、上样量对应起来，结合蛋白质的特征进行蛋白质组成及组成部分分子量分析。

五、注意事项

①开机顺序为：先开启计算机，然后开启凝胶成像系统，再打开程序，最后在开白光的状态下放置凝胶。
②注意分离胶和浓缩胶的灌注顺序。
③放置和取出凝胶过程中注意避免紫外线伤害皮肤。
④关机顺序为：先拿出凝胶，关闭程序，再关闭计算机，最后关闭凝胶成像系统。

实验六十八 用植物活体分子标记成像系统筛选阳性克隆

一、实验原理

基因、细胞和活体动物都可被荧光素酶基因标记。标记细胞的方法基本上是通过分子生物学克隆技术，将荧光素酶的基因插到预期观察的细胞的染色体内，通过单克隆细胞技术的筛选，培养出能稳定表达荧光素酶的细胞株。

利用荧光素酶(luciferase)基因进行标记，然后注入酶的底物——荧光素，在活细胞内酶和底物通过发生氧化反应可以发出Luc光，且光的强度与标记细胞的数目线性相关。通过灵敏的光学检测系统(超低温CCD、暗箱和成像软件)可观测并记录到发光信号。

二、实验材料、仪器及试剂

(1) 实验材料：本氏烟草、农杆菌EH105。
(2) 实验仪器：Lumazone Pylon 2048B 活体分子标记成像系统、注射器。
(3) 实验试剂：聚乙二醇辛基苯基醚(trion)、荧光素酶底物、2-(N-吗啉代)乙烷磺酸

（MES）重悬液、乙酰丁香酮。

三、实验步骤

（1）载体构建

在 NLuc、CLuc 载体上选择合适的酶切位点，采用酶切连接方法，将目标基因连接到载体上，并转化大肠杆菌，提取质粒，-20℃保存。

（2）EH105 农杆菌转化

将上述构建好的质粒分别转化 EH105 农杆菌，筛选阳性克隆，30%甘油保藏菌液于-80℃，备用。

（3）本氏烟草培养

将烟草种子播种于培养基中，至于光照培养箱中（16h 光照、8h 黑暗）25℃培养 4~6 周（待第 6 片叶子长出）即可用于后续烟草侵染实验。

（4）烟草侵染

首先将保藏的转化目标质粒的 EH105 农杆菌活化，挑取单菌落于 LB 液体培养基中培养，并用 MES 重悬液（containing 150μmol/L acetosyringone pH 5.6）重悬菌液至 $OD=0.5$。将携带 NLuc、CLuc 农杆菌以 1:1 混合，用注射器注射烟草背面。侵染完成后，覆盖塑料薄膜，并将其置于光照培养箱中，48h 后将薄膜去除，72h 后进行 Lumazone 活体成像系统观察。

（5）活体成像系统观察

用剪刀剪取烟草叶片，喷洒荧光素酶底物（1%，加 trion），于黑暗中静置 5min 后进行成像。

实验六十九　用植物活体分子标记成像系统研究蛋白互作

一、实验原理

来自萤火虫的荧光素酶（firefly luciferase，LUC）可以分成 N 和 C 两段蛋白质而没有酶活，将 N 和 C 端各融合另外的两个蛋白质，如果这两个蛋白质在体内可以互作的话，那么 LUC 的 N 和 C 端将在空间上靠近而恢复酶活，因此，可以通过检测分段的 LUC 可否恢复酶活来判断两个蛋白质之间在体内是否存在相互作用。利用荧光素酶（luciferase）基因进行标记，然后注入酶的底物——荧光素，在活细胞内酶和底物通过发生氧化反应可以发出 Luc 光，且光的强度与标记细胞的数目呈线性相关。通过灵敏的光学检测系统（超低温 CCD、暗箱和成像软件）可观测并记录到发光信号。

二、实验材料、仪器及试剂

（1）实验材料：烟草品种：本氏烟草（*Nicotiana benthamiana*），植物表达载体与农杆菌菌株：35S∷Luc；GV3101。

（2）实验仪器：Lumazone Pylon2048 植物活体分子标记成像系统、注射器。

（3）实验试剂：聚乙二醇辛基苯基醚(trion)、荧光素酶底物、氯化镁、2-(N-吗啉代)乙烷磺酸(MES)、乙酰丁香酮(AS)、琼脂。

三、实验步骤

①农杆菌的活化和鉴定：取出-80℃冰箱冻存的农杆菌菌株，在含有 Kan+(卡纳青霉素)和 Rif+(利福平)抗性的 YEP 平板上划线；挑取单克隆到1mL 液体 YEP(含 Kan+50mg/L 和 Rif+50mg/L)中培养并进行菌液 PCR 验证。

②取阳性菌株及对照菌株的菌液各 400μL，分别加到 10mL YEP 液体培养基中，200r/min 摇 5~6h 至 OD 达到 1.0~1.3，4000r/min 离心 10min 收集菌体。

③向收集到的菌体中加入适量侵染液，吸打混匀，将 OD 调整至 1.0 左右，然后放在黑暗处静置 2h，侵染液配方及配置方法见表 5-2 所列。

表 5-2 侵染液配方(100mL)

试 剂	相对分子质量	母液浓度	使用浓度	加入体积
氯化镁	203.3	1mol/L	10mmol/L	1mL
MES-KOH	213.25	0.5mol/L	10mmol/L	2mL
AS	196.20	200mmol/L	150~200μmol/L	100μL

母液配方：1mol/L 氯化镁(100mL)：20.33g 六水氯化镁溶于水，定容到 100mL，过滤除菌，-20℃保存。0.5mol/L MES-KOH(100mL)：10.6625g MES 溶于水，用氢氧化钾调节 pH 至 5.6，过滤除菌，-20℃保存。0.2mol/L AS(10mL)：0.3924g AS + 10mL 二甲基亚砜，-20℃避光保存。

④取等体积含 p19 和 35S∷Luc 的 GV3101 农杆菌侵染液混合均匀，注射烟草叶片并做好标记。

⑤避光培养 16~24h 之后放在正常光照培养条件下培养 2~5d。

⑥制备 4%的琼脂板，将注射了农杆菌的烟草叶片剪下后平展地铺在制备好的琼脂板上，避光涂抹萤火虫荧光素酶底物(1%，加 trion)，于黑暗中静置 5min 后进行成像。

实验七十 层析系统在分离纯化番茄耐盐性相关蛋白 A 中的应用

一、实验原理

亲和层析主要是根据生物分子与其特定的固定相之间具有一定的亲和力而将生物分子选择性分离。这是由吸附层析发展而来的分离纯化方法。

许多生物分子都具有能和某些相对应的专一分子可逆的结合的特性(如范德华力、氢键等)，如酶和底物的结合、特异性的抗体和抗原、激素与其受体、基因与其互补 DNA、mRNA 及阻抑蛋白的结合等，均属于专一性而可逆的组合。这种分子间的结合能力叫做亲和力。亲和层析正是利用生物分子间所具有的专一亲和力而设计的层析技术。

二、实验材料、仪器及试剂

（1）实验材料：番茄耐盐性相关蛋白 A。

（2）实验仪器：DuoFlow 层析系统、pH 计、离心机、5mL 注射器、0.2μm 孔径的滤膜、滤器、真空抽滤装置、天平。

（3）实验试剂：磷酸二氢钠、磷酸氢二钠、氯化钾、氯化钠、水。

三、实验步骤

（1）开机

打开主机、检测器和计算机电源。

（2）准备缓冲液 PBS

称取适量磷酸二氢钠、磷酸氢二钠、氯化钾、氯化钠溶解，调节 pH 为 7.0 并定容。

（3）清洗管道、装柱子

将管道放入缓冲液中，进行泵及管路的清洗，待清洗结束后，将进样阀与柱子连接，使用 PBS 缓冲液平衡，流速控制在 1.5~2.0mL/min。

（4）运行

待仪器准备就绪之后进入 Browser 界面设置：选择"QuadTec Detector"，并设定检测波长、电导和进样阀，然后将蛋白溶解液上样，并用 PBS 缓冲液平衡，洗去未被吸附的杂蛋白，直到流出液在检测仪上绘出的基线稳定后，分别用含 0.1、0.2、0.3、0.4、0.5、0.6、0.7、0.8、0.9mol/L 氯化钠和 PBS 缓冲液洗脱，洗脱速度为 0.6mL/min。配合核酸蛋白质检测仪在 280mm 的波长下检测，检测结果由记录仪记录，记录仪走纸速度为 0.5mm/min。收集各个洗脱组分，供 SDS-PAGE 检测或质谱测序。

（5）清洗系统

用过滤脱气的超纯水根据冲洗 A、B 泵及其管道；再用针筒各抽取 10mL 超纯水打入各泵上方的泵头冲洗入口，将废液瓶放在 A、B 泵中下方的泵头清洗液出口接清洗液，进行泵头清洗。

（6）关机

点击工具栏"Manual"按钮回到手动界面，停泵，关闭紫外灯，检查各阀门的位置，退出程序。关闭组分收集器电源，关闭主机左下方电源，关闭 QuadTec 检测器电源，拔掉各组件电源插头。

四、注意事项

①样品和缓冲液要严格过滤和脱气。

②仪器使用过程中泵头至少要每天洗涤 1 次，经常进行该操作会大大延长泵头寿命，

关机时也要进行该操作，维持泵后洁净。
③仪器不能在管道内为高盐缓冲液时放置过夜，高温天气尤其要注意。
④柱子使用完毕后应彻底清洗或再生，并用合适的缓冲液保存。
⑤用吸水纸或滤纸吸干各管道接头和系统表面的溶液或水。
⑥程序结束后注意熄灭紫外灯以延长其寿命。

实验七十一 琼脂糖凝胶电泳的制备及核酸检测

一、实验原理

琼脂糖是一种天然聚合长链状分子，沸水中溶解，45℃开始形成多孔性刚性滤孔，凝胶孔径的大小决定于琼脂糖的浓度。

DNA分子在碱性环境中带负电荷，在外加电场作用下向正极泳动。DNA分子在琼脂糖凝胶中泳动时，有电荷效应与分子筛效应。不同DNA，其相对分子质量大小及构型不同，电泳时的泳动率就不同，从而分出不同的区带。琼脂糖凝胶电泳法分离DNA，主要是利用分子筛效应，迁移速度与分子量的对数值成反比关系。

二、实验材料、仪器及试剂

（1）实验材料：标准分子量核酸。
（2）实验仪器：微量移液器、电泳仪、电泳槽、微波炉。
（3）实验试剂：琼脂糖1.0%、电泳缓冲液[（50×TAE电泳缓冲液取Tris 24.2g，冰醋酸5.7mL，0.25mol/L乙二胺四乙酸（EDTA）（pH=8）20mL，加蒸馏水至100mL）]、核酸染料（5μL/100mL TBE）。

三、实验步骤

（1）制胶（以20mL为例）
①称取0.2g琼脂糖，加入20mL的1×TAE缓冲液（pH=8），摇匀。
②微波炉加热，至琼脂糖完全溶解（要防止过热溢出三角瓶）。
③将制胶板放入制胶槽中，插入适当的梳子，将溶解的琼脂糖（约50℃）加入2μL GelRed后，混合均匀，倒入其中，直至厚度为4~6mm（如有气泡要把气泡赶出），在室温下冷却凝固（30~45min）。
④小心垂直向上拔出梳子，以保证点样孔完好，将胶板置于电泳槽中。
（2）点样
用微量移液器将5μL含蓝色染液的DL2000加入点样孔下部。
（3）电泳
打开电源开关，调节电压至3~5V/cm（约100V），可见到溴酚蓝条带由负极向正极移动，约30~40min后即可观察结果。

(4) 观察

将电泳好的胶置于凝胶成像系统上，打开紫外灯，可见到橙红色核酸条带，根据条带粗细，可粗略估计该样品 DNA 的浓度。如同时有已知相对分子质量的标准 DNA 进行电泳，则可通过线性 DNA 条带的相对位置初步估计样品的相对分子质量。

四、注意事项

①制胶过程中要注意细节，用微波炉加热时要分三步，每步只加热 10s，切记用不戴手套的那只手开微波炉，以免污染。
②拔梳子时要垂直向上拔出，以防破坏点样孔。
③点样时要小心，既要将样品点到样孔里，又不能将点样孔戳破。

实验七十二　双向电泳系统检测苹果叶片蛋白质

一、实验原理

双向电泳是将样品电泳后为了不同目的在垂直方向再进行一次电泳的方法。目前蛋白质双向电泳常用的组合第一向为等电聚焦（载体两性电解质 pH 梯度或固相 pH 梯度），根据蛋白质等电点进行分离；第二向为 SDS-PAGE，根据相对分子质量分离蛋白质。这样经过两次分离后，在凝胶上显示出的蛋白点可以获得蛋白质等电点和相对分子质量信息。双向电泳技术作为分离蛋白质的经典方法，目前得到了相当广泛的应用。在植物研究中，成功建立了拟南芥、水稻、玉米等植物种类的双向电泳图谱数据库，对推动植物蛋白质组研究起到了重要作用。

第一向等电聚焦：等电聚焦（isoelectrofocusing，IEF）是在凝胶柱中加入一种称为两性电解质载体（ampholyte）的物质，从而使凝胶柱在电场中形成稳定、连续和线性 pH 梯度。以电泳观点看，蛋白质最主要的特点是它的带电行为，它们在不同的 pH 环境中带不同数量的正电荷或负电荷，只有在某一 pH 时，蛋白质的净电荷为零，此 pH 即为该蛋白质的等电点（isoelectric point，PI）。在电场中，蛋白质分子在大于其等电点的 pH 环境中以阴离子形式向正极移动，在小于其等电点的 pH 环境中以阳离子形式向负极移动。

第二向 SDS 聚丙烯酰胺凝胶电泳：SDS 是一种阴离子表面活性剂，当向蛋白质溶液中加入足够量的 SDS 时，形成了蛋白质-SDS 复合物，这使得蛋白质从电荷和构象上都发生了改变。SDS 使蛋白质分子的二硫键还原，使各种蛋白质-SDS 复合物都带上相同密度的负电荷，而且它的量大大超过了蛋白质分子原有的电荷量，因而掩盖了不同种蛋白质间原有的天然的电荷差别。在构象上，蛋白质-SDS 复合物形成近似"雪茄烟"形的长椭圆棒，这样的蛋白质-SDS 复合物，在凝胶中的迁移就不再受蛋白质原来的电荷和形状的影响，而仅取决于相对分子质量的大小，从而使我们通过 SDS 聚丙烯酰胺凝胶电泳（SDS-PAGE）来测定蛋白质的相对分子质量。

二、实验材料、仪器及试剂

（1）实验材料：苹果叶片总蛋白。
（2）实验仪器：Protean IEF 双向电泳系统。
（3）实验试剂：水化液、三羟甲基氨基甲烷–盐酸（Tris-HCl）、十二烷基硫酸钠（SDS）、水、尿素、溴酚蓝溶液、甘油、丙烯酰胺、过硫酸铵、琼脂糖。

三、实验步骤

（1）苹果叶片总蛋白的制备
采用超速离心法提取苹果叶片总蛋白。

（2）第一向分离：等电聚焦
①从–20℃取出保存的水化上样缓冲液，置于室温下溶解。
②从小管中取出水化上样缓冲液，加入适量样品、两性电解质（终浓度 0.5%~1%）和溴酚蓝，充分混匀。
③沿着聚焦盘中槽的边缘从左而右线性加入样品。在槽两端各 1cm 左右不要加样，中间的样品液一定要连贯。注意不要产生气泡，否则影响到胶条中蛋白质的分布。
④取出–20℃冷冻保存的 IPG 预制胶条（7cm，pH 3~10），于室温中放置 10min。
⑤将 IPG 胶条胶面朝下置于样品溶液上，胶条的正极（标有+）对应于聚焦盘的正极并与电极紧密接触，不使胶条下面的溶液产生气泡。
⑥在每根胶条上覆盖 1~3mL 矿物油（根据不同胶条长度，本实验为 1.5mL），防止胶条水化过程中液体的蒸发。需沿着胶条缓慢地加入矿物油，使矿物油一滴一滴慢慢加在塑料支撑膜上。
⑦对好正、负极，盖上盖子。将聚焦槽水平放入等电聚焦仪中，设置等电聚焦程序。
⑧蛋白质上样。
⑨配制水化上样缓冲液。
⑩配制蛋白上样缓冲液。

（3）胶条平衡
振荡平衡。

（4）第二向分离：SDS-聚丙烯酰胺凝胶电泳
①配制 12% 的凝胶 1 块。配制 10mL 凝胶溶液，将溶液分别注入玻璃板夹层中，上部留约 1cm 的空间，用超纯水或水饱和正丁醇封面，保持胶面平整，聚合至少 1h（胶条长为 7cm）。
②用滤纸吸去上方玻璃板间多余的液体。将处理好的第二向凝胶放在桌面上，长玻璃板在下，短玻璃板朝上，凝胶的顶部对着操作者。
③将低熔点琼脂糖封胶液进行加热溶解。
④将 10×电泳缓冲液稀释成 1×电泳缓冲液。赶去缓冲液表面的气泡。
⑤将平衡好的 IPG 胶条完全浸末在 1×电泳缓冲液中，然后将胶条胶面朝上放在凝胶

的长玻璃板上。

⑥将放有胶条的 SDS-PAGE 凝胶转移到灌胶架上，短玻璃板一面对着操作者。

⑦用镊子轻轻地将胶条向下推，使之与聚丙烯酰胺凝胶胶面完全接触，不能在胶条下方产生气泡。

⑧之后在 IPG 胶条上注入低熔点琼脂糖，待低熔点琼脂糖封胶液完全凝固后，将凝胶转移至电泳槽中。

⑨在电泳槽加入电泳缓冲液后，接通电源，起始时低电压（80V），待样品在完全走出 IPG 胶条后，再加大电压至 120V，待溴酚蓝指示剂到达底部边缘时即可停止电泳。

（5）凝胶染色

采用考马斯亮蓝染色液过夜染色。

（6）凝胶的图像处理和照片分析

略。

四、注意事项

①化学试剂纯度至少应是分析级。

②使用去离子水。

③尿素和丙烯酰胺/甲叉丙烯酰胺需新鲜配制。

④包含尿素的溶液加热温度不能超过 37℃。

参考文献

陈晓峰，侯喜林，刘琳，2008. 不结球白菜 PR4 蛋白基因的克隆与诱导表达分析[J]. 西北植物学报，28（1）：1-6.

陈以博，侯喜林，陈晓峰，2010. 不结球白菜幼苗耐热性机制初步研究[J]. 南京农业大学学报，33（1）：27-31.

姜婷，苏乔，安利佳，2015. 多重胁迫下玉米实时定量 PCR 内参基因的筛选与验证[J]. 植物生理学报，51（9）：1457-1464.

李晓屹，王秋红，李玉花，等，2017. 羽衣甘蓝 ARC1 的抗体制备及蛋白表达分析[J]. 园艺学报，44（2）：355-363.

王鹏举，谭焕波，苏文成，等，2017. 菌丝霉素 MP1106 融合蛋白的复性及纯化方法[J]. 生物技术通报，33（9）：94-100.

王一鸣，花宝光，王有年，等，2006. 桃果实蛋白质双向电泳影响因素的研究[J]. 园艺学报，45（6）：1579-1584.

谢纯政，梁炫强，李玲，等，2009. 花生抗黄曲霉相关 ARAhPR10 基因克隆及其原核表达[J]. 基因组学与应用生物学，28（2）：237-244.

许雨晨，吕哲，陈保善，等，2016. 稻瘟病菌 Dam1 基因的克隆、原核表达及纯化[J]. 基因组学与应用生物学，35（9）：2385-2389.

张波，徐昌杰，陈昆松，2008. 猕猴桃 6 个 LOX 基因家族成员实时定量 PCR 引物特异性的检测与应用[J]. 中国生物化学与分子生物学报，24（3）：262-267.

赵富林, 徐明飞, 谢青云, 等, 2017. 大肠杆菌表达的 RNA 解螺旋酶 Dedlp 的提纯与解螺旋机制[J]. 南京农业大学学报, 40(5): 874-880.

赵棋, 王叶青, 李雯雯, 等, 2016. 烟草 NteIF2α 基因的克隆、表达与胁迫应答分析[J]. 植物生理学报, 52(8): 1271-1279.

赵玉红, 李欣, 崔建林, 等, 2016. 蛋白质层析系统在实验教学中的应用[J]. 实验技术与管理, 33(5): 48-51, 57.

ASANO T, HAYASHI N, KOBAYASHI M, et al., 2012. A rice calcium-dependent protein kinase OsCPK12 oppositely modulates salt-stress tolerance and blast disease resistance [J]. Plant journal, 69: 26-36.

BATISTIC O, WAADT R, STEINHORST L, et al., 2010. CBL-mediated targeting of CIPKs facilitates the decoding of calcium signals emanating from distinct cellular stores[J]. Plant journal, 61: 211-222.

BERELI N, YAVUZ H, DENIZLI A, 2020. Protein chromatography by molecular imprinted cryogels[J]. Journal of liquid chromatography & related technologies, 43(15-16): 657-670.

BHARTI K, VON KOSKULL-DÖRING P, BHARTI S, et al., 2004. Tomato heat stress transcription factor HsfB1 represents a novel type of general transcription coactivator with a histone-like motif interacting with the plant CREB binding protein ortholog HAC1[J]. The plant cell, 16: 1521-1535.

BRÄMER C, TÜNNERMANN L, SALCEDO AG, et al., 2019. Membrane adsorber for the fast purification of a monoclonal antibody using protein A chromatography[J]. Membranes, 9: 159.

CHAOUCH S, QUEVAL G, Noctor G, 2012. AtRbohF is a crucial modulator of defence-associated metabolism and a key actor in the interplay between intracellular oxidative stress and pathogenesis responses in *Arabidopsis*[J]. Plant journal, 69: 613-627.

CHEN G Q, UMATHEVA U, ALFORQUE L, et al., 2019. An annular-flow, hollow-fiber membrane chromatography device for fast, high-resolution protein separation at low pressure [J]. Journal of membrane science, 590.

CHEN H, ZOU Y, SHANG Y, et al., 2008. Firefly luciferase complementation imaging assay for protein-protein interactions in plants[J]. Plant physiology(146): 368-376.

CHEN Y F, LI L Q, XU Q, et al., 2009. The WRKY6 transcription factor modulates phosphate1 expression in response to low Pi stress in *Arabidopsis*[J]. The plant cell, 21: 3554-3566.

CHOI D S, HWANG I S, HWANG B K, 2012. Requirement of the cytosolic interaction between Pathogenesis-related protein10 and Leucine-rich repeat protein1 for cell death and defense signaling in pepper[J]. The plant cell, 24: 1675-1690.

CORBETT J M, DUNN M J, POSCH A, et al., 1994. Positional reproducibility of protein spots in two-dimensional polyacrylamide gel electrophoresis using immobilised pH gradient isoelectric focusing in the first dimension: an interlaboratory comparison[J]. Electrophoresis, 15: 1205-1211.

DOMINIK G S, MAGDALENA M, ALOIS J, et al., 2021. Separation of truncated basic fibroblast growth factor from the full-length protein by hydrophobic interaction chromatography[J]. Separation and purification technology, 254.

DONG J, DING X Z, WANG S, 2019. Purification of the recombinant green fluorescent protein from tobacco plants using alcohol/salt aqueous two-phase system and hydrophobic interaction chromatography[J]. BMC biotechnology, 19(1): 223-229.

DUBIELLA U, SEYBOLD H, DURIAN G, et al., 2013. Calcium-dependent protein kinase/NADPH oxidase activation circuit is required for rapid defense signal propagation [J]. Proceedings of the national academy of science of the U. S. A., 110: 8744-8749.

GAO Z Y, ZHANG Q L, SHI C, et al., 2020. Antibody capture with twin-column continuous chromatography: Effects of residence time, protein concentration and resin[J]. Separation and purification technology, 253.

GUAN Q, YUE X, ZENG H, et al., 2014. The Protein Phosphatase RCF2 and Its Interacting Partner NAC019 Are Critical for Heat Stress-Responsive Gene Regulation and Thermotolerance in *Arabidopsis*[J]. The plant cell(26): 438-453.

HAO H Q, FAN L S, CHEN T, et al., 2014. Clathrin and membrane microdomains cooperatively regulate RbohD dynamics and activity in *Arabidopsis*[J]. The plant cell, 26: 1729-1745.

HAUSMANN S, KOIWA H, KRISHNAMURTHY S, et al., 2005. Different strategies for carboxyl-terminal domain (CTD) recognition by serine 5-specific CTD phosphatases[J]. Biological chemistry, 280: 37681-37688.

HELLENS R P, ALLAN A C, FRIEL E N, et al., 2005. Transient expression vectors for functional genomics, quantification of promoter activity and RNA silencing in plants[J]. Plant methods, 1: 13.

HSU S F, LAI H C, JINN T L, 2010. Cytosol-localized heat shock factor-binding protein, AtHSBP, functions as a negative regulator of heat shock response by translocation to the nucleus and is required for seed development in *Arabidopsis*[J]. Plant physiology, 153: 773-784.

HU C H, ZENG Q D, TAI L, et al., 2020. The interaction between TaNOX7 and TaCDPK13 contributes to plant fertility and drought tolerance by regulating ROS production[J]. Journal of agricultural food chemistry, 68(28): 7333-7347.

IKEDA M, MITSUDA N, OHME-TAKAGI, 2011. Arabidopsis HsfB1 and HsfB2b act as repressors of the expression of heatinducible Hsfs but positively regulate the acquired thermotolerance[J]. Plant physiology, 157: 1243-1254.

ISHITANI M, XIONG L, STEVENSON B, et al., 1997. Genetic analysis of osmotic and cold stress signal transduction in *Arabidopsis*: Interactions and convergence of abscisic acid-dependent and abscisic acid-independent pathways[J]. The plant cell, 9: 1935-1949.

KOBAYASHI M, OHURAM I, KAWAKITA K, et al., 2007. Calcium-dependent protein kinases regulate the production of reactive oxygen species by potato NADPH oxidase[J]. The plant cell, 19: 1065-1080.

KOTAK S, PORT M, GANGULI A, et al., 2004. Characterization of C-terminal domains of Arabidopsis heat stress transcription factors (Hsfs) and identification of a new signature combination of plant class A Hsfs with AHA and NES motifs essential for activator function and intracellular localization[J]. Plant journal, 39: 98-112.

LEISTER R T, DAHLBECK D, DAY B, et al., 2005. Molecular genetic evidence for the role of SGT1 in the intramolecular complementation of Bs2 protein activity in *Nicotiana benthamiana*[J]. The plant cell, 17: 1268-1278.

LI L, LI M, YU L P, et al., 2014. The FLS2-associated kinase BIK1 directly phosphorylates the NADPH oxidase RbohD to control plant immunity[J]. Cell host & microbe, 15, 329-338.

LIANG J J, DENG G B, LONG H, et al., 2012. Virus-induced silencing of genes encoding LEA protein in Tibetan hulless barley (*Hordeum vulgare* ssp. *vulgare*) and their relationship to drought tolerance[J]. Molecular breeding, 30: 441-451.

LIU B L, ZHAO S, WU X F, et al., 2017. Identification and characterization of phosphate transporter genes in potato[J]. Journal of biotechnology, 264: 17-28.

LIU H T, GAO F, LI G L, et al., 2008. The calmodulin-binding protein kinase 3 is part of heatshock signal transduction in Arabidopsis thaliana[J]. Plant journal, 55: 760-773.

LONG W, DONG B, WANG Y, et al., 2017. FLOURY ENDOSPERM8, encoding the UDP-glucose pyrophosphorylase 1, affects the synthesis and structure of starch in rice endosperm[J]. Journal of plant biology, 60: 513-522.

MARTENS CHLOE, 2020. Membrane protein production in lactococcus lactis for structural studies[J]. Methods in moleular biology, 2127: 29-45.

MARUTA T, INOUE T, TAMOI M, et al., 2011. Arabidopsis NADPH oxidases, AtrbohD and AtrbohF, are essential for jasmonic acid-induced expression of genes regulated by MYC2 transcription factor[J]. Plant science, 180: 655-660.

MATIC K, GREGOR A, MARJETKA P, et al., 2020. In-line detection of monoclonal antibodies in the effluent of protein A chromatography with QCM sensor[J]. Analytical Biochemistry, 608.

MO Y, WAN R, ZHANG Q, 2012. Application of reverse transcription-PCR and real-time PCR in nanotoxicity research[J]. Methods in molecular biology, 926: 99-112.

MUCA R, KOŁODZIEJ M, PIATKOWSKI W, et al., 2020. Effects of negative and positive cooperative adsorption of proteins on hydrophobic interaction chromatography media[J]. Jouranl of chromatography A, 1625.

NISHIZAWA-YOKOI A, NOSAKA R, HAYASHI H, et al., 2011. HsfA1d and HsfA1e involved in the transcriptional regulation of HsfA2 function as key regulators for the Hsf signaling network in response to environmental stress[J]. Plant cell physiology, 52: 933-945.

RAMAGLI L S, RODRIGUEZ L V, 1985. Quantification of microgram amounts of protein in two dimensional polyacrylamide gel electrophoresis sample buffer[J]. Electrophoresis, 6: 559-563.

REITER M, PLAFFL M W, 2008. Effects of plate position, plate type and sealing systems on real-time PCR results[J]. Biotechnology & biotechnological equipment, 22: 824-828.

SAKUMA Y, MARUYAMA K, QIN F, et al., 2006. Dual function of an Arabidopsistranscription factor DREB2A in water-stress-responsive and heatstress-responsive gene expression[J]. Proceedings of the national academy of science of the U.S.A., 103: 18822-18827.

SCHRAMM F, LARKINDALE J, KIEHLMANN E, et al., 2008. A cascade of transcription factor DREB2A and heat stress transcription factor 452 the plant cell HsfA3 regulates the heat stress response of *Arabidopsis*[J]. Plant journal, 53: 264-274.

SHIN L J, HUANGH E, CHANG H, et al., 2011. Ectopic ferredoxin I protein promotes root hair growth through induction of reactive oxygen species in *Arabidopsis thaliana*[J]. Plant physiology, 168: 434-440.

SOARES BRUNA P, SANTOS JOÃO H P M, MARTINS M, et al., 2020. Purification of green fluorescent protein using fast centrifugal partition chromatography[J]. Separation and purification technology, 257: 117648.

SONG CP, OOI W C, TEY B T, et al., 2020. Direct recovery of enhanced green fluorescent protein from unclarified Escherichia coli homogenate using ion exchange chromatography in stirred fluidized bed[J]. International journal of biological macromolecules, 164: 4455-4465.

TRAN LS, NAKASHIMA K, SAKUMA Y, et al., 2004. Isolation and functional analysis of Arabidopsis stress-inducible NAC transcription factors that bind to a drought-responsive cis-element in the early responsive to dehydration stress 1 promoter[J]. The plant cell, 16: 2481-2498.

VOINNET O, RIVAS S, MESTRE P, et al., 2003. An enhanced transient expression system in plants based on suppression of gene silencing by the p19 protein of tomato bushy stunt virus[J]. Plant journal, 33: 949-956.

WALTER M, CHABAN C, SCHÜTZE K, et al., 2004. Visualization of protein interactions in living plant cells using bimolecular fluorescence complementation[J]. Plant journal, 40: 428-438.

WAN Y, ZHANG T, CHEN T, et al., 2019. Sodium caprylate induced precipitation post protein A chromatography as an effectivemeans for host cell protein clearance[J]. Protein expression and purification, 164.

WONG H L, PINONTOAN R, HAYASHI K, et al., 2007. Regulation of rice NADPH oxidase by binding of Rac GTPase to its N-terminal extension[J]. The plant cell, 19, 4022-4034.

YOSHIDA T, 2011. Arabidopsis HsfA1 transcription factors function as the main positive regulators in heat shock-responsive gene expression[J]. Molecular genetics and genomics, 286: 321-332.

ZHANG W, ZHOU R G, GAO Y J, et al., 2009. Molecular and genetic evidence for the key role of AtCaM3 in heat-shock signal transduction in *Arabidopsis*[J]. Plant physiology, 149: 1773-1784.

ZHAO X C, SHARP P J, 1996. An improved 1D SDS-PAGE method for the identification of three bread wheat 'waxy' proteins[J]. Journal of cereal science, 23: 191-193.